U0747326

"十三五"国家重点图书｜高新纺织材料研究与应用丛书

纺织结构柔性复合材料

陈南梁　主编
蒋金华　邵慧奇　副主编

中国纺织出版社有限公司

内 容 提 要

纺织结构柔性复合材料是高端产业用纺织品的重要组成部分，在产品设计、成型工艺、产品性能及表征等方面具有独特性。本书介绍了纺织结构柔性复合材料的基本概念、发展历程与现状，对其原料、工艺、技术和应用领域进行了分析，主要包括增强纤维原料及作用、增强织物的成型工艺、功能性树脂、复合成型加工技术、复合材料的性能要求和测试评价方法、有限元分析方法和长周期服役性能，为纺织结构柔性复合材料的研究、发展趋势及应用前景提供了理论支持。

本书可供纺织及相关领域的科研、工程技术人员和高等院校纺织科学与工程、材料科学与工程及相关专业的师生阅读，对纺织工程与应用材料的结合具有实践指导意义。

图书在版编目（CIP）数据

纺织结构柔性复合材料 / 陈南梁主编；蒋金华，邵慧奇副主编. -- 北京：中国纺织出版社有限公司，2023.4

（高新纺织材料研究与应用丛书）

"十三五"国家重点图书

ISBN 978-7-5180-9790-6

Ⅰ.①纺… Ⅱ.①陈… ②蒋… ③邵… Ⅲ.①纺织纤维−柔性材料−复合材料 Ⅳ.① TS102.6

中国版本图书馆 CIP 数据核字（2022）第 148629 号

责任编辑：陈怡晓 孔会云　　责任校对：王花妮
责任印制：王艳丽

中国纺织出版社有限公司出版发行
地址：北京市朝阳区百子湾东里A407号楼　邮政编码：100124
销售电话：010—67004422　传真：010—87155801
http://www.c-textilep.com
中国纺织出版社天猫旗舰店
官方微博 http://weibo.com/2119887771
三河市宏盛印务有限公司印刷　各地新华书店经销
2023年4月第1版第1次印刷
开本：787×1092　1/16　印张：17.5
字数：302千字　定价：128.00元

凡购本书，如有缺页、倒页、脱页，由本社图书营销中心调换

前　言

当前我国纺织行业正面临着国际供应链深刻调整、畅通国内大循环、构筑战略基点、新一轮科技革命、绿色发展成为刚性要求和数字经济开创新增长点的发展形势，国家提出了纤维新材料、智能制造、纺织时尚建设、纺织绿色制造和高端产业用纺织品的重点发展方向。纺织结构柔性复合材料作为高端产业用纺织品的最主要组成部分之一，在对接国家科技创新，推动行业向高质量发展转型的重大发展战略中具有不可替代的作用。

与传统的复合材料相比，纺织结构柔性复合材料在产品设计、成型工艺、产品性能及表征等方面具有独特性。而目前关于纺织结构柔性复合材料的概念和技术范围尚未明晰，行业内缺乏系统论述其前沿技术、研究和应用现状等方面的著作。因此，本书立足于行业发展的实际需求，提出并系统地论述了纺织结构柔性复合材料的定义及分类、关键技术和理论研究以及应用前景。

本书介绍了我国纺织结构柔性复合材料的技术体系，涉及原料、织造、复合、性能表征和理论分析设计等设计制造的关键环节。基于纺织结构柔性复合材料的技术发展和应用现状，阐述了纺织结构柔性复合材料的定义、分类和特点，梳理了纺织结构柔性复合材料的发展历程和现状；对纺织结构柔性复合材料常用的纤维和树脂材料进行了详细、专业的介绍；从专业角度系统梳理了先进纺织技术及其相应特点；重点总结了常用的涂层复合技术及其适用范围；基于纺织结构柔性复合材料的性能特点，系统总结了其力学性能、化学性能和其他性能的综合评价技术；介绍了纺织结构柔性复合材料的有限元分析方法和工具的使用；针对纺织结构柔性复合材料的应用，详细分析了其长效服役性能及设计理论；聚焦高端纺织结构柔性复合材料的前沿发展和应用，指出其未来的需求方向和技术发展趋势。

本书由东华大学陈南梁任主编，蒋金华、邵慧奇任副主编。全书由陈南梁、蒋金华和邵慧奇统稿并修改，蒋金华和邵慧奇负责校对。全书共9章，第1章由陈南梁、蒋金华、耿奕编写；第2章由邵慧奇、王轩编写；第3章由邵光伟、蒋金华、王文帝编写；第4章由陈南梁、于清华、毕思伊编写；第5章由陈南梁、黄耀丽、陈春晖编写；第6章由蒋金华、陆诚编写；第7章由梁双强、邵慧奇、张成龙编写；第8章由蒋金华、林芳兵、杨鑫、海文清编写；第9章由陈南梁、蒋金华、张成龙、李明昊编写。

由于本书内容涉及的知识面较广，编者水平能力有限，书中难免存在疏漏或不足之处，恳请广大读者批评指正，并提出宝贵意见，编者感激不尽。

陈南梁

2022 年 3 月

目　录

第1章 纺织结构柔性复合材料概况

本章首先介绍了纺织结构柔性复合材料的定义、分类、制造工艺和性能特点，结合纺织结构柔性复合材料的发展历程，从技术进展、基础理论研究和市场应用三个方面介绍了国内外纺织结构柔性复合材料的研究和发展状况。总的来说，纺织结构柔性复合材料以柔性为基础，兼具高强高模、轻质耐腐蚀、密封性可调、可附加功能性等优点，在航空航天、交通运输、建筑能源、国防军工、医疗卫生、工业设施等领域发挥着重要作用，同时作为高附加值且产量可观的纺织类产品，在国内市场和世界市场上占有重要的地位。

1.1 纺织结构柔性复合材料的基本概念

1.1.1 定义与分类

复合材料由两种或两种以上的材料按一定方式复合而成，其性能优于单一组成材料的新材料，主要组成部分包括增强材料和基体材料。纺织结构复合材料是以纺织结构材料作为增强体与基体进行复合的材料。根据纺织结构复合材料的刚度大小，可分为纺织结构刚性复合材料和纺织结构柔性复合材料。其中，纺织结构刚性复合材料多采用高性能纤维，如玻璃纤维、碳纤维、芳纶等制成纺织品与高强度、高模量树脂等基体材料结合，用于制造轻质高强、比模量高、比强度大的刚性结构件。而纺织结构柔性复合材料则是由涤纶、锦纶、芳纶、高强高模聚乙烯、聚芳酯纤维等纺织结构材料与一层或多层聚合物，通过外加的黏合剂或利用材料自身的黏性黏结在一起的复合材料，多为薄膜或类似薄膜的结构（图1-1），具有轻质、柔软、高强高模、密闭性可调、可附加功能性等特点，广泛应用于建筑、能源、交通运输、工业设施、医疗卫生、航空航天、国防军工等领域。

纺织结构柔性复合材料的增强体，如机织物、针织物、编织结构、非织造结构等作为骨架材料，承担着拉伸强度、撕破强度、伸长率、尺寸稳定性等一系列力学特性。而树脂和涂料等聚合物层作为功能性组分，承担着材料的化学性质、耐磨性、耐候性、液体和气体的穿透性等功能特性。二者结合在一起，使纺织结构柔性复合材料成为一种兼具纺织品和聚合物两者优点的结构功能性材料。

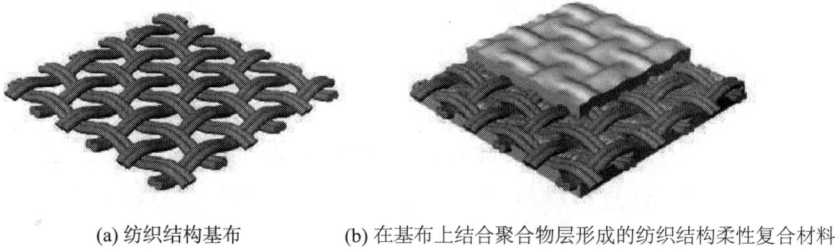

(a) 纺织结构基布　　　(b) 在基布上结合聚合物层形成的纺织结构柔性复合材料

图 1-1　纺织结构柔性复合材料

　　由于纺织结构柔性复合材料的纤维原料、纺织结构基布、功能性树脂和涂料的选择十分广泛，且制造工艺多种多样，使纺织结构柔性复合材料间的差异相当大。因此，纺织结构柔性复合材料具有力学特性和功能多样的特点。

　　纺织结构柔性复合材料根据不同的力学和功能特性，分类如下：

1.1.1.1　按结构分类

　　纺织结构柔性复合材料按结构可分为平面结构柔性复合材料、网格结构柔性复合材料和管线绳（缆）带类柔性复合材料。平面结构柔性复合材料为一片式无网孔的膜结构材料，市面上大部分的纺织结构柔性复合材料都属于此类，如建筑膜材、篷盖材料、广告灯箱布等。网格结构柔性复合材料内部以多孔网格为主要特征，如疝气补片、土工格栅等。管线绳（缆）带类柔性复合材料则包括管类、线类、带类或绳类增强结构涂层高聚物的线性材料，如水龙带、打字机带等。

1.1.1.2　按加工工艺分类

　　纺织结构柔性复合材料按加工工艺可分为涂层织物和层压织物两类。涂层织物是将聚合物直接涂覆在织物上，通过织物和聚合物间的黏合作用得到柔性复合材料，广泛应用于建筑膜结构材料、篷盖材料、网格材料等。而对于难以形成树脂和浆料的高聚物材料，则采用层压工艺制成薄膜后与纺织结构的基布在特定条件下进行层压。层压工艺应用于多层纺织结构柔性复合材料的开发，如汽车和装饰行业的夹芯织物、人造皮革等。

1.1.1.3　按应用领域分类

　　纺织结构柔性复合材料可以应用在建筑篷盖、土工合成、体育、交通、安全防护、航空航天、军事工业、医疗卫生以及新兴的智能材料等领域（表 1–1）。智能纺织品包括自感知、自适应以及用作驱动材料等的新型材料，通过对织物涂覆具有预定特性的特种涂料，使纺织结构柔性复合材料具有能够获得适应相应外部环境因素的能力。

表 1–1　纺织结构柔性复合材料的应用领域和相关性能

应用领域	产品	性能
建筑篷盖类纺织品	篷盖布、帐篷、遮阳棚、广告灯箱布、建筑用膜材料、充气结构材料	美观、防水性、耐磨损性、防污性、遮光性、阻燃性、耐气候性、耐屈曲性、耐磨性
土工合成类纺织品	土工布、土工网、土工格栅、土工膜、土工合成材料	隔离性、过滤性、排水性、增强性、气密性、水密性、水土保持性
体育交通类纺织品	轮胎帘子布、安全气囊、汽车内饰、汽车顶棚、仪表盘增强材料、皮划艇膜材料	绝缘性、热熔黏合性、耐气候性、气密性、水密性、耐磨性
安全防护类纺织品	防水透湿织物、户外服、热防护服、核生化防护服、电磁辐射防护服、特殊防护服	拒油性、防水性、保温性、阻燃性、耐热性、防辐射性、防腐蚀性、防割防刺性
航空航天类纺织品	飞艇蒙皮、充气式太空舱、充气式可展开天线、半刚性电池帆板、电磁屏蔽膜结构、宇航服	电磁屏蔽性、反射性、耐高温性、耐强辐射性
军事工业类纺织品	军事示假武器、降落伞、软油箱、高强绳索等	阻燃性、耐疲劳性、耐紫外性、拒水性、拒油性
医疗卫生用纺织品	人工肾脏、人工心脏瓣膜、人造血管、疝气补片、手术衣帽、绷带、个人卫生用品	保型性、耐疲劳性、生物相容性、耐磨性
智能纺织品	自感知、自适应以及用作驱动材料等的新型材料	抗微生物、抗腐蚀、防冰性、防污性、自修复性以及电致变色性、抗拖曳性、智能皮肤等

1.1.2　制造工艺与性能特点

纺织结构柔性复合材料的生产工艺流程一般为：

纤维原料→纺织织造→涂层（层压）整理→性能测试→工程应用

纺织结构柔性复合材料的增强体为纱线或纤维相互交织、缠绕而成的具有一定力学性能的纺织材料。其中，常用于纺织结构柔性复合材料增强结构的纤维有棉纤维、聚酯纤维、聚丙烯纤维、聚乳酸纤维、聚酰胺纤维、芳纶、超高分子量聚乙烯纤维、聚芳酯纤维、碳纤维、玻璃纤维等，其应力应变曲线如图

1-2 所示。纺织结构分为针织、机织、编织、非织造四大类。常用的基布加工方法主要为涂层工艺和层压工艺，根据对目标材料结构和性能的要求，涂层和层压方式中又可以细分出多种制造工艺，如图 1-3 所示。常用的高聚物层通常有聚氯乙烯、聚氨酯、聚烯烃、聚偏二氯乙烯、聚酰亚胺、聚对苯二甲酸乙二醇酯等。高聚物层和纺织结构增强体共同决定着纺织结构柔性复合材料的力学性能和界面，因此，对纺织结构柔性复合材料的研究须从纤维、纺织结构增强体、树脂（涂料）以及纺织结构和树脂（涂料）间的界面等多个角度进行开发和研究。

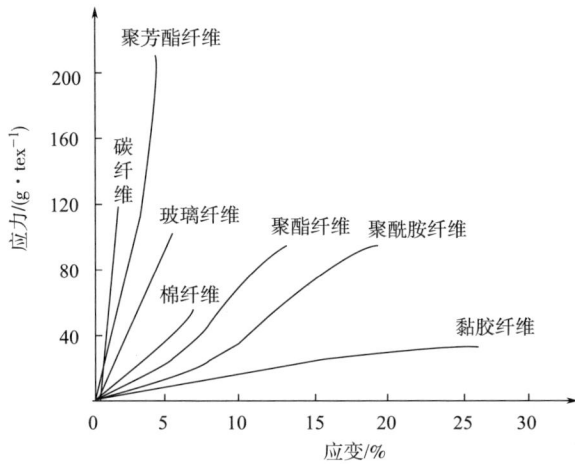

图 1-2 纺织纤维应力应变曲线图

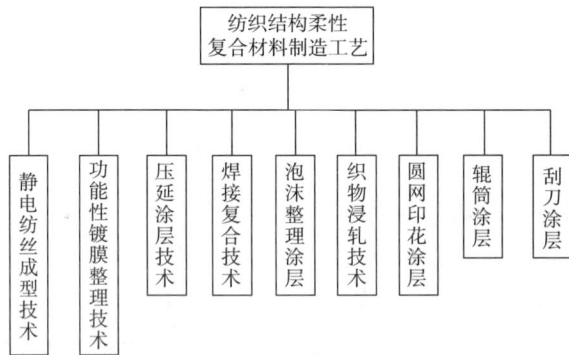

图 1-3 常见的纺织柔性复合材料制造工艺

纺织结构柔性复合材料涉及纺织技术、化学合成技术、机械制造等工程技术。通过纺织技术，可以从单丝、纱线、织物结构出发，对基布进行设计和选择，从而提高柔性复合材料的撕破强度、拉伸强度以及改善聚合物与基体间的界面性能。通过化学合成技术，可以选择聚合物的种类及黏合方式，从而制定纺织结构复合材料的聚合物层配方，或者根据功能要求进行聚合物层的改良。通过机械制造等工程技术，设计出效率更高的工艺装备，避免产品的油污、破损和褶皱。通过基布与聚合物层的不同组合可以得到各种承载能力不同、功能性各异的最终产品。整体上说，纺织结构柔性复合材料具有可调节的拉伸变形、较大的撕破强度、抗磨损性能强、可设计的透气透液性、防污性好、气密性好等优点。通过后整理和功能性聚合物层的叠加，还可以使纺织结构柔性复合材料具有抗紫外 / 红外线、阻燃性、耐候性、吸附性、抗菌性、生物相容性、电绝缘性等一系列功能。因此，纺织结构柔性复合材料作为结构功能材料，广泛应用于服装、建筑工业、生物医用、航空航天、高技术材料等领域。

1.2　纺织结构柔性复合材料的发展与应用

1.2.1　起源与发展

纺织结构柔性复合材料最早可以追溯到古埃及木乃伊身上包裹的绷带。在 16 世纪，英国和德国就出现了以各种涂油的棉和丝生产的衣服、帐篷以及其他的篷盖材料。此时用于涂层的原料大多为天然原料，如天然橡胶等。随着化学合成工业的产生和发展，19 世纪 40 年代硫化橡胶问世，经硫化橡胶涂层的纺织品被大量用于服装产业和充气产品中，如气床、气枕、浮桥用的浮筒等。在 19 世纪中叶，人们通过把浓硝酸和浓硫酸的混合物作为棉织物的涂层材料，制作出"火药棉""火棉胶"等。第一次世界大战期间，醋酯纤维素作为一种涂料应用于相机和飞机机翼上，起到防火阻燃的作用。20 世纪的前五十年，聚合物和合成橡胶问世，如聚氯乙烯（PVC）、聚氯丁二烯（氯丁橡胶）、丙烯酸树脂和聚氨酯等。第二次世界大战期间，由于军队对功能性纺织品的需量猛增，使纺织结构柔性复合材料得到了迅猛发展。目前，随着新型织物结构和新材料的出现，伴随着后整理工艺的发展，具有特种功能或多功能的纺织结构柔性复合材料应运而生，其体现的学科交叉融合趋势日益明显，如充气囊体材料、飞艇蒙皮材料、医用抗菌补片材料、柔性太阳能帆板、微胶囊整理的除臭材料和抗菌材料、与传感器等电学元件进行复合的智能纺织结构等。不仅如此，随着聚合物涂层颜料和染色性能的发展，纺织结构柔性复合材料已可实现多种外观效果和美感，被广泛应用在服用和装饰用纺织品领域，如具有金属质感和荧光质感的织物、广告灯箱布、家具装饰布、窗帘遮光层等。此外，环保问题日益受到重视，考虑到纺织结构柔性复合材料的绿色加工和回收，由相同或相似聚合物组成的水溶性涂层织物等一系列污染小、易回收的产品也逐渐问世。

在一千四百多年前，我国就一直利用干性较高的植物油能在空气中自然干燥结成薄膜的特点制作油绸作为防水材料。但在近代受限于化学合成工业，纺织结构柔性复合材料的发展很慢，特别是合成树脂涂层织物，在20世纪50年代前已在国外出现，我国在80年代才开始起步。随着我国化学工业的发展，聚氯乙烯等涂层织物相继出现在制鞋、提包、服装等领域。20世纪90年代，随着我国改革开放程度的加深，陆续从国外引进了较先进的纺织、涂层等加工设备，我国的纺织结构柔性复合材料的开发自此进入了一个突飞猛进的时代，尤其是篷盖类材料和建筑用膜材料。20世纪90年代初，我国先后在广东、北京、浙江建立了具有一定规模的篷盖类产品生产线，主要生产灯箱广告材料、小型帐篷、汽车篷布和仓储材料等，与此同时，我国还将膜结构材料应用于建筑工程中。

1.2.2 应用现状

1.2.2.1 建筑篷盖类柔性复合材料

篷盖材料是一类应用最为广泛的柔性复合材料，包括篷盖布、帐篷、遮阳棚、广告灯箱布、建筑用膜材料和充气结构材料等，主要应用于建筑领域和工业领域。随着篷盖类材料在国内的兴起，我国建造了如上海市闸北区苏州河伞亭工程、上海南汇惠南广场、上海大众汽车有限公司质保中心、上海八万人体育场（图1-4）、上海虹口足球场、北京国家游泳中心等众多膜结构建筑。篷盖材料的材料大多为涤纶工业丝涂覆聚氯乙烯或玻璃纤维涂覆聚四氟乙烯。聚氯乙烯（PVC）（PTFE）材料的特点是价格低、防水、防霉、阻燃性能好，但是易老化。聚四氟乙烯（PTFE）材料强度高、弹性模量大、自洁性和耐火性好，适用于永久建筑，但价格较贵。篷盖材料常用的增强体原料为涤纶工业丝和玻璃纤维，同时也包括少量的棉纤维和丙纶。由于涤纶的化学结构中由非亲水基团构成，其干湿条件下的强力差异小、力学性能好、耐磨性和热稳定性好。此外，由于玻璃纤维的阻燃性能好，起始模量高，目前大量应用于篷盖材料的增强结构。丙纶由于其质地轻、强力高、价格低廉、化学性能稳定，作为廉价的篷盖布基布在市场中同样占有一席之地，但由于耐光照能力差，使用寿命和应用范围受限。一般的篷盖材料产品可选用高强度、低厚度的薄型化纤增强体。但对于需要考虑保温、吸湿、阻燃等功能的篷盖材料，可选用厚密的棉织物与高聚物膜进行复合。

图 1-4　建筑用膜材料应用于上海八万人体育场

　　篷盖材料中的建筑用膜材料应用于大型建筑，如体育场馆的建造，具有重量轻、加工简便、使用寿命长等优点，具有显著的经济效益和社会效益。目前开发的功能性建筑用膜材料具有自清洁、阻燃抑烟等附加功能。例如，经过FEVE 氟碳涂料涂层的篷盖材料的亲水表面使沉降在涂膜表面的砂土等亲水性污染物很容易被雨水冲走，具有良好的自清洁性；添加阻燃性高聚物的篷盖材料则能够减少篷盖材料燃烧后烟雾的排放，对环境友好。建筑用膜材料以 PTFE、PVC 等高聚物为涂层制造纺织结构柔性复合材料，其优势与特点见表 1-2，其中，PTFE 膜材料采用极细的玻璃纤维编织成基布，然后在基布上涂覆 PTFE 树脂，从而形成柔性复合材料；PVC 膜材料是通过在涤纶布上涂覆 PVC 树脂得到复合材料后，在 PVC 涂层上涂覆 PVDF（聚偏氟乙烯）涂层用于解决自清洁性；ETFE（乙烯—四氟乙烯共聚物）建筑膜材是由 ETFE 生料直接制成，相对于其他膜结构材料，具有更加优良的抗冲击性能、电性能、热稳定性和耐化学腐蚀性。

表 1-2　常见膜结构的特点及应用

品种	特点	典型应用
PTFE 膜材	强度高、防火阻燃、自清洁性好，耐紫外线、透光性好、吸收热量少、耐久性好、使用寿命在 20 年以上	上海体育场看台罩棚
PVC 膜材	拉伸强度高、弹性好、伸长变形能力高、耐污染、抗老化、应用广泛，膜材料使用寿命为 10 ~ 15 年	伦敦奥林匹克体育场

1.2.2.2　土工合成类柔性复合材料

　　土工合成类柔性复合材料指的是土工织物、土工格栅等材料，经高聚物涂层或与土工膜复合形成的纺织结构柔性复合材料，具有加筋、防渗、排水、反滤、隔离等功能，主要应用于岩土工程、土木工程、水利工程、环境工程、交通工程、市政工程及围海造地工程等领域。土工织物按制造方法可分为机织物、经编织物和非织造布，常用原料为涤纶工业丝或丙纶。土工织物具有整体连续性好、抗拉强度高、耐腐蚀性好等特点，但是若暴露在外，其在紫外线直接照射下容易老化。经土工膜复合而成的土工材料，可将不同材料的性质结合起来，更好地满足具体工程的需要。例如，土工复合排水材料是一种由塑料排水芯材外包土工织物构成的一种复合材料。芯板材料大多采用聚乙烯、聚丙烯、聚氯乙烯等有机聚合物制成，滤膜则为涤纶非织造布，主要作用是透水和防土，具有良好的渗透性和耐腐蚀性。此外，国外大量用于道路的土工复合材料是土工格栅（图 1-5），这种纺织结构柔性复合材料的应用提高了道路的防裂能力，延长了道路的使用寿命，极大地降低道路修复与养护的成本。

图 1-5　聚酯增强玻璃纤维经编土工格栅

1.2.2.3 体育交通类柔性复合材料

体育交通类纺织品包括安全气囊、汽车内饰、汽车顶棚、侧板、仪表盘增强材料、充气结构材料等。制造安全气囊的柔性复合材料必须具备优异的力学性能、透气性、耐热性、耐老化性和轻薄柔软性，因为安全气囊在充气时要承受较高的膨胀力，因此要求安全气囊的增强织物不但要有较高的强度，同时还要有良好的伸长性能、较高的弹性和恢复能量吸收性，以保证安全气囊膨胀后既有弹性又不破裂。用于气囊材料的涂层高聚物为硅酮涂层剂，如溶剂型双组分硅橡胶以及液体硅橡胶等，具有高阻燃性和低透气率。增强织物的原料为聚酰胺，其与硅酮涂层剂的黏结力良好。从全球来看，随着汽车行业的发展，发展中国家和地区的安全气囊市场需求逐步增大，如中国、南美、东南亚及印度等，使安全气囊产业呈现不断增长的趋势。另外一种应用于体育和交通领域的典型纺织结构柔性复合材料为三维立体间隔织物增强的气垫材料。三维大隔距立体间隔织物为三明治夹芯结构，采用涤纶工业丝进行整体织造，形成两层密实表层后通过长丝连接，经聚氯乙烯压延后在表面形成涂层，制成具有良好气密性的气垫材料。气垫材料在使用过程中需要充气，使压力均匀分散在芯层拉丝上，此材料表面厚度均一、爆裂强度高、表面平整安全耐用。气垫材料被广泛用于军用气垫船、飞机救生滑道、充气结构太空舱、消防救护垫、医用气垫床、充气冲浪板、防撞网、充气场馆等产业领域（图 1-6）。

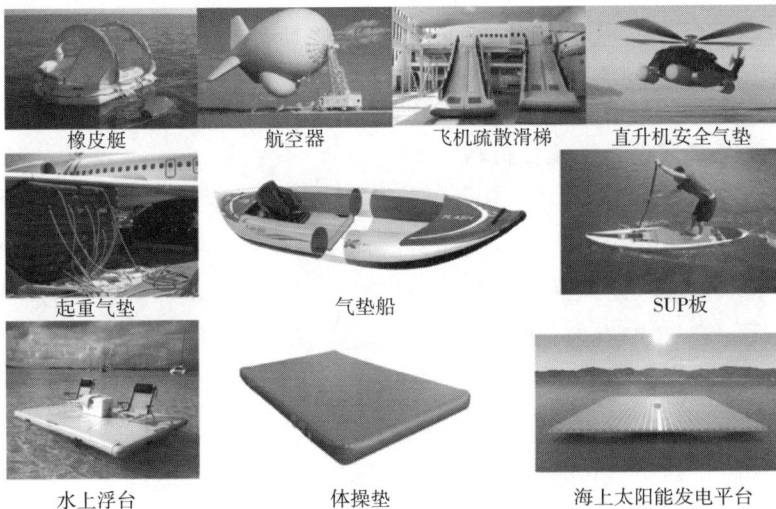

| 橡皮艇 | 航空器 | 飞机疏散滑梯 | 直升机安全气垫 |

| 起重气垫 | 气垫船 | SUP板 |

| 水上浮台 | 体操垫 | 海上太阳能发电平台 |

图 1-6 三维立体间隔织物应用于充气结构

1.2.2.4 安全防护类柔性复合材料

纺织结构柔性复合材料的主要用途之一是作为防水透湿织物、户外服、热防护服、核生化防护服、电磁辐射防护服、防化服用的安全防护类材料（图1-7）。进行安全防护类柔性复合材料的开发和舒适性研究，提高装备制品的性能、可靠性、智能化、轻便化和集成化水平，在实现多功能、宽防护效果的同时，兼顾人体工效学和舒适性需求，是目前此类产品开发的主要方向。对于安全防护类柔性复合材料，评价其性能最重要的两个指标是防穿透性和防渗透性，这两个指标与纤维结构、纤维空隙和表面材料结构等因素有关。织物结构和纤维结构越紧密，柔性复合材料的防穿透性越好。此外，密闭的结构和较差的透湿透气性均会导致使用人员出现热应激现象，引起生理和认知能力的下降。因此，提高防护材料的舒适性也是其开发的重要目标。

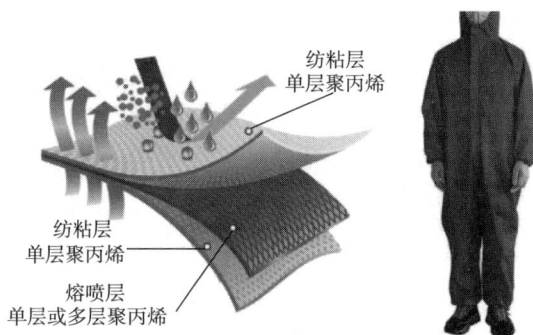

图1-7 非织造复合材料应用于医用防护服

1.2.2.5 航空航天类柔性复合材料

航空航天用纺织结构柔性复合材料是以高性能纤维为材料，运用特定的纺纱、机织、针织、非织、编织、缝纫、整理、复合及涂层等相关纺织技术加工而成的高性能航空航天纺织品，主要应用于高空大气层以及外太空空间环境，可用于充气天线、充气式空间站舱体、飞艇、高空气球、空间飞网、登陆缓冲系统等航空航天产品（图1-8）。

空间充气结构主要由纺织结构柔性复合材料制成。在飞行器发射升空前，空间充气结构处于被折叠包装的状态，飞行器进入轨道后，通过充气将空间充气结构展开后进行成型固化，使其具有足够的强度和刚度。应用于空间充气结构的柔性材料要具有轻质、耐高温、抗辐射、气密性好且易刚化的特点。构成空间充气

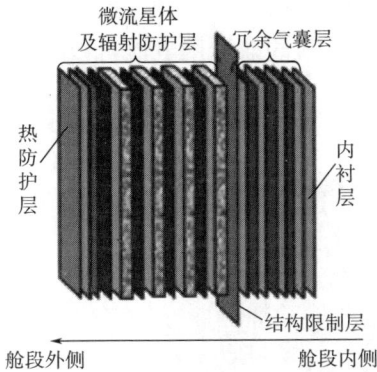

图 1-8　纺织结构柔性复合材料应用于充气式太空舱

材料的柔性材料主要由多层结构的纺织结构柔性复合材料构成，包括充气气囊、承力层、防护层、绝热层以及防辐射层。其中承力层一般采用对位芳纶等高性能纤维材料织成的基布，防护层要求能够抵抗空间碎片的撞击，通常采用具有一定屈服强度和机械强度的陶瓷纤维制成，绝热层和防辐射层可以通过层压功能膜制备，也可以涂覆功能性涂料或树脂。

飞艇是一种通过氢气或氦气等气体提供升力，并且具有推进系统的浮空器平台，具有驻空时间长、性价比高的优点，在高空侦察、导弹预警、通信中继等方面有广阔的应用潜力，具有极高的经济价值和战略价值。飞艇蒙皮材料作为纺织结构柔性复合材料的一类，要求具有高强轻质、耐气候、高阻隔、耐揉搓、防剥离等特性，是飞艇实现在平流层长期服役的关键材料。飞艇蒙皮材料多用层压复合技术进行开发，采用高性能特种纤维，如对位芳纶、PBO、聚芳酯等材料，采用机织的方法得到基布，再与阻隔膜、耐候膜等功能膜通过胶黏剂复合得到纺织结构柔性复合材料。这种复合材料同时具备轻质高强、阻隔耐候等特点，是开发轻质高强飞艇蒙皮材料主要材料。

此外，对于工作于较高轨道内的空间航天器，由于其服役时间长、距离较远，需要有大量的能源支持。通过提高太阳能电池帆板的尺寸，并降低太阳能帆板的质量，从而显著提高航天器的能效比，是未来航天领域能源系统的发展趋势。太阳能帆板的关键结构是一个可以承载电池片，承受空间环境介质侵蚀且重量极轻的载体。这种材料要求重量轻、具有网孔结构、材料强度高、模量高、耐原子氧、具有自修复能力等。我国自主研制的玻璃纤维经编网格材料，作为半刚性电池帆板的关键材料，已成功应用于"天宫一号"（图 1-9）。此产品采用柔性高强玻璃纤维纱，基于经编高密度编织技术，制造出柔软质轻的网格结构，再通过涂层提高织物的抗冲击力、抗氧化和抗腐蚀能力，实现了我国航天用电池帆板材料的升级变革，为我国空间航天器编织了提供能源动力的"完美翅膀"。

图1-9 玻璃纤维经编网格材料应用于"天宫一号"的电池帆板

1.2.2.6 军事工业类柔性复合材料

纺织结构柔性复合材料也可用于军事工业领域，其中一种重要的用途为充气示假武器。示假武器是一种通过模拟掩护目标暴露特征，来实现迷惑敌人及掩护己方军事目标的充气示假产品，包括充气坦克、充气汽车（图1-10）、充气导弹、充气飞机、充气军用轮船等。通过设置示假武器并结合隐身技术，可以有效提高己方真目标的生存概率。此外，充气示假武器相比导弹等打击武器造价低廉，因此用充气武器引诱敌方造价高昂真实武器的打击，在经济效益上十分占优势。充气示假武器具有部署快、拆解快、运输便利、成本低廉等优势，能够分散敌方火力，掩护己方目标，干扰敌方决策等，在军事伪装上发挥着重要作用。

图1-10 纺织结构柔性复合材料应用于充气示假装备

1.2.2.7　医疗卫生类柔性复合材料

纺织结构柔性复合材料在医疗卫生领域的用途主要包括纱布、绷带、敷料、人工血管、疝气补片（图 1-11）、手术衣帽、绷带、个人卫生用品等。医疗纺织品在设计过程中必须考虑良好的生物相容性、耐用性、抗菌性、亲水性、环保性等。例如，医用敷料的增强纺织结构一般为针织结构，采用海藻纤维或者竹纤维作为原料；手术衣面料一般采用纺织复合材料结构，由两层纺黏布中间复合一层亲水透气薄膜，该薄膜无微孔，主要作用为阻隔病毒；人造血管的增强结构为经编管状织物，相对于纬编结构具有更好的结构稳定性，且不易脱散；疝气补片的增强结构为经编网状织物，其性能要求是理化性质稳定、组织相容性好、利于组织再生、抗老化性好、耐机械疲劳，能按需要进行裁剪等。目前开发的疝气补片材料，以聚丙烯（PP）、聚偏二氟乙烯（PVDF）、聚乳酸（PLA）、聚羟基乙酸（PGA）等单一或复合材料为原料，织造为经编网眼织物。同时为了促进组织的生长，基于复合纳米技术，在聚丙烯疝气补片的两面覆膜形成胶原层，促进细胞的长入。此外，为了防止补片与内脏粘连的问题，同时具有促进组织生长的效果，结合静电纺丝将纳米纤维与经编网眼结构进行复合，从而形成网格结构的柔性复合材料。

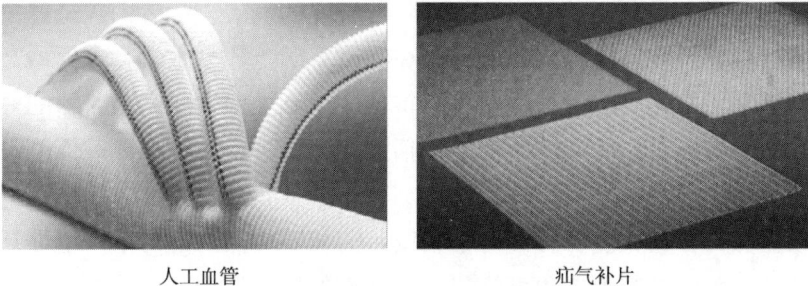

人工血管　　　　　　　　　　疝气补片

图 1-11　纺织结构柔性复合材料应用于人工血管与疝气补片

1.3　纺织结构柔性复合材料的研究现状

1.3.1　性能表征和设计理论

纺织结构柔性复合材料是一种轻质高强且柔软的纤维增强聚合物复合材料，其性能要求包括各种力学性能、耐化学性能和其他性能。柔性复合材料的力学特性，如同刚性复合材料，在很大程度上依存于构成基质的种类和增强材料的性能。从柔性复合材料的力学特性的观点出发，可把它分为两代产品。第一代柔性复合材料是为了建筑工业领域的膜结构材料而开发的，约有五十年的历史。第二代柔性复合材料以智能化、功能化为特征，从 20 世纪 90 年代开始发展至今，成为主流趋势。

纺织结构柔性复合材料的力学性能测试往往是通过材料试验机完成的。材料试验机可用于测试各向同性的金属材料等均匀材料的性能，通过改变夹具、加载方式、试样几何形状和尺寸等条件，可将材料试验机及相关的试验技术应用于各向异性的纤维增强复合材料。随着纺织结构柔性复合材料的发展，对其性能进行表征不仅包括力学性能，还包括阻燃抑烟性、耐酸碱性、抗氧化性、自清洁性、抗渗水性等表征。

纺织结构柔性复合材料的基础研究主要包括性能研究与仿真分析两个方面，两方面相辅相成，性能研究是仿真分析的基础，仿真分析则是为了更好地预测材料的性能。针对涂层和层压纺织结构柔性复合材料，国内外均有一系列系统的测试标准。然而，尽管纺织结构柔性复合材料的测试标准众多，由于其所涉及的性能众多，目前的测试标准仍难以满足研究需求。纺织结构柔性复合材料性能研究方法依然受到科研人员的极大关注。以力学领域为例，目前存在的标准主要是研究单向拉伸的强力及断裂伸长率，然而随着研究的发展，学者们越来越关注膜材料的双向拉伸甚至多向拉伸的性能，并在测试基础上建立数学物理模型，用于理解膜材料更深层的力学机理。除了静态拉伸，为了更好地研究膜材料的实际服役状况，膜材料的撕裂、动态力学性能包括蠕变、松弛、拉伸循环等性能也越来越受到关注。

在数值仿真方面，复合材料力学领域目前相对成熟的是对单向增强复合材料以及层压板（单向纤维不同角度铺层，与前面的层压纺织品有所差异）的有限元分析研究。随着固体力学的发展，多尺度力学研究方法逐渐成为研究热点。多尺度力学涵盖宏观、细观、微观甚至纳观力学计算，纺织结构柔性复合材料作为复合材料中的一类，具有复合材料非均质、各向异性等固有特点，且由于纺织技术的引入，材料细观模型受织物结构影响同样呈现多样性。此外，纺织结构柔性复合材料因具有更小的厚度、更复杂的界面力学传递线性、更加柔性的材料特性，与刚性复合材料形成了区别，具有更大的仿真难度。传统刚性复合材料的宏观力学研究方法将纺织结构复合材料看成一个整体，不对增强材料和基体进行区分，通过测量复合材料的力学性能参数（弹性模量、泊松比、断裂强度等）对复合材料的性能演变进行预报；而细观力学和微观力学方法则有所不同，细观力学方法是由纤维束和基体的结构和力学性能入手对复合材料的宏观性能进行预报；微观力学方法是从纤维建模入手，由纤维预测纤维束性能，进而预测复合材料的宏观力学性能。

1.3.2　存在的问题

纺织结构柔性复合材料是我国国民经济发展和国防建设不可或缺的战略性新材料，是纺织行业提高科技含量、拓展产业发展领域、培育发展新动能以及建设纺织制造强国的重要支撑。随着我国纺织行业在全球价值链中的位置稳步提升，发展优势持续强化，与此同时，纺织行业的结构调整稳步优化、创新生态不断改善、创意力量持续提升、绿色发展成效显著。整体来看，我国纺织工业大部分指标已达到甚至领先于世界先进水平，建立起了全球最为完备的现代纺织制造产业体系，纺织品生产制造能力与国际贸易规模长期居于世界首位，成为我国制造业进入世界强国阵列的第一梯队。纺织结构柔性复合材料也因此得以稳步发展，技术装备水平持续上升，产品规模已居世界前列，并广泛应用于各个工业领域。然而，我国纺织结构柔性复合材料在原材料开发、制备技术、产业集中度、产品档次、创新能力等方面还有待进一步提高，主要体现在以下几方面。

1.3.2.1　专用原料的发展有待进一步提高

虽然我国在高性能纤维国产化、产业化方面取得了明显进步，但专用纤维原料总体发展滞后。国外用于纺织结构柔性复合材料的纤维品种繁多，且应用十分广泛。目前我国专用纤维原料的品种，特别是国产高性能纤维品种较少。另外，我国在高端医疗用纺织品纤维原料工程化、产业化能力较弱，专用原料主要依靠进口。整体看，我国产业用纺织品使用的纤维原料还不能满足产业的高水平发展需要。

1.3.2.2　加工工艺与装备有待进一步提高

目前我国纺织结构柔性复合材料在加工装备及工艺的自动化、信息化、智能化等方面与世界先进水平仍存在差异，表现为能力偏小、速度慢、效率低、能耗偏高、在线监测缺乏等。尚未解决宽幅多层涂层工艺控制及批量生产稳定性的难题，需要突破在幅宽方向施加稳定的张力与涂层运行速度相互配合一致、无纬斜、表面平整的问题，自主设计高速浸渍的传动形式、张力控制、联动和平衡一体化系统。

1.3.2.3　基础研究相对薄弱

纺织结构柔性材料的基础研究相对比较薄弱，比如对高性能纤维可编织理论及性能表征方面缺乏完整的体系，纺织结构柔性复合材料增强结构设计理论与应用机理也没有成熟的理论来支持产业的发展，在纺织结构柔性复合材料的界面理论、多重复合及界面调控方面的理论研究相对不足，不能应对复杂应用服役的要求和各类环境的要求，对于纺织结构柔性复合材料表面功能性整理技术和宽幅多层涂层工艺控制及产业化稳定性技术方面也有待提高。在应用环境条件下，柔性复合材料的服役行为与失效机理研究不足，对柔性材料的评价和标准还未建立完善的体系。

参考文献

［1］GIESSMANN A. Coating substrates and textiles : a practical guide to coating and laminating technologies［M］.BerLin: Springer Science & Business Media，2012.

［2］罗瑞林.织物涂层技术［M］.北京：中国纺织出版社，2005.

［3］李阳.建筑膜材料和膜结构的力学性能研究与应用［D］.上海：同济大学，2007.

［4］FUNG W. Coated and laminated textiles［M］. Cambridge, Eng: Woodhead Publishing, 2002.

［5］谭惠丰，刘羽熙，刘宇艳，等.临近空间飞艇蒙皮材料研究进展和需求分析［J］.复合材料学报，2012（6）：1-8.

［6］田越，肖尚明.平流层飞艇囊体材料的发展现状及关键技术［J］.合成纤维，2013（4）：11-15.

［7］ZHANG X A, YU S, XU B, et al. Dynamic gating of infrared radiation in a textile［J］. Science, 2019, 363（6427）: 619-623.

［8］SHAO H, CHEN N, LI S, et al. Preparation and evaluation of a polyimide-coated ultrafine gilt molybdenum wire and its knitted mesh used for electromagnetic reflectors［J］. Polymers, 2017, 9（12）: 734.

［9］许珊珊.PTFE涂层织物膜材的黏弹性性能研究［D］.江苏：中国矿业大学，2017.

［10］郑方，张欣.水立方——国家游泳中心［J］.建筑学报，2008（6）：36-47.

［11］徐朴，李桂梅.膜结构建筑及膜材料的发展［J］.纺织导报，2011（5）：46-51.

［12］李彦，王富军，关国平，等.生物医用纺织品的发展现状及前沿趋势［J］.纺织导报，2020（9）：28-37.

［13］武强，龚自正，李明，等.可快速展开式空间碎片柔性防护系统概念及关键技术探讨［J］.航天器环境工程，2020，37（6）：540-545.

［14］孙泽宾.战场"魔术师"［J］.解放军生活，2017（10）：63.

［15］付少举，张佩华.高生物相容性医用纺织材料及其研究和应用进展［J］.纺织导报，2018（5）：33-40.

［16］WU J, WANG N, WANG L, et al. Unidirectional water-penetration composite fibrous film via electrospinning［J］.Soft Matter, 2012, 8（22）: 5996-5999.

［17］POPA A M，HU L，CRESPY D，et al. Polyoxomolybdate-based selective membranes for chemical protection［J］.Journal of Membrane Science，2011，373（1-2）: 196-201.

［18］WU H，ZHANG R，SUN Y，et al.Biomimetic nanofiber patterns with controlled wettability［J］. Soft Matter，2008（4）: 2429-2433.

第 2 章　增强纤维原料

纤维是纺织结构柔性复合材料的主要承力部分，是柔性复合材料强度的主要来源，它们在整个复合材料层合结构中占有大部分体积分数，因此选择合适的纤维类型、纤维体积分数和纤维取向排列方式至关重要。纤维的类型和结构将直接影响柔性复合材料的诸多性能，如界面、抗拉强度和模量、疲劳极限、导热率、电导率以及成本等。

为满足纺织结构柔性复合材料的特殊性能，材料对其增强体中的纤维有着不同的要求。柔性复合材料常用纤维为高强涤纶、锦纶长丝、芳纶、高强高模聚乙烯纤维等高性能纤维，在一些特殊应用领域也会使用碳纤维、玻璃纤维等无机高性能纤维作为增强材料，少数还会用到天然纤维。纤维原料选取需根据具体应用性能和要求进行合理设计，使纺织结构柔性复合材料能够发挥出各种纤维原料本身的特性，如碳纤维的轻质、高强，化学纤维的耐磨、耐热、易编织以及天然纤维的吸湿、透气等。

2.1　合成纤维

2.1.1　聚酯纤维

聚酯纤维是由有机二元酸和二元醇缩聚而成的聚酯经纺丝所得的合成纤维，在柔性纺织复合材料中应用最广泛的为 PET 纤维，商品名为涤纶，属于高分子化合物。聚酯纤维于 1941 年发明，也是当前合成纤维的第一大品种。聚酯纤维最大的优点是具有较高的强度与弹性恢复能力，抗皱和保形性良好。

涤纶分为长丝和短纤维两大品种，根据用途不同，将涤纶丝分为民用丝和工业丝，而用于增强材料的涤纶多为工业用长丝类。涤纶长丝生产工艺发展很快，种类很多。按纺丝速度可分为常规纺丝工艺、中速纺丝工艺和高速纺丝工艺；按聚酯原料可分为熔体直接纺丝和切片纺丝；按工艺流程又有三步法、二步法和一步法。

2.1.1.1　聚酯纤维的结构

聚酯（PET）纤维是由大分子链中的各链节通过酯基连成成纤聚合物纺制的合成纤维，其结构式如图 2-1 所示。

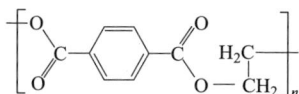

图 2-1　PET 的结构式

PET 的分子结构特征：

（1）没有大的支链，具有对称型芳环结构的线性大分子，易沿着纤维拉伸方向取向而平行排列。

（2）分子链中基团刚性大，纯净的 PET 熔点高。

（3）由于分子内 C—C 键的内选择，分子存在两种空间构象，无定形时为顺式构象，结晶时为反式构象。

（4）分子链的结构具有高度的规整性，有紧密敛集能力与结晶倾向。

（5）分子间无强大的定向作用力，相邻间的原子间距均是正常的范德华间距，大分子几乎呈平面构型。

2.1.1.2　聚酯纤维的性能

聚酯纤维具有一系列优良性能，如断裂强度和弹性模量高，回弹性适中，热定型效果优异，耐热和耐光性好。聚酯纤维的熔点为 255℃左右，玻璃化温度约为 70℃，一般情况下形状稳定，还具有优异的阻抗性（如抗有机溶剂、洗涤剂、氧化剂）以及较好的耐腐蚀性，对弱酸、碱等稳定，故有着广泛的产业用途。石油工业的飞速发展也为聚酯纤维的生产提供了更加丰富而廉价的原料，加之近年化工、机械、电子自控等技术的发展，使其原料生产、纤维成型和加工等过程逐步实现短程化、连续化、自动化和高速化，聚酯纤维已成为发展速度最快、产量最高的合成纤维品种。

（1）物理性能。涤纶一般为乳白色并带有丝光，常规表面光滑，横截面近于圆形，也可采用异形喷丝板，制成种特殊截面形状的纤维，如三角形、Y 形、中空等异形截面丝。通常涤纶具有较高的结晶度，密度为 1.38~1.40g/cm^3，与羊毛（1.32g/cm^3）相近。

（2）力学性能。涤纶具有较好的力学性能以及优异的延伸性。其干态强度为

4~7cN/dtex，延伸率为 20%~50%，模量可高达 14~17GPa，其耐磨性仅次于锦纶，超过其他合成纤维，干态和湿态下的耐磨性几乎相同。

（3）吸湿性能。标准状态下涤纶回潮率为 0.4%，低于腈纶（1%~2%）和锦纶（4%）。涤纶的吸湿性低，故其湿强度下降少；但加工及穿着时静电现象严重，织物透气性和吸湿性差。

（4）热稳定性。涤纶的软化点为 230~240℃，熔点为 255~265℃，分解点为 300℃左右。涤纶在火中能燃烧，发生卷曲，并熔成珠，有黑烟及芳香味。

（5）耐光性能。涤纶耐光性仅次于腈纶。涤纶的耐光性与其分子结构有关，涤纶仅在 315nm 光波区有强烈的吸收带，所以在日光照射 600h 后强度仅损失 60%，与棉相近。

（6）化学稳定性。涤纶对酸（尤其是有机酸）很稳定，耐碱性差，由于涤纶大分子上的酯基受碱作用容易水解，故对一般非极性有机溶剂有强的抵抗力，即使对极性有机溶剂在室温下也有强的抵抗力。涤纶耐微生物作用，不受蛀虫、霉菌等作用。

2.1.1.3 聚酯纤维的应用

聚酯纤维的强度高、模量高、吸水性低，作为民用织物及工业用织物都有广泛的用途，尤其在工、农业及新技术领域的应用十分广泛。我国柔性复合材料的产品主要采用涤纶工业丝，这是因为该原料具有性能优越、价格较低、后整理加工简便等优点，因此被广泛用于绳索、帘子线、输送带、灯箱广告材料、篷盖材料、汽车篷布、帐篷等产品。

涤纶工业丝的化学组成与普通涤纶相同，但所用的原料切片具有分子量高、分子量分布窄等特点。因此它不但具有普通涤纶良好的化学稳定性，还具有高强度、高模量、低延伸、耐冲击、耐疲劳、耐热性好等优良的力学性能。涤纶的初始模量较高，工业用丝可达 132.5cN/dtex；有较高的强度，为 4.5 ~ 8cN/dtex；密度约为 1.38g/cm³；玻璃化温度为 80℃；涤纶工业丝一般在抗水解、抗氧化剂、抗酸（不抗碱）和抗干热降解方面有较好的性能；对于含大量紫外线成分的光照引起的降解有一定抵抗能力。涤纶工业丝又可分为不同的型号和规格，有标准型、低收缩型、高模低缩型、活性型等大类。每一类又按不同的线密度、束丝根数、伸长、强度、干热收缩性等细分，以适应后加工生产的需要。

对于柔性复合材料所采用的涤纶原料一般是高强低缩型。这是由于产品的加工过程中，涤纶丝将受到高温处理，这时必须保持涤纶丝的原始尺寸，不能收缩，以免影响产品的力学性能。

我国许多增强材料企业使用的涤纶工业丝的典型性能见表 2-1。

表 2-1 高强低缩型涤纶原料主要性能参数

规格		孔数	断裂强力		断裂强度		断裂伸长率	干热热收缩率	定负荷伸长率
旦	dtex		N	kg	cN/dtex	g/旦	%	%	%
220	250	35	18.0	1.8	7.2	8.2	21.0	1.7	—
1000	1116	200	84.8	8.7	7.6	8.6	20.0	1.7	—

目前，我国柔性复合材料的开发和应用正处于蓬勃发展阶段，随着市场对产品要求的不断提高，在一些领域中，涤纶工业丝也正在被各类新型高性能纤维所替代。

2.1.2 聚酰胺纤维

聚酰胺纤维（polyamide，简称 PA），密度 1.15g/cm^3，是分子主链上含有重复酰胺基团 ﹣NHCO﹣ 的热塑性树脂的总称，包括脂肪族 PA、脂肪芳香族 PA 和芳香族 PA。其中脂肪族 PA 品种多、产量大、应用广泛，其命名由合成单体具体的碳原子数而定。锦纶（尼龙，nylon）是聚酰胺纤维的商品名称，又称耐纶。

2.1.2.1 聚酰胺纤维的结构

常用的聚酰胺纤维（锦纶）可分为两大类。

一类是由二胺和二酸缩聚而得的聚己二酸己二胺，其长链分子的化学结构式如图 2-2 所示。

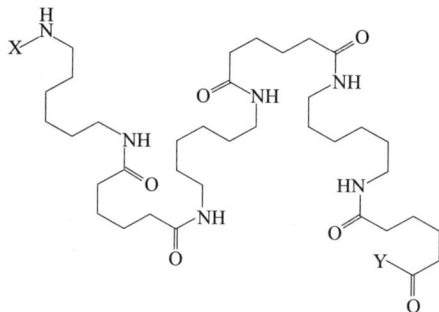

图 2-2 聚己二酸己二胺长链分子的化学结构式

这类锦纶的相对分子量一般为 17000~23000。根据所用二元胺和二元酸的碳原子数不同，可以得到不同的锦纶产品，并可通过加在锦纶后的数字区别，其中前一个数字是二元胺的碳原子数，后一个数字是二元酸的碳原子数。例如，锦纶-66，说明它是由己二胺和己二酸缩聚制得；锦纶-610，说明它是由己二胺和癸二酸制得。

另一类是由己内酰胺缩聚或开环聚合得到，其长链分子的化学结构式如图 2-3 所示。

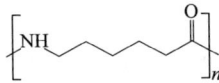

$$\left[NH-(CH_2)_5-\overset{\displaystyle O}{\overset{\displaystyle \|}{C}} \right]_n$$

图 2-3   己内酰胺长链分子的化学结构式

根据其单元结构所含碳原子数目，可得到不同品种的命名。例如，锦纶-6，说明它是由含 6 个碳原子的己内酰胺开环聚合而得。

锦纶-6、锦纶-66 及其他脂肪族锦纶都由带有酰胺键（—NHCO—）的线型大分子组成。锦纶分子中有—CO—、—NH—基团，可以在分子间或分子内形成氢键结合，也可以与其他分子相结合，所以锦纶的吸湿能力较好，并且能够形成较好的结晶结构。

锦纶分子中的—CH$_2$—（亚甲基）之间因只能产生较弱的范德瓦尔斯力，所以—CH$_2$—链段部分的分子链卷曲度较大。各种锦纶因—CH$_2$—的个数不同，分子间氢键的结合形式不完全相同，同时分子卷曲的概率也不一样。另外，有些锦纶分子还有方向性。分子的方向性不同，纤维的结构性质也不完全相同。

锦纶-66 的熔点、热变形温度、玻璃化转变温度、结晶温度等都比锦纶-6 高，这也说明了锦纶-66 具有较高温应用的基础。同时锦纶-66 的电性能、热性能和化学性能优良，广泛地在高性能柔性纺织复合材料中使用。

2.1.2.2 聚酰胺纤维的性能

聚酰胺纤维最突出的优点是耐磨性高于其他纤维，另外，其断裂强度较高，回弹性和耐疲劳性优良；比重小，是除乙纶和丙纶外最轻的纤维；吸湿性低于天然纤维和再生纤维，但在合成纤维中仅次于维纶；染色性能好。聚酰胺纤维也有很多缺点，如耐光性较差，在长时间日光或紫外光照射下强度下降，颜色发黄；

耐热性较差；初始模量较低，因此在使用过程中容易变形。目前主要通过对聚酰胺纤维进行改性或者开发聚酰胺纤维新品种来克服这些不足，并且已经取得了很大的成效。

（1）强度。聚酰胺纤维是高强力合成纤维，其强度是棉纤维的 2~3 倍，是黏胶纤维的 3~4 倍。

（2）耐磨性。聚酰胺纤维的耐磨性是棉纤维的 10 倍，是羊毛的 20 倍，它是制造一些经常受到摩擦的物品的理想材料，如绳子等。

（3）耐酸性。聚酰胺纤维对酸比较敏感，冷的浓无机酸能分解锦纶-6，即使是冷的稀无机酸也会对其有影响。

（4）耐碱性。聚酰胺纤维有良好的耐碱性，在 90~110℃的烧碱中处理 16h，对纤维的强力也没有影响。

（5）耐热性。聚酰胺纤维耐热性较差，受热后收缩较大，锦纶-66 纤维在 80~140℃时其强力基本保持不变，180℃时才有下降趋势。而锦纶-6 纤维在 160℃时强力有下降趋势，170℃时强力大幅度下降。

（6）溶解性。聚酰胺纤维不溶于醇、醚、丙酮等一般溶剂。但在常温下，能溶于乙酸、甲酚、苯酚、氯化钙—甲醇混合溶液。在高温时，溶于苯甲醇、冰醋酸、乙二醇等溶液中。

（7）氧化剂作用。强氧化剂对聚酰胺纤维的强度有损害。若需漂白，可用 3%的双氧水进行，但不宜使用含氯漂白剂。

（8）耐光性。长时间日光和紫外光照射，会引起大分子链断裂，使其强度下降，纤维颜色泛黄。耐光性差是锦纶最大的不足之处，但其耐光性仍优于蚕丝。

2.1.2.3　聚酰胺纤维的应用

聚酰胺纤维的耐磨性高于其他纤维，在混纺织物中加入聚酰胺纤维，可大大提高织物的耐磨性；当拉伸至 3%~6% 时，弹性回复率可达 100%；能经受上万次折挠而不断裂。聚酰胺纤维抗冲击强度大，因此在汽车、体育用品等领域应用较广。例如，锦纶-66 具有较低的初始模量、较高的体积热容量，伸长大、弹性好，使锦纶-66 织物在动态负荷下具有应力分布均匀及抗冲击性能好等优点，而且柔韧性、阻燃性优越。因此，高强锦纶-66 工业丝被广泛应用于制备安全气囊袋等织物（表 2-2）。

表 2-2　典型锦纶-66 安全气囊工业丝产品规格

项目	参数			
	470dtex/70f	470dtex/140f	700dtex/105f	700dtex/210f
断裂强力 /N	33.2	35.3	52.5	49.4
断裂强度 /（cN·dtex⁻¹）	7.06	7.51	7.50	7.06
断裂伸长 /%	21.8	22.3	21.0	21.9
热收缩率 /%	7.9	7.6	6.5	5.9

2.1.3　聚丙烯纤维

聚丙烯（PP）纤维是由丙烯聚合制得的一种热塑性树脂基纤维原料。聚丙烯纤维具有优良的性能，它的强力可媲美涤纶、锦纶工业丝，在工业、农业和生物医疗等领域被广泛应用。聚丙烯纤维的原料为等规聚丙烯，在工业生产中通常采用熔体纺丝的方法进行纺丝，聚丙烯纤维在我国的商品名为丙纶。

2.1.3.1　聚丙烯纤维的结构

聚丙烯的分子结构如图 2-4 所示。按甲基排列的位置分为等规聚丙烯（isotactic polypropylene）、无规聚丙烯（atactic polypropylene）和间规聚丙烯（syndiotactic polypropylene）三种，其构型如图 2-5 所示。一般工业生产的聚丙烯树脂中，等规结构含量约为 95%，其余为无规或间规聚丙烯。工业产品以等规物为主要成分。聚丙烯也包括丙烯与少量乙烯的共聚物在内，通常为半透明无色固体，无臭无毒，由于结构规整、高度结晶化，故熔点可高达 167℃。

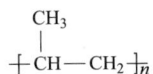

$$+CH-CH_2+_n \quad (CH_3)$$

图 2-4　聚丙烯的分子结构

2.1.3.2　聚丙烯纤维的性能

（1）质轻。聚丙烯纤维的密度为 0.90~0.92 g/cm³，在所有化学纤维中是最轻的，比锦纶轻 20%，比涤纶轻 30%，比黏胶纤维轻 40%。

（2）强度高、弹性好、耐磨、耐腐蚀。丙纶强度高（干态、湿态下相同），是制造渔网、缆绳的理想材料；耐磨性和回弹性好，强度与涤纶和锦纶相似，弹

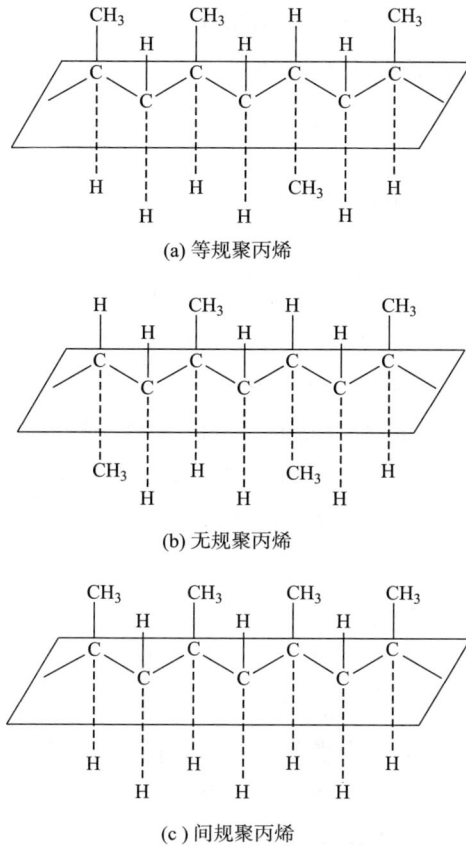

(a) 等规聚丙烯

(b) 无规聚丙烯

(c) 间规聚丙烯

图 2-5 三种聚丙烯的分子构型

性回复率可与锦纶、羊毛相媲美，比涤纶、黏胶纤维大得多；丙纶的尺寸稳定性差，易起球和变形，抗微生物；耐化学药品性优于一般纤维。

（3）具有电绝缘性和保暖性。聚丙烯纤维的电阻率很高（$7 \times 10^{19} \Omega \cdot cm$），导热系数小，与其他化学纤维相比，丙纶的电绝缘性和保暖性最好，但加工时易产生静电。

（4）耐热及耐老化性能差。聚丙烯纤维的熔点低（165~173℃），对光和热的稳定性差，所以，丙纶的耐热性、耐老化性差，不耐熨烫。但可以通过在纺丝时加入防老化剂来提高其抗老化性能。

（5）吸湿性及染色性差。聚丙烯纤维的吸湿性和染色性在化学纤维中是最差的，几乎不吸湿，其回潮率小于 0.03%。细旦丙纶具有较强的芯吸作用，水汽可以通过纤维中的毛细管来排除。丙纶的染色性较差、颜色淡、染色牢度差。普通染料均不能使其染色，有色丙纶多数是采用纺前着色生产的。可采用原液着色、纤维改性，在熔融纺丝前掺混染料络合剂。

2.1.3.3 聚丙烯纤维的应用

聚丙烯纤维具有强度高、韧性好、耐化学品性强抗微生物性好及价格低等优点，因此广泛用于绳索、渔网、安全带、箱包带、安全网、缝纫线、电缆包皮、土工布、过滤布、造纸用毡和纸的增强材料等产业领域。聚丙烯纤维密度小（仅为聚酯纤维的 65%）、重量轻、覆盖力强、耐磨性好、抗微生物、抗虫蛀、易清洗，特别适于制造装饰地毯、墙布等装饰纺织品。此外，聚丙烯纤维非织造布也广泛用于医疗卫生用品，如卫生巾、手术衣、帽子、口罩、床上用品、尿片等。通过化学或物理改性后的聚丙烯纤维，可以具备交换、蓄热、导电、抗菌、消味、紫外线屏蔽、吸附、脱屑、隔离选择、凝集等多种功能，将成为人工肾脏、人工肺、人工血管、手术线和吸液纱布等多种医疗领域的重要材料。

2.1.4　超高分子量聚乙烯纤维

超高分子量聚乙烯（UHMWPE）是一种热塑性工程塑料，是具有线型结构、黏均相对分子质量在 1.5×10^6 以上的聚乙烯，具有强度和模量高，耐磨性、耐腐蚀性、抗黏附性、自润滑性好等诸多优点，已在军工、国防、纺织、化工机械等领域得到广泛研究和应用。UHMWPE 纤维是将 UHMWPE 原料通过凝胶纺丝法制备的一种高性能纤维，具有优异的力学性能，如高断裂强度、高初始模量和低断裂伸长率。相同线密度下，UHMWPE 纤维的抗拉强度仅次于碳纤维，比芳纶高 40%，且密度比芳纶更小，综合性能已经超过了芳纶。因此，UHMWPE 纤维、芳纶和碳纤维也被称为目前可工业化生产的三大高性能纤维。几种纤维单丝的性能见表 2-3。

表 2-3　几种纤维单丝的性能

性能	UHMWPE 纤维	芳纶	碳纤维	E 玻璃纤维	锦纶-66
密度 /（g·cm^{-3}）	0.97	1.44	1.85	2.55	1.14
强度 /GPa	3.1	2.7	2.3	2.0	0.9
比强度 /（10^{3}N·m·g^{-1}）	3.2	1.9	1.2	0.8	0.8
模量 /GPa	100	58	390	73	6
断裂伸长率 /%	3.5	3.7	1.5	2.0	20

2.1.4.1 超高分子量聚乙烯纤维的结构

超高分子量聚乙烯的分子结构如图 2-6 所示,其密度为 0.920 ~ 0.964g/cm³,热变形温度为 85℃,熔点 130 ~ 136℃。一般来说,UHMWPE 粉料的相对分子质量分布、颗粒形态、粒径分布等性能参数会受到催化剂、聚合工艺等因素的影响,而这些性能参数又会影响聚合物粉料的可加工性,进而影响产品性能。

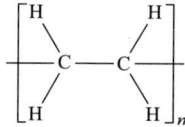

图 2-6 超高分子量聚乙烯的分子结构

2.1.4.2 超高分子量聚乙烯纤维的性能

超高分子量聚乙烯纤维具有很多优良的性能,例如,优良的力学性能、耐冲击性、耐磨性、耐化学腐蚀性、耐光性等。常用工程纤维的主要物理性能见表 2-4。

表 2-4 常用工程纤维的主要物理性能

纤维类型		密度 / (g·cm⁻³)	模量 /GPa	断裂强度 /GPa	断裂应变 /%
Kevlar	29 系列	1.44	70~91	2.9~3.0	3.0~4.2
	129 系列	1.44	96~99	2.9~3.4	3.3~3.5
	149 系列	1.47	185	3.4	2.0
Vectran	HS 系列	1.40	80	2.5	2.7
	HT 系列	1.40	75	3.2	4.3
	UM 系列	1.40	103	3.0	2.9
PBO	Zylon	1.54	180	5.8	3.5
PIPD	M5	1.70	300~330	3.5~8.5	2.5~4.5
Polyamide	Nylon	1.14	10	0.9	9.5~28
Polypropylene	Tegris	0.78	14	0.5	6
UHMWPE（Dyneema）	SK 65	0.97	95	3.0	3.6
	SK 75	0.97	107	3.4	3.8
	SK 76	0.97	116	3.6	3.8
UHMWPE（Spectra）	1000 系列	0.97	97~120	2.6~3.3	2.8~3.5
	2000 系列	0.97	116~124	3.2~3.3	2.9~3.0
	3000 系列	0.97	115~122	3.2~3.4	3.3

（1）力学性能。超高分子量聚乙烯纤维具有优良的力学性能，在线密度相同的情况下，超高分子量聚乙烯纤维抵抗拉伸的强度是钢丝绳的 15 倍，比芳纶高 40%，比优质钢纤维和普通化学纤维高 10 倍。与钢丝、E 玻璃纤维、聚酰胺纤维、聚酰胺纤维、碳纤维和硼纤维相比，其强度和模量更高，在相同质量的材料中强度最高。

（2）耐冲击性能。超高分子量聚乙烯纤维具有优良的耐冲击性能，在变形和塑形过程中吸收能量的能力和抵抗冲击的能力比芳纶、碳纤维都高。

（3）耐磨性能。一般来说，材料的模量越大，耐磨性能就会越低，但是对于超高分子量聚乙烯纤维来说，正好相反。因为超高分子量聚乙烯纤维具有较低的摩擦系数，所以模量越大，其耐磨性能越高。超高分子量聚乙烯纤维的耐磨性和弯曲疲劳度远远高于碳纤维和芳纶，它的耐磨性能比其他高性能纤维更加优良。同时由于其优异的耐磨、耐弯曲性能，它的加工性能也比较优异，容易制作成其他复合材料和织物。

（4）耐化学腐蚀性。超高分子量聚乙烯纤维的化学结构单一，化学性质稳定，而且具有高度结晶的结构取向，使其在强酸和强碱中不易受到活性基因的攻击，能够保持其原有的化学性质和结构，所以，不受大部分化学物质的腐蚀，只有极少数有机溶液可以将它轻度溶胀，而且它的力学性能损失小于 10%。将超高分子量聚乙烯纤维和芳纶在不同化学品介质中的强度保留率进行比较，超高分子量聚乙烯纤维的耐腐蚀性能明显高于芳纶，它在酸、碱、盐中的性质结构特别稳定，只有在次氯酸钠溶液中强度会有所损失。

（5）耐光性能。因为超高分子量聚乙烯纤维的化学结构稳定，所以它的耐光性也是高科技纤维中较优异的。芳纶不耐紫外线，应在避免阳光直接照射的情况下使用。将超高分子量聚乙烯纤维与聚酰胺纤维、高模量和低模量的芳纶进行对比，超高分子量聚乙烯纤维的强度保留率明显高于其他纤维。

（6）其他性能。超高分子量聚乙烯纤维具有良好的疏水性能、耐水耐湿性能、电绝缘性能和较长的曲折寿命。其耐水和耐低温性能突出，比重较小，是唯一能漂浮在水上的高科技纤维，是比较理想的低温材料。其缺点是熔点较低，加工过程中温度不能超过 130℃，否则会因为超高分子量聚乙烯纤维之间分子链间作用力较弱，发生蠕变现象，减短使用寿命。超高分子量聚乙烯纤维上不存在染基团，故其浸润性差，染料很难渗透到纤维内部，导致它的染色性差。

2.1.4.3 超高分子量聚乙烯纤维的应用

超高分子量聚乙烯纤维是目前比强度最高的合成纤维，因具有优越的力学、耐腐蚀、耐磨、耐光等性能，提高了产品的使用寿命和性价比等，广泛应用于安全防护、航空、航天、航海、电子、兵器、造船、建材、体育、医疗等领域。例如，在安全防护方面，已成功应用于各类防弹、防割、防刺材料；在体育用品中，应用于安全帽、滑雪板、帆轮板、钓竿、球拍及自行车、滑翔板等；在航天工程中，由于其比重小、抗冲击性能好，应用于航天飞机着陆的减速降落伞和飞机上悬吊重物的绳索；在医疗领域中，应用于整形缝合线等，由于它不会引起过敏，已在临床上应用，还可应用于医用手套和其他医疗设施等。

2.1.5　芳纶

芳纶全称为"芳香族聚酰胺纤维"，具有优异的力学性能和稳定的化学性能，大分子链上至少有 85% 的酰胺链－CONH－直接与两个苯环相连接。芳纶的品种主要有芳纶–1313（间位芳纶）、芳纶–1414（对位芳纶，也称芳纶Ⅱ）、芳纶Ⅲ（对位杂环芳纶）。

2.1.5.1　芳纶的结构

芳纶的主链由芳香环和酰胺键构成，芳香环结构刚性高，聚合物链呈伸展状态，形成棒状结构；同时线性结构的分子链式使芳纶空间利用率高，故单位体积可容纳的聚合物多，因此强度较高。另外，大分子链的构象近似直线型，横截面积小，高分子链的角变形与键内旋转受到的阻力大，相对分子质量大。

由于对位芳纶（PPTA）和间位芳纶（PMIA）在微观结构上存在对位和间位的差别，因此物理性能也有所不同。对位芳纶由对苯二甲酰氯和对苯二胺经缩聚得到，分子链段较规整，取向度高，分子之间通过氢键结合，氢键共平面后沿同一方向堆砌形成纤维，故具有非常强的刚性，像棒状分子，耐高温性能好，强度高、模量高，典型的产品是杜邦公司生产的 Kevlar 系列产品，Kevlar 纤维的结构如图 2-7 所示。利用对位芳纶的高度取向、表面易原纤化的特质，可以制成芳纶浆粕，提高混合物的吸附力，或作为增强纤维用于增强摩擦及密封产品中。几种对位芳纶的结构式如图 2-8 所示。

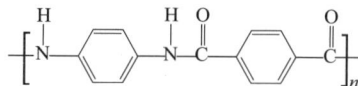

图 2-7　Kevlar 纤维的结构

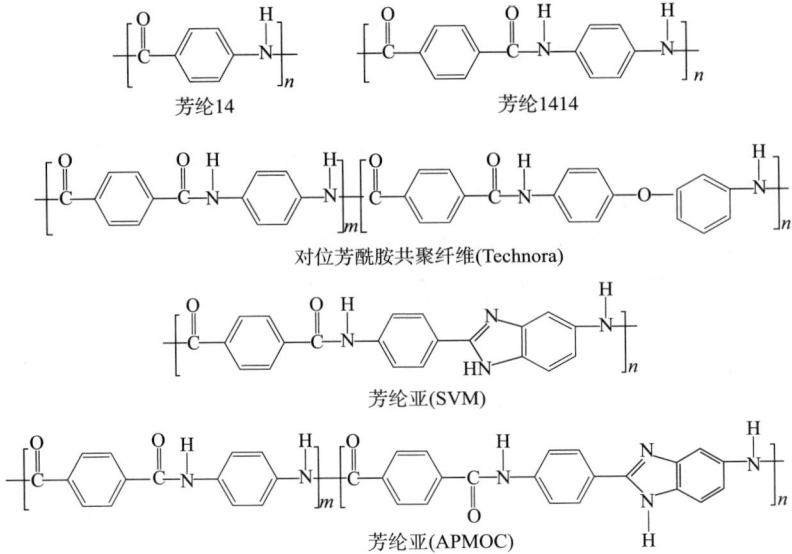

芳纶14　　芳纶1414

对位芳酰胺共聚纤维(Technora)

芳纶亚(SVM)

芳纶亚(APMOC)

图 2-8　几种对位芳纶的结构式

间位芳纶由间苯二甲酸和间苯二胺经缩聚获得，分子链柔性好，链段呈锯齿形，结晶度不高，分子链取向度不高，故强度、模量不及对位芳纶，但耐高温，伸长率较高，耐磨和耐压缩疲劳性非常好，典型代表产品是杜邦公司生产的 Nomex 纤维，其主要性能见表 2-5。

表 2-5　Nomex 纤维的主要性能

产品型号	430		450	455/462	N301
特点和用途	长丝、强度高、耐腐蚀性能好		强度较高的短纤维	含有 Kevlar 的短纤维，用于高性能防护服	—
线密度	1333dtex/600f	1778dtex/600f	1.5dtex	1.5dtex	1.5dtex
密度 /（g·cm^{-3}）	1.38	1.38	1.37	—	—
回潮率 /%	4.0	4.0	8.2	8.3	8.3
强力 /（cN·dtex^{-1}）	5.4	5.3	3.15	2.83	3.05
断裂伸长 /%	30.5	31.0	22	21	19
初始模量 /（cN·dtex^{-1}）	102	92.5	—	—	—
勾结强度 /（cN·dtex^{-1}）	4.46	4.25	—	—	—

2.1.5.2　芳纶的性能

（1）力学性能。芳纶的密度约 1.44g/cm³，比碳纤维、玻璃纤维分别低 20% 和 40% 左右，故比强度比碳纤维和玻璃纤维都高，相当于钢丝的 6 ~ 7 倍，而质量仅为钢丝的 20% 左右，有利于制品和增强材料的轻量化。此外，芳纶的线性膨胀系数低、断裂伸长率高、冲击强度优异、比弹性模量高。不足之处是抗压缩强度不高，仅为拉伸强度的 1/5；剪切强度不高，为拉伸强度的 1/17，且耐磨性能较差。芳纶与其他工业丝的性能对比见表 2-6。由于芳纶具有高度结晶性和单向性，所以抗蠕变性能优异，影响蠕变的因素主要有应力、温度，尤其是应力超过拉伸强度的 70% 时，抗蠕变能力变差。另外，当芳纶泡在水中时，其抗蠕变性能也变差。

表 2-6　芳纶与其他几种工业丝的性能对比

纤维名称	密度 /（g·cm⁻³）	拉伸强度 /MPa	拉伸模量 /MPa	延伸率 /%
Kevlar-29	1.44	2940	71736	3.6
Kevlar-49	1.45	2842	108780	2.4
Kevlar-119	1.44	3038	54586	4.4
Kevlar-129	1.44	3332	96530	3.3
Kevlar-149	1.47	2352	144060	1.5
Kevlar-100	1.44	2744	60368	3.9
芳纶 I	1.465	2744	88200	1.8
芳纶 II	1.44	2548	147000	2.0
聚酯纤维	1.38	1150	13386	14.5
S₂ 高强玻璃纤维	2.54	2940	81340	—
碳纤维 T300	1.75	2744	225400	1.2

（2）热稳定性。芳纶的热稳定性优良，耐高温和低温的性能优异，180℃下仍可保持各种优异性能，短时间暴露在 300℃以上，强度几乎无影响，芳纶不熔融不助燃，420℃以上碳化分解；在 -170℃的低温下不变脆，仍能满足一定的适用要求。

（3）阻燃性能。芳纶具有良好的阻燃性能，且永久阻燃，不因使用时间和洗涤次数而降低或丧失阻燃性。

（4）耐化学腐蚀。芳纶耐介质性能良好，化学性能稳定，能抵抗一般化学品的侵蚀，大部分有机溶剂、大多数盐类的水溶液及大多数高浓度的无机酸对它的影响都较小。芳纶常温下耐碱性能好，但在高温或高浓度下会受到强酸强碱的侵蚀。

（5）耐紫外线性能。芳纶对紫外线较敏感，长时间暴露于可见光和紫外线下会引起力学性能的下降和褪色，因此在产品储存时须远离紫外线光波。

（6）其他性能。芳纶具有良好的绝缘性和抗老化性能。芳纶的不足是吸湿性强，且吸湿后影响芳纶的使用性能，故须密封保存，材料制备前最好增加烘干工序。

2.1.5.3 芳纶的应用

芳纶具有超高强度、高模量、耐高温、耐酸耐碱、质量轻、绝缘、抗老化、生命周期长等优良性能，被广泛应用于复合材料、防弹制品、建材、特种防护服装、电子设备等。芳纶复合材料可制造飞机机身结构件、火箭发动机壳体等，由于芳纶复合材料具有吸收振动及承受连续冲击的能力，还可制造坦克、装甲车、飞机、潜艇的防弹板和头盔及防弹衣等。芳纶也可应用于制造刹车片、离合器、整流器、引擎垫片、汽车车身。芳纶可替代工业涤纶丝用于制备增强子午线轮胎及机械用橡胶制品，如软管、输送带及动力传送皮带、胶管、绳索等需要专门设计制造的品种。

2.1.6　聚酰亚胺纤维

聚酰亚胺（polyimide）是指高分子主链上含有亚胺环的一类高聚物。一般由含二胺和二酐的化合物经逐步聚合制备得到。聚酰亚胺纤维是由通过合成聚酰胺酸中间体溶液或聚酰亚胺溶液，然后进行溶液纺丝，再经一步或两步法工艺制备得到的高性能合成纤维。

2.1.6.1　聚酰亚胺纤维的结构

聚酰亚胺（PI）的特征结构为酰亚胺，这类聚合物具有耐热、力学和介电性能好，抗冲击、抗辐射和耐溶剂等特点。目前各种聚酰亚胺制品已广泛应用于工程建造、航空航天、电子工业、化工过滤等行业中。聚酰亚胺纤维不仅具有优异的热氧化稳定性和高强高模特性，并且其化学稳定性也十分优异。聚酰亚胺纤维的分子结构如图2-9所示。

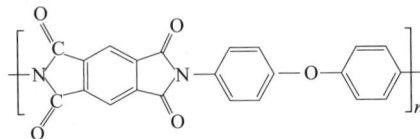

图2-9　聚酰亚胺分子结构

对于化纤的制造来说，纺丝原液中单体配比、分子量、聚合度等因素都会影响最终产品的性能，而最重要的影响因素便是聚合物单体的选择。聚酰亚胺纤维由二酐和二胺缩聚而成，常用的二酐种类有最基本的均苯四酸二酐（PDMA）、抗热氧化的联苯四酸二酐（BPDA）、较易熔融纺丝的二苯醚二酐（ODPA）和含有氟元素的六氟二酐等，常用的二胺有二苯醚二胺（ODA）和对苯二胺（p-PDA）等，为了改善聚酰亚胺的性能，也可以使用特殊结构的二胺进行缩聚。例如，含嘧啶结构的二胺可以使 PI 具有更规整的微纤结构和更小的结构缺陷；含有咪唑结构的二胺可以增加分子链段刚性，提高 PI 纤维的结晶度和取向度；含有噁唑结构的二胺可以使 PBO 的高强高模性与 PI 的耐老化和化学稳定性结合；含有磷元素的二胺可以使 PI 纤维具有更好的阻燃性能，其掺杂方式可以是共混或共聚。

聚酰亚胺纤维的优异性能主要是因为其大分子链的组成是苯环和含氮五元杂环，这种结构很稳定。同时这种芳杂环结构会与分子链中的羰基产生共轭效应，使聚酰亚胺主链分子间的键能变大，作用力变强，在受到外界拉伸、高温、低温、辐射、腐蚀时仍能保持结构的稳定，展现出其优异的性能。

2.1.6.2　聚酰亚胺纤维的性能

（1）力学性能。聚酰亚胺纤维具有优异的力学性能，纯聚酰亚胺的拉伸强度都在 100MPa 以上，弹性模量一般在 3 ~ 4GPa，纤维的弹性模量可达 200GPa，例如，均苯二酐和对苯二胺合成的纤维理论上可达 500GPa，仅次于碳纤维。

（2）热稳定性。聚酰亚胺材料的耐热性能和耐极低温性能优越，在 500℃左右才开始分解，在 –269℃的极低温环境中也不会脆裂。例如，联苯二酐和对苯二胺聚合得到的聚酰亚胺的热分解温度高达 600℃，是目前热稳定性最好的高聚物之一。

（3）耐辐照性能。聚酰亚胺具有出色的耐辐照性能，其纤维经 1×10^{10}rad 剂量辐照后，强度仍可保持 90%。其薄膜经 5×10^{9}rad 剂量辐照后，强度仍可保持 86%。

（4）介电性能。聚酰亚胺纤维的介电常数为 3.4 ~ 3.5，具有低介电的特点，可替代或部分替代石英玻璃纤维等透波性好的无机纤维。

2.1.6.3　聚酰亚胺纤维的应用

高性能聚酰亚胺纤维是一种新型合成纤维，由于其具有耐高低温、耐紫外线和辐照、低吸水率、低介电、阻燃等性能特点，在航空航天、安全防护等领域发挥了重要作用。在复合材料应用方面，利用 PI 纤维的低介电性，替代或部分替代石英玻璃纤维，制备航空航天器的雷达天线等透波性好的材料，可以实现减重和结构功能一体化；也可以与碳纤维混用，增加复合材料的韧性。聚酰亚胺纤维也是增强平流层飞艇、无人机等蒙皮的理想纤维材料，可替代芳纶或进口聚酯纤维。在安全防护领域，利用其非晶结构及耐高温、耐环境老化等性能，可用于制备防弹衣、防弹头盔、防弹护板、装甲装备等，能提高防护装备的服役周期和防弹等级。利用其耐高温、阻燃耐烧蚀、耐中子辐照等特性，可用于制备消防服、作战服、宇航服等特种防护服装的面料。

2.1.7　液晶聚芳酯纤维

聚芳酯是通过酯键连接芳环而成，一般具有热致液晶特性的特种高分子，简称PAR。在聚芳酯熔融纺丝过程中，其高分子链高度取向，从而赋予液晶聚芳酯纤维高耐热、高强度、高模量、低吸水等优异特性。作为一种高性能纤维，液晶聚芳酯纤维已广泛应用于航空航天、安全防护等领域，具有重大的军事和工业价值。

2.1.7.1　Vectran 纤维的结构

聚芳酯由二元酚和二元羧酸经缩聚制成。采用不同的二元酚和二元羧酸为原料，就可以得到许多不同品种的聚芳酯。通常所指的聚芳酯均由双酚 A 和对苯二甲酸、间苯二甲酸的混合体作原料缩聚而成。其中，Vectran 纤维是液晶聚芳酯纤维的一种代表性产品，由日本可乐丽公司于 20 世纪 90 年代推出，并实现了工业化生产。

Vectran 高聚物以 2-羟基-6 萘甲酸（HNA）和对羟基苯甲酸（HBA）作为单体，采用熔融无规共聚的方法制得，其中 HNA 和 HBA 的比率影响聚合物的性质，通常 HNA/HBA 比率约为 27/73。聚合前两种单体先分别与酸酐进行乙酰化反应，再进行酯交换及脱醋酸反应，最后在真空环境下发生聚合，得到目标聚合物 Vectran，也可在其中加入第三组分单体。Vectran 的聚合过程如图 2-10 所示。

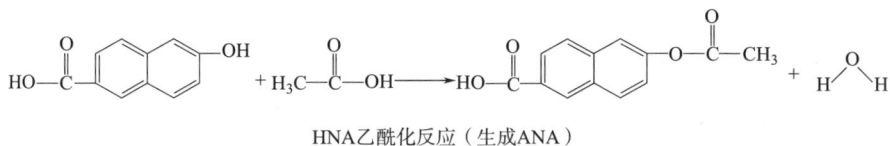

HNA乙酰化反应（生成ANA）

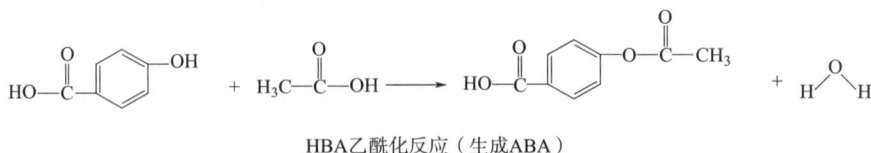

HBA乙酰化反应（生成ABA）

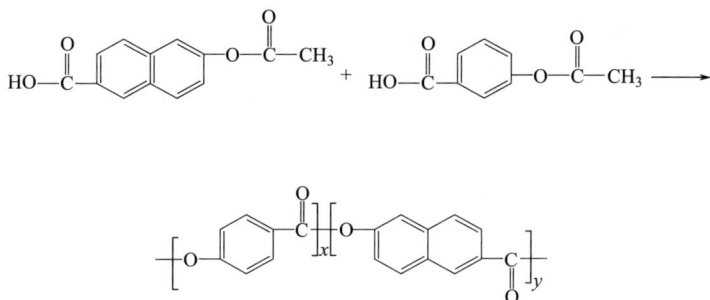

ABA和ANA的酯交换及脱醋酸反应

图 2-10 Vectran 聚合过程

由分子结构式看出，Vectran 是苯环和萘环以酯键连接成的芳香族无规共聚物。相比传统柔性聚酯的分子链，Vectran 大分子链呈伸直状态，链间无任何缠结，纤维径向无共价键和氢键，仅有范德瓦尔斯力等弱的作用力。当 Vectran 被冲击或压缩时，结构中有些晶面会发生一定位移，使纤维沿轴向出现变形带，以致破坏纤维结构，因此该纤维径向结构容易遭到破坏。

2.1.7.2 Vectran 纤维的性能

Vectran 纤维分子结构的典型特征是平面型分子的双环结构，与普通的聚酯相比，强力、模量和热稳定性都有所增强，同时保持着聚酯较好的加工性、尺寸稳定性和极低的回潮率等优点。

（1）力学性能。Vectran 纤维具有出色的低蠕变性，非吸湿性及极低气温下的高力学性及耐湿耐磨耗性。其强度约为普通聚酯纤维的 6 倍，与金属纤维强度相当，比强度与 Kevlar 纤维相近，拉伸模量和比模量要优于 Kevlar 纤维、玻璃纤维和大多数金属纤维。表 2-7 列出了 Vectran 纤维和其他工程材料的力学性能参数。

表 2-7 Vectran 纤维和其他工程材料的力学性能

材料	密度 /(g·cm^{-3})	拉伸强度 / MPa	比强度 / (MPa·cm^3·g^{-1})	拉伸模量 /GPa	比模量 / (GPa·cm^3·g^{-1})
Vectran 纤维	1.41	2.9×10^3	2.1×10^3	135	96
Kevlar 49	1.44	3.0×10^3	2.1×10^3	112	78
不锈钢纤维	7.80	1.0×10^3	128	200	25
铝纤维	2.80	462	165	69	25

材料	密度 /(g·cm⁻³)	拉伸强度 / MPa	比强度 / (MPa·cm³·g⁻¹)	拉伸模量 /GPa	比模量 / (GPa·cm³·g⁻¹)
玻璃纤维	2.50	1.7×10^3	680	69	28
碳纤维	1.90	1.6×10^3	842	379	200
硼纤维	2.60	3.1×10^3	1.2×10^3	159	62
SiC 纤维	3.50	3.4×10^3	971	393	112

（2）热学性能。Vectran 纤维具有优异的热性能。Vectran 的刚性棒状分子链由大量芳环构成，分子链高度取向且相互作用力大，运动变得困难，致使耐热性突出。相比于其他纤维，Vectran 纤维有高的极限氧指数（LOI），在垂直燃烧测试中可达到 UL94V-0 级，燃烧时放出的烟和有毒气体也非常少；在热空气、沸水和熨烫条件下，具有低的热收缩率；经过热空气和辐射暴露后，强度保持良好，在宽的温度范围内性能保持性优异。表 2-8 为 Vectran 纤维和芳纶的部分热性能比较。

表 2-8　Vectran 纤维和芳纶的部分热性能比较

项目	Vectran 纤维	芳纶
极限氧指数 /%	>30	30
熔点 /℃	310	—
260℃热空气收缩率 /%	<0.5	3.1
沸水收缩率 /%	<0.5	5.1
回潮率 /%	<0.1	3.7
$T_{50\%}$ /℃	580	560

注　$T_{50\%}$ 为 TGA 测试中试样热降解 50% 时的温度。

（3）化学性能。Vectran 纤维的分子链高度取向和相互作用力使其结构致密，化学药品和气体难以渗透，从而显示出良好的耐化学药品性。Vectran 纤维耐水解、耐有机溶剂，在一些质量分数低于 90% 的酸中保持稳定，在质量分数小于 30% 的碱中保持稳定，在高温下也能保持耐化学稳定性。表 2-9 为 Vectran 纤维与普通型 Kevlar 纤维的耐化学性比较。

表 2-9 Vectran 纤维与普通型 Kevlar 纤维的耐化学性比较

化学物质	质量分数 /%	温度 /℃	时间 /h	强度保持率 /%	
				Vectran 纤维	普通型 Kevlar 纤维
盐酸	10	70	1	96	73
	10	70	10	93	26
硫酸	10	70	10	94	79
	10	70	100	93	19
硝酸	10	70	10	95	23
	10	70	100	92	5
磷酸	10	70	100	93	46
	10	100	100	91	20
醋酸	40	70	100	94	37
	40	100	100	90	22
氢氧化钠	10	20	100	97	68
	10	70	20	66	21
	10	100	10	28	17

（4）抗蠕变性能。Vectran 纤维具有优异的抗蠕变性能，曾一度被称为零蠕变材料。有试验证明，Vectran 纤维的蠕变小于 Kevlar 的 1/4，见表 2-10。

表 2-10 Vectran 纤维与 Kevlar 纤维的蠕变性能对比

材料	温度 /℃	载荷 /N	时间 /h	蠕变速率 β/ [%·(lgt)$^{-1}$]
Vectran 纤维	23	845	90	0.00029
	60	845	20	0.00028
Kevlar 纤维	23	574	90	0.00149

2.1.7.3 Vectran 纤维的应用

Vectran 纤维由于其优异的物理化学性能，是航空航天柔性复合材料中优良的增强纤维，可用作空间探测着陆气囊、可展开柔性舱等主体机构的增强材料。Vectran 纤维及织物的耐切割性能特别突出，表现在对锋利刃器的抗力极强，是优良的防护材料，可用作防护服、防护罩、防护板、防护壁、安全帽以及耐高温高强度的防护手套等。此外，Vectran 纤维还可作耐高温防酸、防碱的过滤材料。

Vectran 纤维与橡胶复合可制造耐高压软管、传送带、耐磨密封件及汽车用橡胶部件，与树脂复合可作为超薄型印刷电路的基板，还可用于现代体育用品中，在网球板、头盔、雪橇等器材中起增强作用。

2.1.8 PBO 纤维

PBO 纤维全称为聚对苯撑苯并二噁唑纤维，主要是由苯环及芳杂环高分子经高度聚合而得。

2.1.8.1 PBO 纤维的结构

PBO 纤维分子中含有苯环及芳香杂环，分子单元链结构如图 2-11 所示。PBO 纤维分子单元链接角为 180°，是刚性棒状高分子。PBO 纤维分子链中的苯并二噁唑和苯环是完全共平面的，PBO 纤维分子链结构间存在高程度的共轭和空间位阻效应，使其刚度非常大。同时由于 PBO 纤维分子是由苯环和芳香杂环组成，不但限制分子构象自由度，还增加了分子主链上的共价键结合能，导致分子链间可以非常紧密。同时由于 PBO 纤维分子属于溶至液晶性高分子，需采用液晶纺丝法制备 PBO 纤维，液晶纺丝制备的纤维强度和初始模量均比干喷湿法纺丝高 2 ~ 4 倍，进一步提高了分子链间的紧密程度。

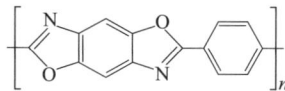

图 2-11　PBO 纤维的分子结构

针对 PBO 纤维的晶体研究认为：在其超分子结构中，两个单斜晶系晶胞中有两个分子链穿过，PBO 纤维中都存在长周期和原纤之间的非晶区域，长周期为 23 ~ 28nm。PBO 纤维中还存在皮芯结构，皮层非常薄，没有任何微孔，而芯部存在因拉伸而产生沿纤维轴向细长条状的微孔。液晶纺丝所得到的 PBO 纤维最显著的特征是大分子链、微晶和微纤 / 原纤均沿纤维轴向呈现几乎完全取向排列。微纤是由几条大分子链结合而成，其大小由 5μm 的大微纤到 0.5μm 微纤、到 50nm 的小微纤不等。微纤间由更微小的分子间力结合在一起构成纤维，PBO 纤维次级结构又可分为微纤、小微纤和分子链。

2.1.8.2 PBO 纤维的性能

PBO 纤维分为标准型和高模型，经干喷湿纺法制得的纤维称为初生丝，也叫作标准型纤维，即 PBO—AS 型，标准型纤维经过 600℃ 以上高温处理后得到的纤维叫作高模型纤维，即 PBO—HM 型，两种 PBO 纤维的主要性能见表 2 -11。

表 2-11　PBO—AS 型和 PBO—HM 型纤维的主要性能对比

纤维	拉伸强度 / GPa	拉伸模量 / GPa	断裂伸长率 / %	密度 / (g · cm⁻³)	回潮率 / %	极限氧 指数 /%	分解温度 / ℃
PBO—AS 型	5.80	180.0	3.5	1.54	2.0	68	650
PBO—HM 型	5.80	270.0	2.5	1.56	0.6	68	650

（1）力学性能。PBO 纤维的拉伸强度高、抗压缩性差，其拉伸强度为 5GPa，拉伸模量最高可达 280GPa，分别为对位芳纶的 2 倍左右，而抗压强度仅为 0.2 ~ 0.4GPa。可能因为 PBO 纤维分子中有很强的共价键作用力，但分子间力较弱，纤维在变形过程中，分子链相互容易滑移，刚开始时分子链滑移发生在无序区，随着应力继续增大，传递到整个纤维中。而微纤结构在压力作用下，产生纠结带，使纤维变弯曲。故纤维断裂主要因为分子间次价作用力的断裂，纤维多为撕裂，而不是沿着纤维轴向断裂。PBO 纤维与其他高性能纤维的性能比较见表 2-12。

表 2-12　PBO 纤维与其他高性能纤维的性能比较

纤维品种	断裂强度 / (N · tex⁻¹)	模量 / GPa	断裂伸长率 / %	密度 / (g · cm⁻³)	回潮率 / %	极限氧指数	裂解温度 / ℃
PBO-HM	3.7	280	2.5	1.56	0.6	68	650
PBO-AS	3.7	180	3.5	1.54	2	68	650
对位芳族聚酰胺	1.95	109	2.4	1.45	4.5	29	550
同位芳族聚酰胺	0.47	17	22	1.38	4.5	29	400
钢纤维	0.35	200	1.4	7.80	0	—	—
碳纤维	2.05	230	1.5	1.76	—	—	—
高模量聚酯	3.57	110	3.5	0.96	0	16.5	150
聚苯并咪唑 （PBI）	0.28	5.6	30	1.40	1.5	41	550

（2）热稳定性及阻燃性。PBO纤维没有熔点，即使在高温条件下也不熔融，是迄今为止耐热性最高的纤维，其热分解温度650℃，工作温度高达300～500℃，比芳纶高100℃，高模的PBO纤维在400℃下仍能保持75%的模量。主要因其芳香主链、刚性分子链节和高度的有序排列，外加主链上的杂环存在，共同赋予其耐高温稳定性。

（3）尺寸稳定性。PBO纤维的尺寸稳定性优异，在50%断裂强度载荷下100h后的塑形变形不超过0.03%。其热尺寸稳定性与其他高性能纤维一样，具有负的热膨胀系数，热、湿对其尺寸的变化影响极小，而对位芳纶在热、湿条件下尺寸变化相对较大，稳定性差。

（4）化学稳定性。PBO纤维耐化学稳定性很好，在几乎所有的有机溶剂及碱中都很稳定，强度几乎没有变化。但由于用酸作为纺丝溶剂，故其耐酸性不高，溶于100%的浓硫酸、甲基磺酸、氯磺酸等强酸，且在室温条件下，随着时间的延长，纤维强度逐渐下降。

（5）其他性能。PBO纤维的耐光性较差，暴露在紫外光到可见光光区间会使其强度下降，暴露时间越长，强度下降越多。40h日晒试验后，芳纶的拉伸强度下降20%，而PBO纤维断裂强度下降63%。由于分子链刚直且紧密程度高，表面光滑，其极性基团少，故吸湿性差，染料难以向内部扩展、染色性差，与树脂基体的黏结性也较差。标准型PBO纤维吸湿率为2%，高模PBO纤维的吸湿率为0.6%，而芳纶的吸湿率为4.5%。

2.1.8.3 PBO纤维的应用

PBO纤维的优异性能决定它的应用领域十分广阔。目前，国内外逐渐将PBO纤维应用到各重要及关键领域。在航空航天领域，PBO纤维可用于火箭、宇宙飞船、卫星等的结构构件，发动机的绝缘、隔热、燃料油箱等绝缘材料和电器部件等，还可用于航天服、飞机座位的阻燃层及宇宙空间往返的绳、带材料、行星探索气球、航天器舱体保护层。PBO纤维的耐冲击性好，可以用作对子弹的防护装备、防弹背心、防弹头盔，是高性能等级的防护材料。PBO纤维的阻燃性好、极限氧指数高，且柔软非常好，常用于制作安全手套、高温炉前防护服、消防服、安全靴、防割伤工作服、焊接工作服、可燃场所的工作服等特殊防护品。PBO纤维还可应用于绳索和缆绳等材料、光纤电缆承载构件、光缆的保护膜材料、桥梁斜拉缆绳。利用其耐高温阻燃及高强的力学性能，可用于制作耐热垫材、高温过滤网、过滤毡、管道等。

2.2　无机纤维

2.2.1　玻璃纤维

玻璃纤维是一种具有优良性能的无机高性能纤维，主要成分为二氧化硅、氧化铝、氧化钙、氧化硼、氧化镁、氧化钠等，1938 年起源于美国，最初应用于军工产业，第二次世界大战后开始逐渐由军用发展到民用。

2.2.1.1　玻璃纤维的结构

玻璃纤维是以无机天然矿石为原料，经加工处理后得到的一种高性能纤维，绝缘性好、耐热性强、抗腐蚀性好、机械强度高，但缺点是脆性大、耐磨性较差。无机天然矿石主要包括叶蜡石、石英砂、石灰石、白云石、硼钙石、硼镁石六种矿石，经高温熔制、拉丝、络纱等工艺制成玻璃纤维，每束纤维原丝都由数百根甚至上千根单丝组成，其典型分子结构如图 2-12 所示。

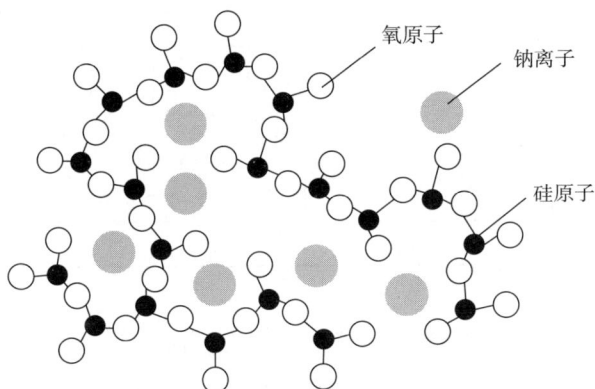

图 2-12　玻璃纤维分子结构示意图

玻璃纤维根据成分中碱金属氧化物 R_nO 的含量可分为无碱、中碱、高碱玻璃纤维，根据原料组成成分不同可分为 E 玻璃纤维、S 玻璃纤维、C 玻璃纤维和 D 玻璃纤维等。

（1）E 玻璃纤维。标号源于 Electric 的 E，也称无碱玻璃，Na^+、K^+ 离子比其他通用玻璃少得多，表现出优异的电气绝缘性和耐候性，作为增强材料使用最广泛，占玻璃纤维增强材料使用量的 90% 以上。

（2）S 玻璃纤维。高强度、高模量的 S 玻璃纤维也称为工玻璃纤维或 R 玻璃纤维，主要用于航空航天工业。

（3）C 玻璃纤维。标号源于 Chemical 的 C，也称中碱玻璃，耐化学性能好，特别是耐酸性。这是一种性能优异的玻璃纤维，其碱的成分占比约为 12%。

（4）D 玻璃纤维。一种低介电常数、低介电损耗的玻璃纤维。

2.2.1.2 玻璃纤维的性能

玻璃纤维具有优良的化学及物理性质，具有耐酸、耐碱、抗紫外线、抗老化、防蛀、防霉的特性，使其能够抵御自然界的雨打、风吹与日晒，而其质轻、高强的特性比金属材料更具优势，并且玻璃纤维有着良好的耐热性与电绝缘性，使其可以作为优良的电绝缘材料。缺点是玻璃纤维具有较差的耐磨性与剪切强度（性脆易折断）。玻璃纤维与其他纤维的主要性能对比见表 2–13。

表 2–13 玻璃纤维与其他几种纤维的主要性能

纤维种类	密度 / (g · cm^{-3})	断裂强度 /N	伸长率 /%
玻璃纤维	2.54	1370~1470	2~3
棉	1.50	255~686	7~10
蚕丝	1.25	392~520	1.3~31
锦纶	1.14	44~588	26~32
碳纤维	1.80	2790~3100	1.5~1.6
铝	2.70	127~177	4~8
钢	7.80	363~441	20~30

（1）物理性能。玻璃纤维的单丝直径一般为 3~10μm，近年来也有 13μm、15μm、24μm 的单丝纤维纱线的应用。玻璃纤维密度为 2.4~2.7g/cm^3。

（2）力学性能。玻璃纤维的最大特点是拉伸强度高，直径 3~9μm 的玻璃纤维，拉伸强度可高达 1500~4000MPa（5.6~14.8cN/dtex）。玻璃纤维的弹性模量约为 7×10^4MPa（275.6 cN/dtex），只有普通钢丝弹性模量的三分之一。玻璃纤维的延伸率很低，一般只有 3% 左右，因而表现出一定的脆性。玻璃纤维的耐磨性、耐扭折性很差。

玻璃纤维根据束丝形态不同可分为无捻粗纱和有捻细纱。玻璃纤维无捻粗纱强度利用系数高，但是在编织过程中损伤大，不适合针织及轻薄织物的编织；而玻璃纤维细纱经过适当加捻具备更好的柔韧性，一般针织结构柔性复合材料采用玻璃纤维细纱作为增强原料。典型玻璃纤维无捻粗纱、有捻细纱的规格性能参数见表 2-14、表 2-15。

表 2-14　玻璃纤维无捻粗纱性能参数

规格型号	纤维直径 /μm	线密度 /tex	含水率 /%	断裂强力 /N	断裂强度 /（N·tex⁻¹）
EC9-33×30	8.9	968.2	0.11	552	0.57
EC-11-100×24	8.6	2488.2	0.01	1085	0.44

表 2-15　玻璃纤维有捻细纱性能参数

纤维	单丝直径 /μm	线密度 /tex	断裂强力 /N	捻度 /（T·m⁻¹）	断裂强度 /（N·tex⁻¹）
超细玻璃纤维	3.7	14.9	10.9	37	0.73

（3）热稳定性。玻璃纤维具有较好的耐高温性，不易燃烧，高温下可熔成玻璃状小珠，E 玻璃纤维的软化点温度可达 846℃。

（4）耐化学稳定性。玻璃纤维化学稳定性视 SiO_2 和碱金属的含量而定。一般来说二氧化硅含量多，则化学稳定性高，而碱金属氧化物多，则化学稳定性降低。

2.2.1.3　玻璃纤维的应用

玻璃纤维作为一种轻质高强的高性能无机增强纤维，广泛应用于航空航天、汽车制造、清洁能源、建筑土工等领域。玻璃纤维的应用主要分为玻璃纤维毡和玻璃纤维织物。玻璃纤维毡主要可用作隔热隔声材料、衬热材料、过滤材料，也可用在玻璃钢生产中作为增强体。玻璃纤维布主要用于生产涂塑包装布、高端建筑膜材以及耐腐蚀场合。玻璃纤维也可编织成绝缘套管，涂以树脂材料制成各种绝缘等级的套管，如丙烯酸玻璃纤维管、硅树脂玻璃纤维管等。

2.2.2　碳纤维

碳纤维是纤维状的碳材料，由有机纤维原丝在 1000℃ 以上的高温下碳化形成，且含碳量在 90% 以上。碳纤维根据原料不同可分为聚丙烯腈基碳纤维、沥青基碳纤维、黏胶基碳纤维、酚醛树脂基碳纤维、聚酰亚胺基碳纤维、其他有机纤维基碳纤维等。根据每束纤维根数分为小丝束碳纤维和大丝束碳纤维，小丝束碳纤维每束纤维根数小于 48000 根，大丝束碳纤维每束纤维根数大于 48000 根。根据碳纤维的弹性模量，可分为标准模量碳纤维、中模量碳纤维、高模量碳纤维、超高模量碳纤维等。

2.2.2.1 碳纤维的结构

碳纤维的分子结构介于石墨与金刚石之间，属于乱层石墨结构，图2-13 所示为碳纤维分子结构示意图。在层平面内的碳原子以强的共价键相连，键长为 0.1421nm；在层平面之间则由弱的范德瓦尔斯力相连，层间距在0.3360 ~ 0.3440nm；每层碳原子都没有固定的位置，导致层片边缘不整齐。处于石墨层片边缘的碳原子和层面内部结构完整的基础碳原子不同。碳纤维表面活性由处于边缘位置碳原子的数目决定，主要原因是基础碳原子在层面内部受到对称的引力，键能较高，反应活性低，而边缘位置的碳原子所受到的引力不对称，具有不成对电子而活性比较高。

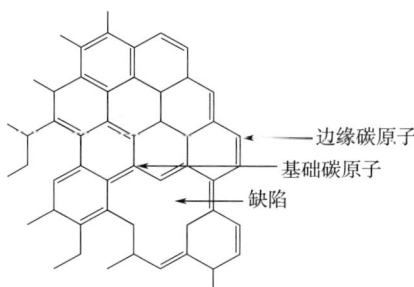

图 2-13　碳纤维分子结构示意图

2.2.2.2 碳纤维的性能

碳纤维由于其独特的分子结构，具备轻质、高强、高模、耐化学腐蚀、热膨胀系数小等优点。

（1）物理性能。碳纤维密度小、质量轻，碳纤维的密度为 1.5 ~ 2g/cm³，相当于钢密度的 1/4、铝合金密度的 1/2。

（2）力学性能。碳纤维强度、弹性模量高，其强度比钢大 4 ~ 5 倍，弹性回复率为 100%。表 2-16 为几种碳纤维的主要性能，表 2-17 为不同种类碳纤维的力学性能。

表 2-16　几种碳纤维的主要性能

纤维	密度 /（g·cm⁻³）	拉伸强度 /MPa	拉伸模量 /GPa	断裂伸长率 /%
聚丙烯腈基碳纤维	1.76~1.94	2500~3100	207~345	0.6~1.2
沥青基碳纤维	1.7	1600	379	1.0

纤维	密度 /（g·cm⁻³）	拉伸强度 /MPa	拉伸模量 /GPa	断裂伸长率 /%
黏胶基碳纤维	2.0	2100~2800	414~552	0.7
酚醛基碳纤维	1.3~1.6	294~686	14.7~29.4	2.7~2.8

表 2-17 不同种类碳纤维的力学性能

碳纤维	拉伸强度 /GPa	弹性模量 /GPa
高强度碳纤维	2.94	196
高模量碳纤维	2.74	225
中模量碳纤维	1.96	372
碳质纤维	1.18	470
石墨纤维	0.98	98

（3）热稳定性。碳纤维热膨胀系数很小，导热率随温度升高而下降，耐骤冷、急热，即使从几千摄氏度的高温突然降到常温也不会炸裂。

（4）摩擦系数小，具有润滑性

（5）导电性好。25℃时高模量碳纤维的比电阻为 775μΩ/cm，高强度碳纤维则为 1500μΩ/cm。

（6）耐高温和低温性好。3000℃时在非氧化气氛下不熔化、不软化，在液氮温度下依旧很柔软，不脆化。

（7）耐酸性好。对酸呈惰性，能耐浓盐酸、磷酸、硫酸等侵蚀。此外，碳纤维还具有耐油、抗辐射、抗放射、吸收有毒气体和使中子减速等特性。

2.2.2.3 碳纤维的应用

碳纤维是具有高强高模、耐高温、耐腐蚀、耐疲劳、耐湿、密度小、蠕变小、导电传热、热膨胀系数低等一系列优异性能的高性能纤维，既可作为结构材料承负载荷，也可作为功能材料发挥作用。因此，碳纤维不仅应用于航空航天和国防科技方面，在文体用品、纺织机械、医疗器械、生物工程、建筑材料、化工机械、运输车辆等方面也得到日益广泛的应用。碳纤维是理想的复合材料增强原料，宇航工业上，碳纤维多用作导弹防热材料及结构材料，如导弹发射筒、固体火箭发动机、卫星的构架等，其在汽车发动机系统及传动系统中的应用也在迅速推广。目前，碳纤维在柔性复合材料中的应用还远未普及，在充气囊体骨架增强材料、柔性电磁屏蔽功能材料等方面具有独特的优势和巨大的应用潜力。

2.2.3 陶瓷纤维

陶瓷纤维是一种纤维状轻质耐火材料，具有重量轻、耐高温、热稳定性好、导热率低、比热小及耐机械振动等优点，专门用于各种高温、高压、易磨损的环境中。

2.2.3.1 陶瓷纤维的种类

（1）碳化硅纤维。连续碳化硅（SiC）纤维是一种具有较高抗拉强度、抗蠕变性能、耐高温、抗氧化及与陶瓷基体良好相容的陶瓷纤维，在航天、航空、兵器、船舶和核工业等高技术领域具有广阔的应用前景。连续 SiC 纤维增韧的陶瓷基复合材料不仅比强度高、比模量高、热稳定性好，而且抗热震冲击能力强，可应用于航天飞行器的头部和机翼前缘，航空航天发动机的燃烧室喷管、整体导向器、整体涡轮、导向叶片、涡轮间过渡机匣和尾喷管等表面温度高、气动载荷大的区域，在军事领域具有重要的应用前景。

（2）氮化硅纤维。氮化硅（Si_3N_4）是一种强共价键化合物，主要包括 $\alpha\text{-}Si_3N_4$、$\beta\text{-}Si_3N_4$ 两种晶体结构，均为六方晶型。$\alpha\text{-}Si_3N_4$ 为低温稳定相，在 1400℃ 以上会通过熔解沉淀的形式向 $\beta\text{-}Si_3N_4$ 转变。$\alpha\text{-}Si_3N_4$ 和 $\beta\text{-}Si_3N_4$ 均以 SiN_4 四面体为基本单元，二者可以通过绕 C 轴法线方向 180° 旋转而相互转化。坚固稳定的三维空间网络结构赋予 Si_3N_4 优异的力学性能、化学稳定性和耐热性。在高温氧化环境中，Si_3N_4 表面可生成致密的 SiO_2 膜，阻碍氧的进一步扩散，使其具有优异的抗高温氧化性能。

作为一种重要的结构陶瓷，目前 Si_3N_4 已在工业领域广泛应用。例如，由于抗弯强度高（可达 1.2GPa）、抗压强度高（可达 4.5GPa），Si_3N_4 可用于制造轴承、汽轮机叶片等构件；由于具有优异耐磨损、耐化学腐蚀特性，Si_3N_4 可用于制造泵体、球阀、过滤器等部件；由于其耐熔融金属腐蚀及抗热震性能优良，Si_3N_4 可用于制造冶金工业中金属热处理磨具，如坩埚、内衬，热电偶套管、发热体夹具等。Si_3N_4 陶瓷的介电常数为 4~8，介电损耗为 0.004~0.01，并且通过控制陶瓷中的孔隙尺寸和孔隙率，可以在力学性能可用的前提下，进一步把介电常数降低至 4 以下，介电损耗可降低到 0.004 以下，使其具有优良的透波性能。目前，无压烧结 Si_3N_4、反应烧结 Si_3N_4、多孔 Si_3N_4 等陶瓷体系已用于导弹天线罩等透波构件的研制。

近年来，超高音速导弹的快速发展对耐高温透波陶瓷纤维提出了迫切需求。目前，国内外高温透波材料的增强体主要为石英纤维。石英纤维具有高强度、低密度特性，且介电损耗低（室温下 tan=0.0002），可以实现宽频透波。但是，石英纤维在高于 900℃ 的温度下会因晶粒粗化而导致强度迅速下降，从而显著降低复合材料性能。随着中远程精确制导导弹的快速发展，新一代导弹的速度提高，天线罩的工作温度已经提升到 1000℃ 以上，且工作环境更加恶劣，这对高温透波材料提出了新的需求。连续 Si_3N_4 纤维的耐温性能优于石英纤维，且当碳含量控制在 5%（质量分数）以下时，纤维具有良好的高温透波性能，因此有望替代石英纤维，用于制备新一代高马赫数导弹天线罩。

（3）氮化硼纤维。氮化硼（BN）纤维是一种重要的无机纤维材料，具有类似于石墨的层状晶体结构，又称白石墨。BN 纤维具有良好的热稳定性、耐高温、耐化学腐蚀、电热性能、耐辐射、抗氧化性以及高吸收中子的能力，惰性条件下 2500℃ 以及氧化气氛中 850℃ 保持结构稳定，在航空、航天、新能源及核工业电子等高端技术领域有着极为广阔的应用前景。

BN 纤维由于兼备 BN 陶瓷材料以及纤维材料所特有的优异性能，许多国家都相继开始了对 BN 纤维的研制，并取得了很大进展。自 20 世纪中期以来，美国和俄罗斯等国家一直投入大量人力与财力从事 BN 纤维及其复合材料的研究与开发，目前已实现规模化生产，并应用于新型武器、航天飞行器、高能电池以及民用领域。发达国家一直将 BN 纤维制备的关键技术对其他国家进行技术封锁，BN 纤维产品被列为重要的战略禁运物资。

（4）氧化铝纤维。随着先进复合材料的开发及其在高新技术领域中的应用，氧化物陶瓷纤维日益受到重视。

氧化铝（Al_2O_3）陶瓷纤维具有表面活性高、机械强度高、弹性模量大、热导率小、绝缘性好、抗化学侵蚀能力强等优点，是一种综合性能优良的工程材料，在工业及航空、航天领域中有着重要的作用。Al_2O_3 陶瓷纤维熔点高，在空气中 1650℃ 时仍保持完整的纤维形态，还具有抗冲击性、可绕性等特点，在用于耐烧蚀隔热功能复合材料方面有得天独厚的优势。Al_2O_3 的热传导率极低，因此 Al_2O_3 纤维被认为是极好的高温隔热纤维。由于具有良好的热辐射能力和红外加热效应，Al_2O_3 陶瓷纤维是良好的红外辐射材料。由于具有绝缘、消音、抗氧化、耐油和耐水性能，多晶 Al_2O_3 陶瓷纤维可作为催化剂载体。此外，Al_2O_3 陶瓷纤维柔软、弹性好，还是理想的密封材料。

由 Al_2O_3 陶瓷纤维制成的复合材料可用于兵器、航空、航天、汽车等领域，世界先进国家均在不断扩大其生产量和开发应用研究。Al_2O_3 基陶瓷纤维拉伸强度可与 Nicalon 纤维相媲美，最高可达 3.5GPa，模量最高 420GPa，不亚于 Nicalon 纤维。Al_2O_3 陶瓷纤维可作为聚合物、金属和陶瓷增强体：用作金属基复合材料增强剂，可使铝基复合材料减重 10%~30%，耐磨性提高 5~10 倍，高温强度提高 100%；用作陶瓷基复合材料增强剂，可使复合材料减重 10%~30%，韧性提高 2~3 倍；Al_2O_3 陶瓷纤维增强聚合物复合材料还具有透波性、无色性等特点，在电路板、电子器械、雷达罩和钓鱼竿、网球拍等体育用品领域广泛使用；氧化铝增强金属时，由于与金属相容性好，可考虑使用成本较低的溶浸技术，制造飞机部件、汽车部件、电池、化学反应器等。

2.2.3.2 陶瓷纤维的性能

陶瓷材料具有高熔点、高硬度、高耐磨性、耐氧化等优点，与金属材料、高分子材料并称为当今三大固体材料。陶瓷纤维可有效阻止陶瓷在受到应力作用时产生裂纹扩展的缺点，将陶瓷纤维与基体复合制备纤维增强陶瓷基复合材料是提高陶瓷韧性一种有效办法，连续陶瓷纤维是纤维增强陶瓷基复合材料重要一类，具有高韧性与高强度。陶瓷纤维耐高温特性良好，可承受 1500℃高温；陶瓷纤维还具有良好的隔热功能，主要是由陶瓷纤维的混合结构（即固态纤维和空气组成）决定的。陶瓷纤维同时在热稳定性、化学稳定性和抗热震性方面表现出更优异的性能。陶瓷纤维材料具有良好的吸声隔音效果，主要是由于当声波传到材料内部时，声波与纤维孔隙内存在的空气产生黏滞作用，同时声波还将与纤维间产生摩擦阻力，因而损耗的部分声能转化形成热能。

2.2.3.3 陶瓷纤维的应用

陶瓷纤维具有耐超高温、高硬度及优良耐磨性等特点，在机械、冶金、化工、石油、陶瓷、玻璃、电子等行业具有广泛的应用前景。陶瓷纤维可以很好解决耐火材料韧性差的问题，其绝热保温性能使陶瓷纤维制品在航天热防护材料、工业炉的炉壁和建筑材料上得到广泛使用。陶瓷纤维材料具有良好的吸声隔音效果，可应用于建筑、交通等领域。陶瓷纤维在新型高温超导材料、远红外纤维、导电纤维等新型功能材料上具有一定应用潜力。

2.3　天然植物纤维

天然纤维复合材料是由天然纤维和基体材料经一定复合工艺组合而成的材

料。天然纤维包括植物纤维、矿物纤维和动物纤维。天然纤维具有许多突出的优点，如价格低廉、能降解、可再生、力学性能优越等，使其在某些应用领域中成为玻璃纤维的优秀替代品。天然纤维在自然界中来源广泛，是我国的优势资源，应对其进行综合利用。目前在柔性纺织复合材料中使用较多的天然纤维主要为植物纤维，如芒麻、大麻、亚麻、黄麻和剑麻等麻纤维，以及椰壳纤维、竹纤维、木纤维等。

2.3.1　天然植物纤维的结构

天然植物纤维分为细胞壁和细胞腔，细胞壁主要由纤维素、半纤维素和木质素组成，细胞腔内的物质为果胶。麻纤维原麻中 40% ~ 75% 为纤维素，其余的为非纤维素成分，通称为胶质，胶质内含有半纤维素、果胶、木质素等物质。不同种类天然植物纤维的化学组成见表 2–18。

表 2–18　不同种类天然植物纤维的化学组成

纤维类型	密度 / (g·cm⁻³)	化学成分 /%						
		纤维素	半纤维素	木质素	果胶	蜡质	灰分	水分
芒麻	1.54	65~75	14~16	0.8~1.5	4.5	0.5~1.0	2~5	6.60
亚麻	1.19	70~80	12~15	2.5~5.0	1.4~5.7	1.2~1.8	0.8~1.3	10.56
大麻	1.26	76.4	12	20	9.29		2.85	9.25
剑麻	1.40	65.8	12	8	2.00			
黄麻	1.21	57~60	14~17	18	14		5.15	9.40
竹	0.90	55	20	25	0.38		1.20	
麦秸	1.51	40.4	25.56	22.34	0.87	23.15	6.04	10.65

天然纤维复合材料中以麻纤维的应用最为广泛。麻纤维最早产于我国，是我国重要的经济作物之一。世界上主要的麻类品种在我国均有种植。麻纤维主要分为韧皮纤维和叶纤维，其中芒麻、亚麻、大麻、罗布麻等属于韧性纤维，菠萝叶纤维、剑麻等属于叶纤维。麻纤维为单细胞物质，纤维细长，截面呈椭圆或多三角形，因具有较高的取向度及结晶度，使其具有高强度和低伸长。麻纤维主要由纤维素、半纤维素、果胶等成分组成，其中纤维素占大部分。表 2–19 为部分麻

纤维的化学组成及特性。

表 2-19　部分麻纤维的化学组成及特性

麻纤维	化学组成 /%					单纤维细度 /μm	单纤维长度 /mm
	纤维素	半纤维素	果胶	木质素	其他		
苎麻	65~75	14~16	4~5	0.8~1.5	6.5~14	30~40	20~250
亚麻	70~80	12~15	1.4~5.7	2.5~5	5.5~9	12~17	17~25
黄麻	57~60	14~17	1.0~1.2	10~13	1.4~3.5	15~18	1.5~5
红麻	52~58	15~18	1.1~1.3	11~19	1.5~3	18~27	2~6
大麻	67~78	5.5~16.1	0.8~2.5	2.9~3.3	5.4	15~17	15~25
罗布麻	40.82	15.46	13.28	12.14	22.1	17~23	20~25

2.3.2　天然植物纤维的性能

与目前常用的合成纤维相比，天然纤维及其复合材料具有如下优势：

（1）质轻密度小，价格低廉。

（2）原料来源广泛。植物纤维尤其是麻纤维生长周期短、对生长环境要求不高，且生长、收获、加工的能量消耗较少，原材料成本低。

（3）性能优异。麻纤维复合材料的隔热、吸音性能好，耐冲击，无脆性断裂，具有良好的刚度、切口韧性、断裂特性、低温特性等。

（4）有助于环保。天然纤维选择适当的基体材料可以制成可完全降解的复合材料，废弃的天然纤维复合材料产品对环境不会造成污染，从而解决了困扰人类发展的环境问题。

2.3.2.1　天然植物纤维的力学性能

天然植物纤维具有较高的强度、模量及较小的密度，适合用作聚合物基复合材料的增强体。亚麻纤维和软木牛皮纸纤维的比强度和比弹性模量都接近于 E 玻璃纤维。然而天然植物纤维的力学性能并不均匀，相同纤维不同批次之间，同一纤维不同部分之间的力学性能相差较大，这主要是由于天然植物纤维的生长环境及生长年龄不同所致。几种常用天然植物纤维及其复合材料增强用合成纤维的力学性能见表 2-20。

表 2-20　几种常用天然植物纤维及其复合材料增强用合成纤维的力学性能

纤维类型	密度 / （g·cm^{-3}）	拉伸强度 /MPa	拉伸模量 /GPa	断裂 伸长率 /%	微纤角 / （°）	比模量 / （GPa·g^{-1}·cm^3）
黄麻	1.3~1.4	393~773	13.0~26.5	1.16~1.50	7~9	10.0~18.3
亚麻	1.5	345~1100	27.6	2.7~3.2	10~11	18.4
大麻	1.14	690	30~60	1.6	6	26.3~52.6
苎麻	1.5	400~938	61.4~128.0	1.2~3.8	7.5	40.9~85.3
剑麻	1.45	468~640	9.4~22.0	3~7	20	6.4~15.2
竹纤维	0.6~1.1	140~800	11~32	5.8		25
棉纤维	1.5~1.6	287~800	5.5~12.6	7~8		6
E 玻璃纤维	2.5	2000~3500	70	2.5		28
S 玻璃纤维	2.5	4570	86	2.8		34.4
碳纤维	1.7	4000	230~240	1.4~1.8		135~141

2.3.2.2　天然植物纤维的化学性能

所有麻纤维均为纤维素纤维，基本化学成分是纤维素，其他还有果胶质、半纤维素、木质素、脂肪蜡质等非纤维物质（统称为胶质），它们均与纤维素伴生在一起。要取出可用的纤维，首先要将其和这些胶质分离，称为脱胶。各种麻纤维的化学成分中纤维素含量均在 75% 左右，和蚕丝纤维中纤维素含量的比例相仿。

麻纤维能够耐海水的侵蚀，具有良好的抗霉和防蛀性能。另外麻纤维具有良好的耐碱性，但不具有耐酸性。在麻纤维中，苎麻纤维易染色，亚麻纤维因具有较高的结晶度，不易漂白染色，而且有色差，染色性能较差。麻纤维的其他性能与棉纤维相似。

2.3.3　天然植物纤维的应用

随着环保理念的不断普及，天然植物纤维作为绿色可再生能源，在未来生活中的应用将受到越来越多的关注。以木质素和纤维素为主体的麻纤维、竹纤维等一年生长植物纤维，作为增强结构与热塑性聚合物结合，可以生产纤维增强复合材料，具有密度小、模量高、强度高等特点，非常适合用于汽车零部件的轻量化设计。基于此制备的植物纤维增强复合材料构件，在飞机内饰、轨道交通领域得到示范性应用。此外，将天然植物纤维应用于柔性复合材料也是发展可回收、可循环柔性纺织复合材料的重要趋势，在户外休闲、体育娱乐、装饰装修等方面的应用，有利于推动行业的转型升级。

参考文献

［1］HINO H，KOMATSU M, MORI H. Thermal dimensional stability in fiber reinforced magnesium alloys［J］. Advanced Composite Materials，1991（1:2）: 93–101.

［2］SRIVASTAVA V，GUPTA M. Approach to self healing in metal matrix composites: a review［J］. Materials Today: Proceedings，2018，5（9）: 19703–19713.

［3］JOHN V，MILEWSKI，DOMINICK V，et al. History of reinforced plastics［J］. Journal of Macromolecular Science, Part A，1981，15（7）: 1303–1343.

［4］HARDIMAN M, VAUGHAN T J, MCCARTHY C T. A review of key developments and pertinent issues in nanoindentation testing of fibre reinforced plastic microstructures［J］. Composite Structures，2017，180: 782–798.

［5］常量，张建飞. 碳纤维复合材料在航空领域应用初探［C］// 机械电子工程技术与应用研讨会，广州 :2010.

［6］赵稼祥. 碳纤维及其复合材料的应用发展与启示［C］// 成都 : 高性能纤维会议，2011.

［7］贺福. 碳纤维及石墨纤维［M］. 北京 : 化学工业出版社，2010:8–11.

［8］上官倩芡. 碳纤维及其复合材料的发展及应用［J］. 上海师范大学学报，2008，37（3）: 275.

［9］NIE W Z, LI J, ZHANG Y F. Tensile properties of surface treated carbon fibre reinforced ABS/PA6 composites［J］. Plastics, Rubber and Composites，2010，39（1）: 16–20.

［10］NIE W J, LI J. Effect of carbon fibre content on friction and wear properties of carbon fibre reinforced PA6 composites［J］. Plastics，Rubber and Composites，2010，39（1）:10–15.

［11］CHOI J H, HWANG W C，CHA C S，et al. Impact characteristics of carbon fibre reinforced plastics structural members according to the variation of stacking conditions［J］. Materials Research Innovations，2016，19（S5）:490–493.

［12］GAN Y X, CHEN C Q, LI C G. Preparation of metal–coated carbon fiber reinforced composites and their electromagnetic properties［J］. Materials and Manufacturing Processes，1994，9（2）.

［13］PAIVA J M F, TRINDADE W G, FROLLINI E，et al. Carbon fiber reinforced carbon composites from renewable sources［J］. Polymer–Plastics Technology and Engineering，2004，43（4）:1187–1211.

［14］TANAKA T, YAGI K，KOJIMA N，et al. Retrofit method with carbon fiber for reinforced concrete structures［J］. Advanced Composite Materials，1994，4（1）: 73–85.

［15］KIKUKAWA K，MUTOH K，OHYA H，et al. Flexural reinforcement of concrete floor slabs by carbon fiber textiles［J］. Composite Interfaces，1997，5（5）: 469–478.

［16］金桥，危良才. 我国玻璃纤维产品发展回顾［J］. 新材料产业，2013（4）:61–63.

［17］RYU J, JU Y K, YOON S W, et al. Bending capacity of glass fibre steel composite plate（GSP）reinforced composite slab［J］. Materials Research Innovations，2013，17（Suppl2）：s27–s34.

［18］ANDREEVA M B, NOVOTORTZEVA T N, KALUGINA E V，et al. The Improvement of Compatibility in Glass Fiber Reinforced PA6/PP Blends［J］. International Journal of Polymeric Materials and Polymeric Biomaterials，2000，46（3–4）：641–654.

［19］MODI B J，PATEL K J，AMIN K G，et al. Coloured glass–fibre reinforced composites［J］. International Journal of Polymeric Materials，1998，41（1–2）：23–29.

［20］THWE M M, LIAO K. Tensile behaviour of modified bamboo‐glass fibre reinforced hybrid composites［J］. Plastics, Rubber and Composites，2002，31（10）：422–431.

［21］PATEL H K, BALASUBRAMANIAN V, PEIJS T. The fracturetoughness of natural fibre and glass fibre–reinforced SMC［J］. Plastics, Rubber and Composites，2017，46（8）：355–364.

［22］FUNG C P，HWANG J R，HSU C C. The effect of injection molding process parameters on the tensile properties of short glass fiber–reinforced PBT［J］. Polymer–Plastics Technology and Engineering，2003，42（1）：45–63.

［23］SOMSUBHRA S. Glass fibre reinforced cement—an overview［J］.Transactions of the Indian Ceramic Society，1992，51（2）：40–45.

［24］高晋. 玻璃纤维增强塑料在城市公共设施设计中的应用［J］.塑料工业，2017，45（10）:148–151.

［25］LI J, CAI C L. The friction and wear properties of ECP surface treated kevlar fiber–reinforced thermoplastic polymide composites［J］. Polymer–Plastics Technology and Engineering，2010，49（2）：178–181.

［26］PAN B L, LI N, HUANG R L, et al. Study on tribological properties of carbon/aramid fabric coatings modified by boron nitride of single layer［J］. Polymer–Plastics Technology and Engineering，2015：54:（6）：625–631.

［27］ZHAO H F，ZHANG M Y，ZHANG S F, et al. Influence of fiber characteristics and manufacturing process on the structure and properties of aramid paper［J］. Polymer–Plastics Technology and Engineering，2012，51（2）：134–139.

［28］MATSUI J. Polymer matrix composites（PMC）in aerospace［J］.Advanced Composite Materials，1995，4（3）：197–208.

［29］竺铝涛. 汽车用碳纤维复合材料的发展历程及应用［J］. 上海汽车，2013（11）:52–55.

［30］LAHA S N. Steel fibre reinforced refractories［J］. Transactions of the Indian Ceramic Society，1980，39（4）：131–137.

［31］ABID S R，AI–LAMI K, SHUKIA S K. Critical review of strength and durability of concrete beams externally bonded with FRP［J］.Cogent Engineering，2018，5（1）：1–27.

［32］KHALID Y A，HAMED A F, SAPUAN S M. Pressure carrying capacity of reinforced plastic tubes［J］. Polymer–Plastics Technology and Engineering，2007，46（6）：651–659.

［33］RAYMOND B, SEYMOUR．The role of fillers and reinforcements in plastics technology［J］. Polymer–Plastics Technology and Engineering，1976，7（1）：49–79.

［34］GAROUSHI S, VALLITTU P. Fiber–reinforced composites in fixedpartial dentures［J］. Libyan Journal of Medicine，2006，1（1）：73–82.

［35］CHENG Y Y，CHOW T W，LADIZESKY N H. Denture base resin reinforced with high-performance polyethylene fiber: Water sorption and dimensional changes during immersion［J］. Journal of Macromolecular Science，Part B: Physics，1993，32（4）: 433–481.

［36］胡政芳，王芳，肖国锋. 玻璃纤维在临床医学领域的应用［J］. 玻璃纤维，2015（1）: 1–7，19.

第3章 增强织物的成型工艺及特点

纺织结构柔性复合材料至少包含两部分：增强织物和涂层结构。其中，增强织物决定柔性复合材料的承载能力，同时保障柔性复合材料的尺寸稳定性。增强织物常以高性能纤维为原料，配合现代织造技术，生产出具有一定强度、模量和稳定性的增强体基布。增强织物包括机织物、针织物、编织物和非织造布四类。

机织是通过相互垂直的两组纱线（经纱和纬纱）相互交织形成织物的工艺技术；针织是利用织针将纱线弯曲成线圈，并相互串套形成织物的工艺技术；编织是将三组或三组以上的纱线通过相互缠绕形成的平面或管状织物的一种织造工艺；非织造布是通过机械、化学或热黏合方法将纤维组合固定在一起而形成织物的工艺技术。表3-1列出了四类织物织造工艺的对比。

表3-1 四类织物织造工艺对比

织造方式	纱线引入的基准方向	基本成型技术
机织	2（0°/90°）	交织（通过选择90°纱线的经纱和纬纱插入0°纱线系统）
针织	1（0°或者90°）	互串联圈
编织	1（机器方向）	缠绕（按位替换）
非织造	3或者更多	纤维相互铺叠

3.1 机织物

3.1.1 机织物形成原理

机织工艺是织物生产最古老的工艺，有着悠久的历史。机织物是由平行于织物布边或与布边呈一定角度排列的经纱和垂直于织物布边排列的纬纱，按规律交织而成的片状纱线集合体。沿织物长度方向排列的纱线称为经纱，沿织物宽度方向排列的纱线称为纬纱。

3.1.1.1 机织物的形成过程

机织物的形成过程如图 3-1 所示，经纱 2 从织轴 1 上引出，绕过后梁 3、停经片 4，按一定规律逐根穿入综框 5 上的综眼 6，再穿过钢筘 7 的筘齿与纬纱 8 交织，在织口处形成的织物经胸梁 9、卷取辊 10、导布辊 11 卷绕在卷布辊 12 上。

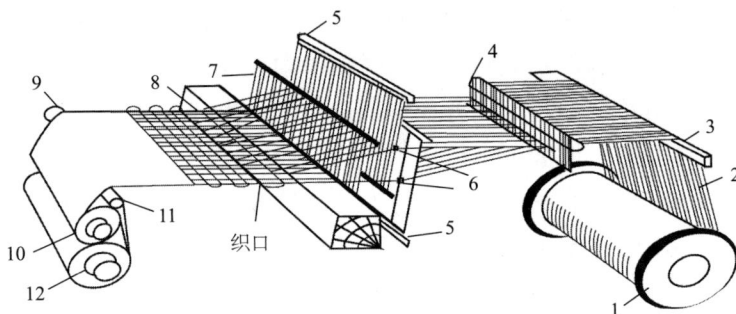

图 3-1　机织物形成示意图

机织物在织机上的形成，是经过下面五大运动来完成的：①开口，按照织物的组织图案，把经纱上下分开，形成梭口的开口运动；②引纬，把纬纱引入所形成梭口的引纬运动；③打纬，把引入梭口的纬纱推向织口的打纬运动；④卷取，把已织好的织物引离织物形成区的卷取运动；⑤送经，把经纱从织轴上输入工作区的送经运动。以上五大运动连续不断地循环，持续形成织物。

3.1.1.2 机织物的工艺流程

机织物的工艺流程如下：

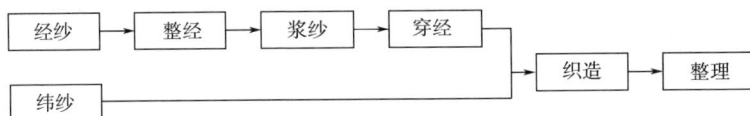

（1）整经。根据工艺设计要求，把一定数量的筒子纱，按规定的长度、排列顺序、幅宽等均匀平行地卷绕在经轴或织轴上，供浆纱或穿经工序使用。

（2）浆纱。浆纱工序的任务是在浆纱机上进行经纱上浆，并按整幅织物所需要的总经纱根数，合并若干个经轴的经纱，把上浆后的经纱卷绕成织轴。浆纱的目的是使纱线毛羽贴伏，提高纱线强力和耐磨性，尽量保持纱线的弹性伸长，改善经纱织造性能。

（3）穿经。根据织物工艺设计的要求，把织轴上的全部经纱按一定的规律穿入停经片、综丝眼和筘齿，以便织造时形成梭口，织成所需要的织物，并在经纱断头时能及时停车而不致造成织疵。

（4）织造。把准备好的经纱和纬纱织成一定规格的织物。

（5）整理。织物下机后经过验布、修布、热定型等工序改善织物外观风格或使织物获得特殊性能（拒水、防污等）的过程。

3.1.2　机织物的组织结构及性能特点

机织物的基本组织包括平纹、斜纹和缎纹三种组织，也称三原组织（图 3-2）。机织物结构中经纬纱必须紧密排列，否则会因纱线之间抱合不牢而发生滑丝现象，破坏织物的外观和性能。

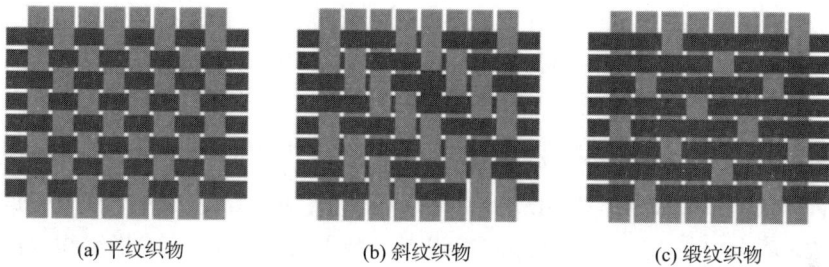

(a) 平纹织物　　　　　　(b) 斜纹织物　　　　　　(c) 缎纹织物

图 3-2　机织物基本组织

3.1.2.1　平纹组织

经纱和纬纱一上一下相间交织而成的组织称为平纹组织，是机织三原组织中最简单的一种，如图 3-2（a）所示。在该结构中，经纬向纱线的循环数 $R_T=R_W=2$，经纬向组织点飞数 $S_T=S_W=1$，且该组织在一个组织循环内，经纬组织点的数目相同，为同面组织。

在织造平纹组织时，经纬纱线每间隔一根就进行一次交织，因此在所有的组织中，该组织交织的次数最多、最频繁，得到的布料平整挺括、紧实牢固、断裂强度大，耐磨性也相对较好，纱线间不宜产生滑移。如果将参与编织的某些纱线用变形丝进行替换，在进行涂层复合时能够提高涂层产品的剥离强度，该结构较为常用。但是平纹结构交织点较多，纱线屈曲最大，因此这种组织结构的增强织物的模量较低，纱线强力利用率较低。

平纹组织织物具有以下特点：①交织次数（点）最多，纱线屈曲最多，浮长线最短，使织物坚牢、耐磨，但手感较硬、弹性较小、光泽较差；②正反面的外观效应相同，表面平坦，花纹单调；③在相同规格下，与其他组织织物相比最轻薄；④织物不易磨毛、抗勾丝性能好；⑤可织密度最小（可密性差）、易拆散。由于经纬纱交织次数多，纱线不易靠得太紧密，因而织物的密度一般不会过大。

3.1.2.2 斜纹组织

经组织点（或纬组织点）连续成斜线的组织称为斜纹组织，如图3-2（b）所示。斜纹组织纱线循环数 $R_T=R_W \geq 3$，经纬向组织点飞数 $S_T=S_W= \pm 1$。斜纹组织比平纹组织复杂，斜纹组织织物，其表面有经纱或纬纱浮长线组成的斜纹线，使织物表面有沿斜线方向形成的凸起的纹路。根据纹路指向，由左下指向右上者为右斜纹，以 ↗ 表示；由右下指向左上者为左斜纹，以 ↖ 表示。

斜纹组织织物具有以下特点：①斜纹组织有正反面的外观区别，如正面 ↗，反面 ↖；②经纬纱的交织次数比平纹少，有浮长线，织物手感较软；③织物比平纹厚而密，光泽、弹性、抗皱性比平纹好；④耐磨性、坚牢度不及平纹织物。

3.1.2.3 缎纹组织

缎纹组织是基本组织中最复杂的组织，缎纹组织的经纬纱线形成一些单独的、互不相连的组织点，组织点分布均匀，如图3-2（c）所示。缎纹组织纱线循环数 $R_T=R_W \geq 5$（6除外），经纬向组织点飞数 $1 < S < R-1$，S 指组织点的飞数，R 指纱线循环数，并且 S 和 R 之间不能有公约数。每间隔四根以上的纱线才发生一次经纱与纬纱的交错，且这些交织点为单独的、互不连续的、均匀分布在一个组织循环内。织物表面具有较长的经向或纬向的浮长线。

缎纹织物具有以下特点：①缎纹组织正反面有明显的经纱或纬纱浮长线，织物外观平滑、光泽明亮；②在基布组织中，缎纹组织交织点最少，织物手感相对最柔软，弹性好；③在其他条件相同时，缎纹织物强力最低，易摩擦起毛、起球和勾丝。

3.1.2.4 方平组织

方平组织是以平纹组织为基础，在织物经向和纬向各延长一个组织点形成的，形成的织物外观整齐，呈现大小相同的方块形花纹。

平纹结构交织点较多，纱线屈曲最大，因此这种组织结构的增强织物的模量较低，纱线强力利用率较低。方平组织的基本形态为平纹，但其为双经纱、双纬线交替形成，如图3-3所示；与平纹组织相比，方平组织的交织点数目减少，纱线的弯曲状况得到改善，经纬纱线的强力利用率得到了提高。为了得到更高模量和强力的增强织物，在一些纺织结构柔性复合材料中常用方平组织代替平纹组织。

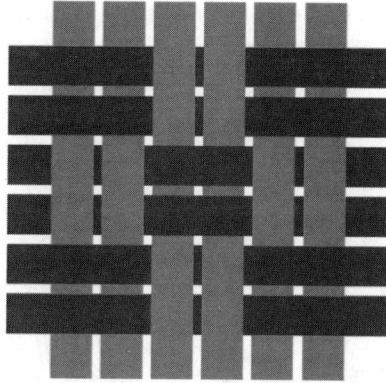

图 3-3　方平组织

3.1.3　机织物的主要参数

（1）匹长。根据织物的原料、厚度、织机卷装容量等，人为确定的卷（包）装长度。

（2）幅宽。沿纬向两布边间的距离，单位为 cm，受织机筘幅的制约。目前织物主体幅宽为 1.5m，家用和产业用织物幅宽为 3~8m。

（3）厚度。一定压力下织物的绝对厚度，用测厚仪测试，单位为 mm。厚度影响织物的耐磨性、保暖性，常根据织物的用途确定。厚度与纱线的细度和织物组织有关。

（4）密度。织物经（纬）向单位长度内的纬（经）纱根数。经密是指每 10cm 的经纱根数，纬密是指每 10cm 的纬纱根数。织物的密度用经密 × 纬密来表示。

（5）单位面积质量。公定回潮率下单位面积的质量，单位为 g/m²，也称平方米重或克重。

3.2　针织物

针织物是由线圈形成的，结构比较松散，因而针织物具有透气、蓬松、柔软、轻便的特点；而且针织物的延伸性大、弹性好，具有较高的抗撕裂强力和较好的抗折皱性。针织物的缺点是尺寸稳定性差，受力后易变形，质地不硬挺，易起毛起球和脱散。

根据纱线的喂入方式不同，针织分为纬编和经编两大类。纬编是将纱线沿纬向喂入纬编针织机的工作针上，顺序地弯曲成圈，并相互串套形成织物的工艺，其线圈结构如图 3-4 所示。经编是将一组或几组平行排列的纱线由经向喂入经编针织机的工作针上，同时成圈形成织物的工艺，其线圈结构如图 3-5 所示。

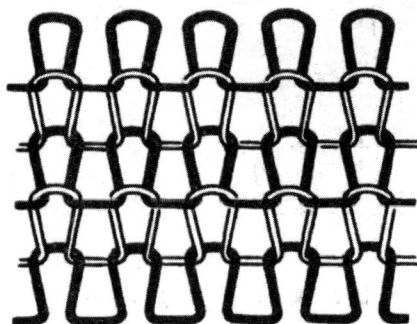

图 3-4　纬编针织物　　　　　图 3-5　经编针织物

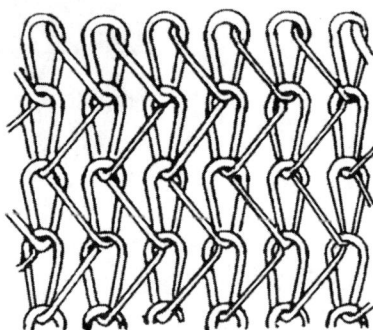

两类针织物由于成形方式不同，在结构形状和特性方面存在一些差异。纬编针织物的手感柔软，弹性、延伸性好，但易脱散，尺寸稳定性较差。经编针织物的尺寸稳定性好，不易脱散，但弹性、延伸性较小，手感差。

随着针织技术的发展和对针织产品性能的要求越来越高，针织产品的用途也越来越广泛。传统的针织产品以服用为主，现在已经发展成服用、家用和产业用三大类，而且家用和产业用针织产品的比例在不断扩大。

3.2.1　织针

针织物的形成，需要由针织机中的织针和其他相关机件配合来完成。织针在成圈过程起着重要作用。常用的织针有舌针、复合针和钩针三种，如图 3-6 所示。

（1）舌针。舌针采用钢带或钢丝制成，包括针杆、针钩、针舌、针舌销和针踵。针钩用来握持纱线，使之弯曲成圈。针舌可绕针舌销回转，开闭针口。针踵在成圈过程中受到其他机件的作用，使织针在针床的针槽内往复运动。舌针各部

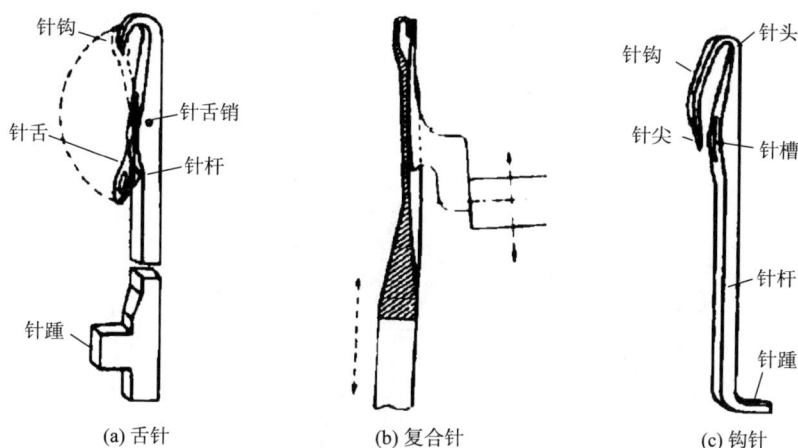

図 3-6 织针示意图

(a) 舌针　　　　(b) 复合针　　　　(c) 钩针

分的尺寸和形状，随针织机类型的不同而有差别。由于舌针在成圈中依靠线圈的移动，使针舌回转来开闭针口，因此成圈机构较简单。目前，舌针用于绝大多数纬编机和少数经编机。

（2）复合针。复合针由针身和针芯两部分组成。针身带有针钩，且在针杆侧面铣有针槽。针芯在槽内做相对移动以开闭针口。采用复合针在成圈过程中可以减小针的运动动程，有利于提高针织机的速度，增加针织机的成圈系统数；而且针口的开闭不是由于旧线圈的作用，因而形成的线圈结构较均匀。目前，复合针广泛应用于经编机。

（3）钩针。钩针采用圆形或扁形截面的钢丝制成，端头磨尖后弯成钩状，每根针为一个整体。在针杆上垫纱，针踵使针固定在针床上，针头和针钩用于握持新纱线，使其穿过旧线圈。在针尖的下方针杆上有一针槽，供针尖没入用。针尖与凹槽之间的间隙称为针口，它是纱线进入针钩的通道。针钩可借助压板使针尖压入针槽内，以封闭针口。当压板移开后，针钩依靠自身的弹性恢复针口开启。

3.2.2　纬编针织物

纬编是一根或若干根纱线从纱筒上引出，沿着纬向顺序垫放在纬编针织机各相应的织针上形成线圈，并相互串套形成织物。

3.2.2.1　纬编成圈过程和基本原理

由于钩针针织机成圈机构比较复杂，生产效率较低，已趋于淘汰，目前纬编机主要采用舌针进行编织。因此主要介绍舌针的成圈过程。舌针的成圈过程如图3-7所示。

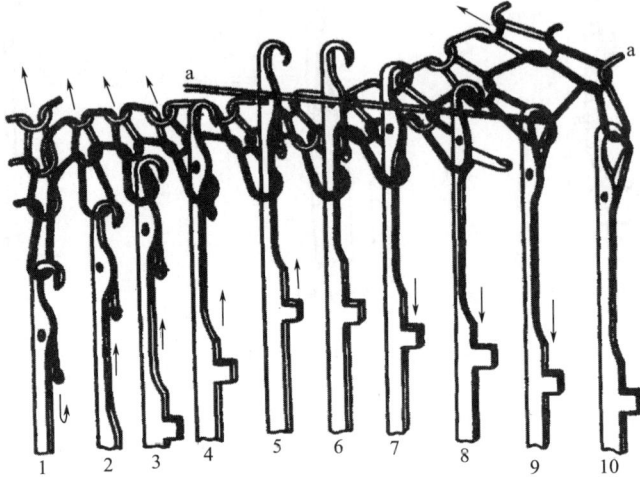

图 3-7　舌针的成圈过程

（1）退圈。舌针从低位置上升至最高点，旧线圈从针钩内移至针杆上，如图3-7中针 1~5。

（2）垫纱。舌针下降，从导纱器引出的新纱线 a 垫入针钩下，如图3-7中针 6~7。

（3）闭口。随着舌针的下降，针舌在旧线圈的作用下向上翻转关闭针口，如图3-7中针 8~9。这样旧线圈和即将形成的新线圈就分隔在针舌两侧，为新纱线穿过旧线圈作准备。

（4）套圈。舌针继续下降，旧线圈沿着针舌上移套在针舌外，如图3-7中针 9。

（5）弯纱。舌针的下降使针钩接触新纱线开始逐渐弯纱，并一直延续到线圈最终形成，如图3-7中针 9~10。

（6）脱圈。舌针进一步下降使旧线圈从针头上脱下，套到正在进行弯纱的新线圈上，如图3-7中针 10。

（7）成圈。舌针下降到最低位置形成一定大小的新线圈，如图3-7中针 10。

（8）牵拉。借助牵拉机构产生的牵拉力，将脱下的旧线圈和刚形成的新线圈拉向舌针背后，脱离编织区，防止舌针再次上升时旧线圈回套到针头上，为下一次成圈做准备。

3.2.2.2　纬编针织物基本组织

纬编针织物的基本组织有纬平针组织、罗纹组织和双反面组织三种常见结构如图 3-8 所示。

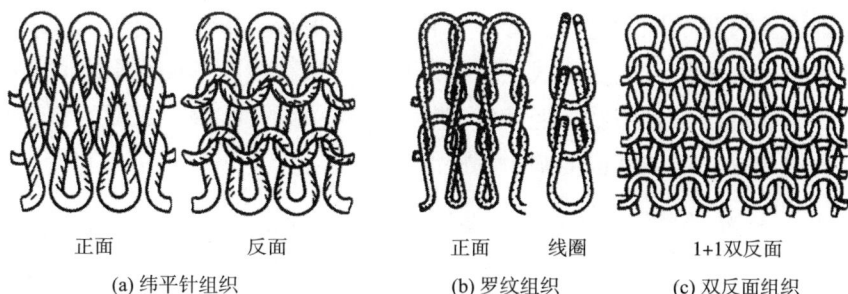

| 正面 | 反面 | 正面 | 线圈 | 1+1双反面 |

(a) 纬平针组织　　　　(b) 罗纹组织　　　(c) 双反面组织

图 3-8　纬编针织物基本组织

（1）纬平针组织。纬平针组织正面由线圈的圈柱组成，反面由线圈的圈弧组成，该组织是由大小均匀的同一种线圈组成，即纬编单面组织。图 3-8（a）左图为纬平针正面线圈效果图，为沿线圈纵行方向连续的"V"形外观，右图为反面线圈效果，由横向相互连接的圈弧所形成的波纹状外观。

（2）罗纹组织。由正反面线圈纵行交替配置而成。由于正反面线圈纵行配置数不同，形成不同外观风格与性能的罗纹。如 1+1 罗纹，2+2 罗纹，3+2 罗纹等。图 3-8（b）左图为罗纹组织正面线圈效果，右图为罗纹组织反面线圈排列。

（3）双反面组织。由正反面线圈横列交替排列而形成。由于纱线弹力的作用，线圈在纵向倾斜，使织物收缩，致使圈弧突出在织物的表面，故有反面的外观。双反面组织［图 3-8（c）］是由一个正面线圈横列和一个反面线圈横列交替编织而成的 1+1 双反面组织。

3.2.3　经编针织物

与纬编针织物一样，经编针织物的基本结构单元也是线圈。经编针织物与纬编针织物形成方法不同，经编是由一组或几组平行排列的纱线沿径向同时垫入一排织针，同步成圈。

3.2.3.1　经编成圈过程和基本原理

经编的成圈过程和基本原理与纬编编结法成圈相似，也分为退圈、垫纱、闭口、套圈、弯纱、脱圈、成圈和牵拉几个阶段，如图 3-9 所示。槽针上升做退圈运动，下降做成圈运动，针芯在针槽内上下滑动，用来开启和关闭针口，上方的导纱针则做绕针运动，将纱线垫到针上。沉降片用来握持和控制旧线圈，使旧线圈在针上升时，不与针一起上升；在新线圈形成后，又将新线圈从成圈区域牵拉开，保证成圈过程的顺利进行。导纱针轮流在几根针上垫纱，使经编针织物的每个线圈纵行由几根纱线轮流形成，这就形成了各根纱线所形成线圈之间的横向联系，组成整片的经编针织物。经编针织物的基本单元是线圈，线圈的串套使它们在纵向连接起来，而线圈横向则由延展线连接。

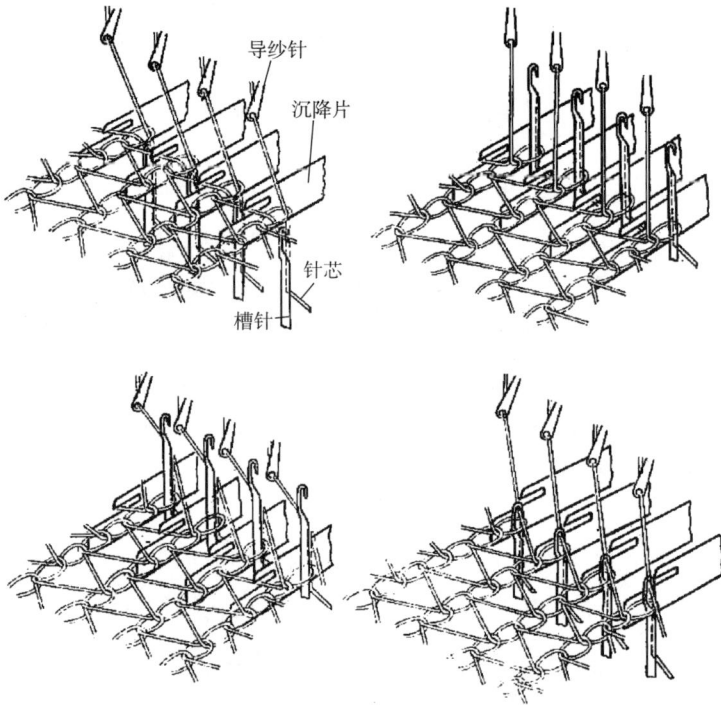

图 3-9 经编成圈过程

3.2.3.2 经编生产工艺流程

经编生产的工艺流程一般为：整经→织造→染整→成品。

整经工序是将若干个纱筒上的纱线平行卷绕在经轴上，为上机编织做准备。织造工序是在经编机上，将经轴上的纱线编织成经编织物。染整和成品工序都与最终产品有关。

3.2.3.3　经编针织物基本组织

经编针织物基本组织如图 3-10 所示。

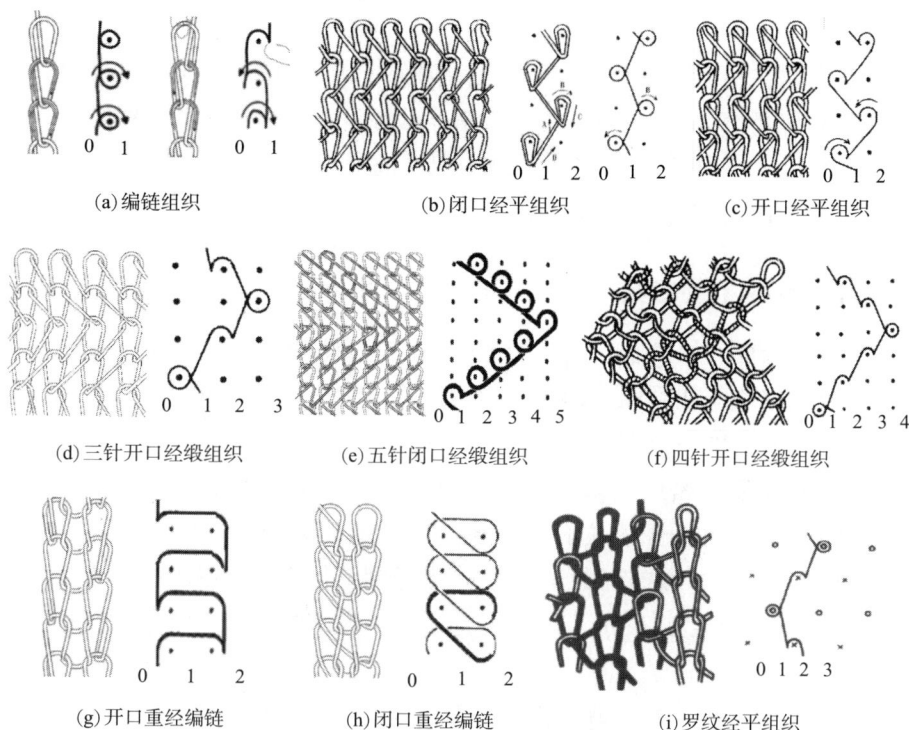

(a)编链组织　　　　　　　(b)闭口经平组织　　　　　(c)开口经平组织

(d)三针开口经缎组织　　　(e)五针闭口经缎组织　　　(f)四针开口经缎组织

(g)开口重经编链　　　　　(h)闭口重经编链　　　　　(i)罗纹经平组织

图 3-10　经编针织物基本组织

（1）编链组织。编链组织是由一根纱线始终在同一枚织针上垫纱成圈形成线圈纵行，如图 3-10（a）所示。由于垫纱方法不同，编链组织可分为闭口编链和开口编链。在编链组织中，各纵行间无联系，故不能单独使用，一般与其他组织复合形成经编织物。

经编针织物中如局部采用编链，由于相邻纵行间无横向联系而形成孔眼，因此该组织是形成孔眼的基本方法之一。

（2）经平组织。经平组织是由同一根纱线所形成的线圈轮流排列在相邻两个线圈纵行，它可以由闭口线圈、开口线圈或开口和闭口线圈相间组成，如图 3-10（b）（c）所示。

（3）经缎组织。经缎组织是一种由每根纱线顺序地在三枚或三枚以上相邻的织针上形成线圈的经编组织，如图 3-10（d）~（f）所示。

（4）重经组织。凡是一根纱线在一个横列上连续形成两个线圈的经编组织称为重经组织。编织重经组织时，每根经纱每次必须同时垫纱在两枚针上，如图 3-10（g）（h）所示。

（5）罗纹经平组织。罗纹经平组织是在双针床经编机上编织的一种双面组织，编织时前后针床的针交错配置，每根纱线轮流在前后针床共三枚针上垫纱成圈，如图 3-10（i）所示。罗纹经平结构织物的外观与纬编的罗纹组织相似，但由于延展线的存在，其横向延展性能不如罗纹组织。

3.2.4　针织物的主要参数

（1）线圈长度。线圈长度是指组成一个线圈的纱线长度，一般以毫米（mm）为单位。可根据线圈在平面上的投影近似计算得到，或者用拆散的方法测得一个线圈的实际纱线长度。

（2）织物密度。密度用来表示在纱线细度一定的条件下，针织物的稀疏程度，有横密、纵密和总密度之分。横密是沿线圈横列方向，以单位长度（一般是 5cm）内的线圈纵行数来表示。纵密是沿线圈纵行方向，以单位长度（一般是 5cm）内的线圈横列数来表示。总密度是横密与纵密的乘积，等于 $25cm^2$ 内的线圈数。

（3）未充满系数。未充满系数为线圈长度与纱线直径的比值，反映织物中未被纱线充满的空间多少，可比较针织物的实际稀密程度。

（4）单位面积重量。针织物单位面积重量又称织物面密度，用 $1m^2$ 干燥织物的重量（g）来表示。

（5）厚度。针织物的厚度取决于组织结构、线圈长度和纱线细度等因素，一般可用纱线直径的倍数来表示。

（6）脱散性。脱散指针织物中的纱线断裂或线圈之间失去串套联系后，线圈与线圈分离的现象。针织物的脱散性与组织结构、纱线的摩擦系数、未充满系数以及纱线的抗弯刚度等因素有关。

3.2.5　双轴向经编织物

由于传统的针织物是由线圈相互串套而成，其强度、模量、稳定性等无法满足复合材料增强织物的要求。在针织物的纵向和横向平行伸直地衬入纱线编织而成的双轴向经编织物，具有很好的强度和尺寸稳定性，非常适合作为复合材料中的增强材料。因此，用于增强织物的经编针织物主要是指双轴向经编织物。双轴向经编组织（biaxial warp-knitted stitch）是指在织物的经向和纬向分别衬入不成圈的平行伸直纱线。双轴向经编织物的结构如图 3-11 所示，织物由衬纬纱、衬经纱和编织纱（捆绑线）组成，衬经纱处于衬纬纱和编织纱延展线之间。

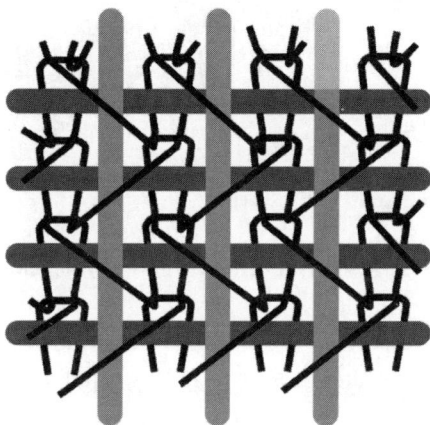

图 3-11　双轴向经编织物结构示意图

3.2.5.1　编织机构及成圈工艺

如图 3-12 所示是双轴向经编机的编织机构。图中 1 为导纱针（地组织导纱梳栉），它可以编织出双梳地组织结构；2 为复合针，动程为 16mm，由于动程较短，提高了机器速度；3 为针芯；4 为沉降片；5 为推纬片（单独的推纬片）；6 为衬经纱梳栉，以穿在导纱片孔眼中的铜丝来引导和控制衬经纱 7 的工作；8 为衬纬纱；9 为编织好的织物。由于双轴向经编机改变了传统的导纱针孔眼结构，故纱线在编织过程中不会被刮毛，并且由于导纱片刚性较大，所以在编织高性能纤维时，在很大的编织张力下仍能保持导纱片挺直，改善了传统导纱针在编织高性能纤维时，由于送经张力过大而产生弯曲。

双轴向经编机成圈工艺过程如下。

（1）主轴 0°。主轴起始位置，完成前一次编织的脱圈与成圈。针身和针芯下降到最低点，线圈从针头上脱下，同时，导纱针完成针背横移。脱圈沉降片超机前运动进行牵拉，推纬片到达最高和最前位置，纬纱被牵拉，如图 3-13（a）所示。

（2）主轴 60°。织物进行牵拉。复合针向上运动，线圈逐渐往针杆上退圈，

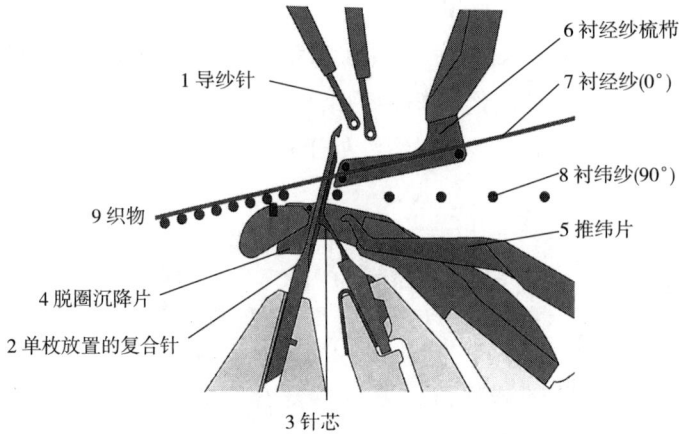

图 3-12　Copcentra HS-2-ST 型经编机的成圈机构

前一次脱圈的线圈牵拉到最终的尺寸大小。针芯保持在最低位置，打开针口，脱圈沉降片保持在最前位置，使纬纱稳固地牵拉，如图 3-13（b）所示。

（3）主轴 120°。导纱针摆动。针织退圈上升到最高位置，针芯上升没入针身槽，导纱针向机后摆动，推纬片保持在最前位置直到第一把梳栉摆到针平面，且针织上升到最高点为止，如图 3-13（c）所示。

（4）主轴 195°。导纱针针前横移。针织和针芯保留在高位，导纱针在机后进行针前横移垫纱，并反转向机前摆动。当第一把梳栉的纱线稳固地束缚住针织的衬纬后，衬纬片下降，如图 3-13（d）所示。

（5）主轴 255°。垫纱。针身和针芯仍然处于最高位，导纱针摆到针前垫纱。推纬片仍处于最后的位置，接下来的一根纬纱移动到推纬片之前，如图 3-13（e）所示。

（6）主轴 315°。针口闭口。导纱梳栉已摆到机前位置，所有导纱针完成垫纱，针织下降，同时，针芯上升从针身槽中凸出，针口开始闭合。旧线圈开始从针杆上套到针芯外侧进行套圈。推纬片开始上升高于沉降片握持位置，并在沉降片向后运动之前到达最高位置，如图 3-13（f）所示。

（7）主轴 345°。脱圈并成圈。针织和针芯一起在沉降片之间下降到脱圈板之内，旧线圈从针头上脱掉，新形成的线圈在针钩作用下从旧线圈中串套出来，如图 3-13（g）所示。导纱梳栉开始进行针背横移，推纬片到达最前位置，牢固地推动纬纱。

（8）主轴 360°。和起始位置 0° 类似，开始下一次循环，如图 3-13（h）所示。

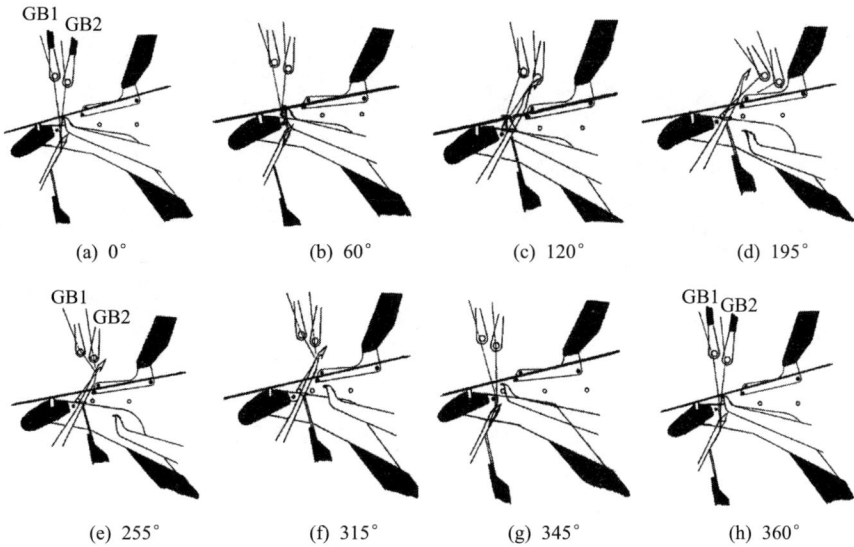

图 3-13　双轴向经编机成圈工艺过程

3.2.5.2　衬纬机构

经编针织双轴向全幅衬纬经编机类型很多，成圈机构与一般经编机类似，机上装有附加的全幅衬纬装置。衬纬方式有多头敷纬（又称复式衬纬）和单头衬纬两种。多头敷纬是将多根纬纱铺覆在输纬链带上，纬纱织入织物后多余的纱段被剪刀剪断，形成毛边。这种方式纱线损耗较大，并且由于纬纱筒子数较多，还须配有纱游架，所以占地面积较大，其优点是便于采用多色或多种原料衬纬以形成各种横条纹；并且由于多根纬纱同时敷纬，可以减慢纬纱从筒子上的退绕速度，有利于使用强度不高的纱线。采用单头衬纬时，纬纱在布边转折后，再衬入织物，因此能形成光边，不会造成纬纱的浪费，且占地面积小，一般适用于较低机速和较窄门幅的机器。图 3-14 是这种机型独特的衬纬机构。

如图 3-14（a）所示，游架 1 由传动链 2 带动，在进入编织区之前，游架上的纬纱夹 3 是处于打开位置，此时纬纱 4 由专门的全幅衬纬装置送入挂钩 5，由于挂钩是与游架成为一体的，且钩距一致，这就使得纬纱之间保持平行，从而提高了纱线的强力利用系数，使织物的整体强度提高。在进入编织区后，纬纱夹便在传动链与游架的相互作用下，朝挂钩方向运动从而将纬纱封闭在挂钩中（纬纱夹 3′ 处于关闭位置），并且在整个编织过程中，纬纱在两端的游架的作用下，始终保持相同的纱线张力以及纱线间的平直关系，从而保证了高质量织

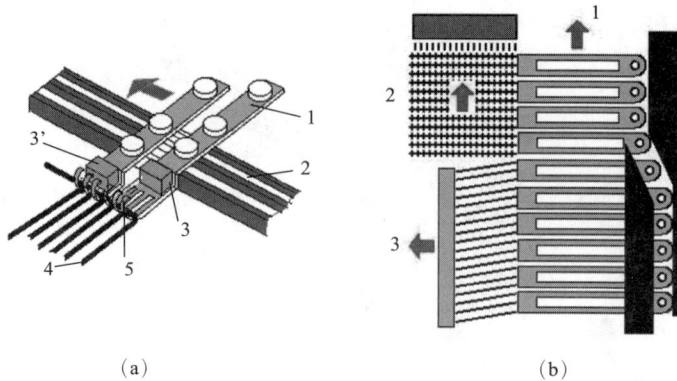

图 3-14　经编针织双轴向全幅衬纬经编机机构

物的编织。图 3-14（b）表示游架与全幅衬纬装置的运动关系，其中箭头 1 为游架受传动链驱动时的运动方向（即传动链的运动方向），箭头 2 为游架带动的纬纱朝编织区的运动方向，箭头 3 为敷纬架带动纬纱从机器一端向另一端的运动方向。

3.2.5.3　牵拉机构

衬经衬纬双轴向经编机的牵拉机构可以很方便地调整牵拉角度，从而形成了同一台机器具有脱利考［图 3-15（a）］和拉舍尔［图 3-15（b）］两种不同的编织方法。脱利考经编是指经编机织针平面与织物平面的夹角为 90°~110°，拉舍尔经编是指经编机织针平面与织物平面的夹角为 140°~160°。拉舍尔经编中送经张力的波动值对经纱张力的影响较小，送经张力波动对织物结构的影响较小，衬经衬纬纱的结构较均匀，这种技术比较适合较细衬经衬纬纱的编织。在脱利考编织中衬经纱是以笔直的状态经过编织区域，对高强高模脆性高性能材料不会产生影响，比较适合较粗衬经衬纬纱的编织。

3.2.5.4　双轴向经偏织物性能特点

传统的针织物从结构特征看，强度、模量、稳定性等要求一般不及机织物。这是由于针织物是由线圈相互穿套而成，在受到外力时不能利用纱线原有潜在的强力。但衬经衬纬双轴向经编织物中衬经衬纬纱是平直排列并垂直叠加在一起，并由编链纱将它们在交点处捆绑在一起，所以并不存在交结互压的现象，织物中各衬垫的纱线组都是平行排列，取向度很高，能够共同承受外来的载荷，纱线的性能得到完全利用，织物的抗拉强力较高。而且，也可以采用高模脆性纤维。另外，由于织物中纱线平直排列，消除了纱线的卷曲现象，提高了织物的弹性模

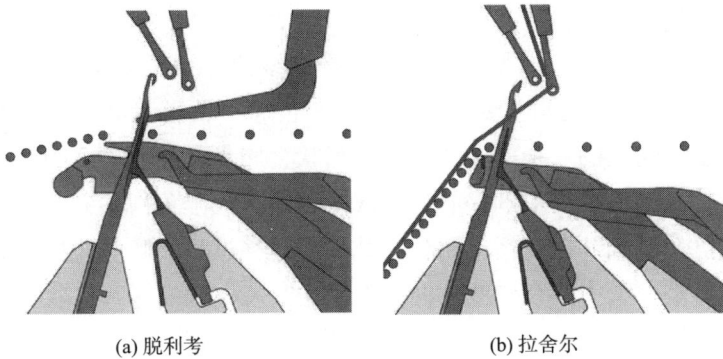

(a) 脱利考　　　　　　　　　　(b) 拉舍尔

图 3-15　衬经衬纬双轴向经编机编织方法

量。与传统的机织增强织物相比，这种组织的织物具有以下优点。

（1）抗拉强力较高。双轴向经编织物中纱线的取向度较高，能完全利用纱线的性能，共同承受外来载荷。与传统的机织增强织物相比，强度可增加20%。

（2）弹性模量较高。双轴向经编织物中衬入纱线消除了卷曲现象。与传统的机织增强织物相比，模量可增加 20%。

（3）抗撕裂性能优越。衬纬纱和衬经纱有编织纱进行捆绑固定，一起阻止撕裂。

（4）织物的剪切性能较好。如果在经编双轴向增强织物基础上，再衬入45°的纱线，织物的剪切性能有更大的提高。

（5）织物的悬垂性较好。经编双（多）轴向增强织物的悬垂性能由线圈系统根据衬纬结构进行调节，变形能力可通过加大线圈和降低组织密度来增加。

（6）材料适应性广。所有类型纱线都能编织。

（7）织物可设计性好。织物性能可以预先计算。

3.3　编织物

编织是一种基本的纺织工艺，能够使两条以上纱线在斜向或纵向互相交织形成整体结构预制件。与机织和针织工艺相比，编织工艺的速度一般较慢，但是制成的织物强度高，整体性好。这种工艺通常能够制造出复杂形状的预制件，但其尺寸受设备和纱线尺寸的限制。

3.3.1 编织机及编织原理

编织机的机构简单，典型的编织机包括载纱器、纱线交织结构和提取结构，如图 3-16 所示。交织机构主要由角导轮、角齿轮、轨道盘和成纱器组成。角导轮是安装在角齿轮上的一个周边有凹槽的角状金属盘。相邻两个角状金属盘的凹槽在角齿轮相对运动中交汇到一起，完成载纱器从一个角齿轮到另一个角齿轮的转移。轨道盘就是载纱器的运动路径。载纱器转移过程的顺利完成是编织工艺的关键。成纱器是一个中间有导纱孔的装置，它安装在载纱器和提取机构之间。

图 3-16　典型二维及三维轨道式编织机

编织物的组织结构、外形尺寸和纱线的取向可以通过选择角导轮上凹槽的数目、载纱器在轨道盘上的运动速度与提取结构的运动速度比，纱线的直径和芯模的几何形状来确定。

传统二维二轴编织纱线系统由两组编织纱线组成。两组纱线在轨道盘上相向运动，同一组中的纱线在织物的任一平面内保持相互平行，两组纱线则有规律地相互交叉，但这两组纱线不会相互交织。两组编织纱线与编织物成形方向所夹的角度相同，方向相反，以 $\pm\theta$ 表示，芯模的最大直径为 12 英寸，编织角度控制在 $10°\sim85°$。

3.3.2 编织和编织结构的类型

编织可根据纱线交织方式、纤维 / 纱线在编织物结构中的方向、编织物的形状和用途等进行分类，具体如下。

（1）规则编织。规则编织的结构为 2/2 的纱线交织图案，如图 3-17（a）所示，编织结构类似于 2/2 的斜纹机织物。

（2）钻石编织。编织过程中 1/1 的纱线交织形成如图 3-17（b）所示的钻石形编织结构，类似于平纹机织物的结构。

（3）篮状编织。为 2×2 的编织结构，类似于两根纱线上下交错的 2×2 方形编织，如图 3-17（c）所示。

（4）大力士编织。编织过程中，3/3 的纱线相互交织，形成如图 3-17（d）所示的大力士编织结构，类似于 3/3 斜纹机织物的结构。

（5）双轴和三轴编织。根据交织时输入纱线的方向和排列方式，编织结构可分为双轴和三轴编织结构。编织过程通常会形成双轴结构，两组相反方向的纱线以一定角度交织在一起。在编织过程中，引入沿机器方向或垂直机器方向的纱线会形成三轴结构。

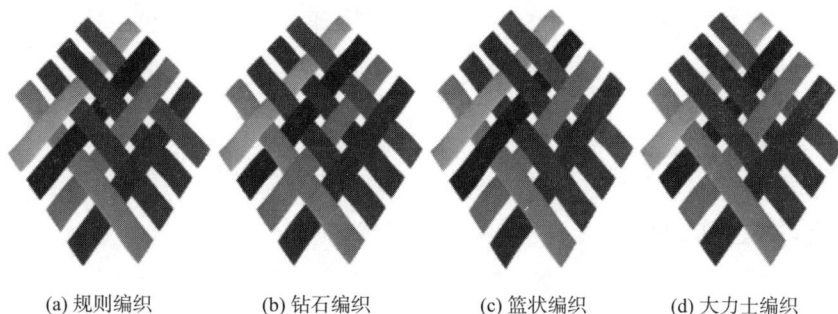

(a) 规则编织　　　　(b) 钻石编织　　　　(c) 篮状编织　　　　(d) 大力士编织

图 3-17　编织方式

3.3.3　编织几何学

典型的编织几何图形如图 3-18 所示，由编织轴、线（L）、节距（S）和编织角（θ）组成。

编织轴是编织物形成的方向。线可定义为垂直于编织轴的编织结构的一次重复，编织结构中的线数与编织机中的载纱器有关。节距是沿编织轴重复一次结构的距离。编织角是编织纱线与编织轴交织形成的角。编带机的速度，以载纱器的运动和卷绕速度决定了编带角度和单位长度的线数或针距。

编织角是决定编织结构覆盖系数的最重要参数。低的载纱器速度和高的卷取速度导致编织结构松散，编织角小，覆盖系数低。相反，高载纱器速度和低卷取速度可使编织结构紧密，编织角较大，覆盖系数较大。

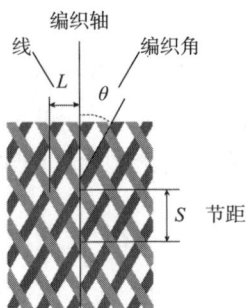

图 3-18　编织几何图形

3.3.4　编织物的应用

编织物常见的应用是衣服和鞋带，也应用于一些登山绳、降落伞绳、渔网等。编织增强物在体育用品中应用很多，如棒球棍、曲棍球棍、网、高尔夫球杆等。另外，编织物在医学上也有应用，如医用缝合线、支架、人工韧带或肌腱等。

3.4　非织造材料

非织造材料又称非织造布、非织布、非织造织物、无纺织物或无纺布。它是定向或随机排列的纤维通过摩擦、抱合、黏合或这些方法的组合而制成的片状物、纤网或絮垫，纤维可以是天然纤维或化学纤维，也可以是短纤、长丝或纤维状物。

3.4.1　非织造基本原理

不同的非织造工艺具有相应的工艺原理。从广义上讲，非织造技术的基本原理是一致的，可用工艺过程来描述，一般可分为以下四个过程。

3.4.1.1　纤维 / 原料选择

纤维 / 原料的选择要考虑成本、可加工性和纤网的最终性能要求。纤维是所有非织造材料的基础。大多数天然纤维和化学纤维都可用于非织造材料，原料还包括黏合剂和后整理化学试剂。通常，应用黏合剂使纤网中的纤维相互黏合得到具有一定强度和完整结构的纤网。

3.4.1.2 成网

将纤维形成松散的纤维网结构称为成网。此时所成的纤网强度很低，纤网中的纤维可以是短纤也可以是连续长丝，主要取决于成网的工艺方法。成网工艺主要有干法成网、湿法成网和聚合物挤压成网三大类。

3.4.1.3 纤网加固

纤网形成后，通过相关的工艺方法对纤网所持松散纤维的加固称为纤网加固，它赋予纤网一定的力学性能和外观。

3.4.1.4 后整理

后整理在纤网加固后进行。后整理旨在改善产品的结构和手感，有时也为了改变产品的性能，如透气性、吸收性和防护性。后整理方法可以分为机械方法和化学方法两大类。机械后整理包括起绒、轧光轧纹、收缩、打孔等，化学后整理包括染色、印花及功能整理等。

3.4.2 非织造材料的分类

非织造材料可以按照成网方式、纤网加固方式、纤网结构或纤维类型等多种方法进行分类。一般基于成网方法或加固方法，图 3-19 所示为非织造材料基于成网方法和加固方法的分类。图 3-20 所示为非织造材料的基本加工路线。

3.4.2.1 按成网方式分类

根据非织造学的工艺理论和产品的结构特征，非织造的成网技术大体上可以分为干法成网、湿法成网、聚合物挤压成网。

（1）干法成网。在干法成网过程中，天然纤维或化学短纤维网通过机械成网或气流成网制得。

①机械成网。用锯齿开棉机或梳理机（如罗拉式梳理机、盖板式梳理机）梳理纤维，制成一定规格和面密度的薄网。这种纤网可以直接进入加固工序，也可经过平行铺叠或交叉折叠后再进入加固工序。

②气流成网。利用空气动力学原理，让纤维在一定的流场中运动，并以一定的方式均匀地沉积在连续运动的多孔帘带或尘笼上，形成纤网。纤维长度相对较短，最长为 80mm。纤网中纤维的取向通常很随机，因此纤网具有各向同性的特点。

梳理或气流成网的纤维网经过化学、机械、溶剂或热黏合等方法制得具有足够尺寸稳定性的非织造材料。纤网面密度为 30 ～ 3000g/m^2。

（2）湿法成网。以水为介质，使短纤维均匀地悬浮在水中，并借水流作用，使纤维沉积在透水的帘带或多孔滚筒上，形成湿的纤网。湿法成网利用的是造纸

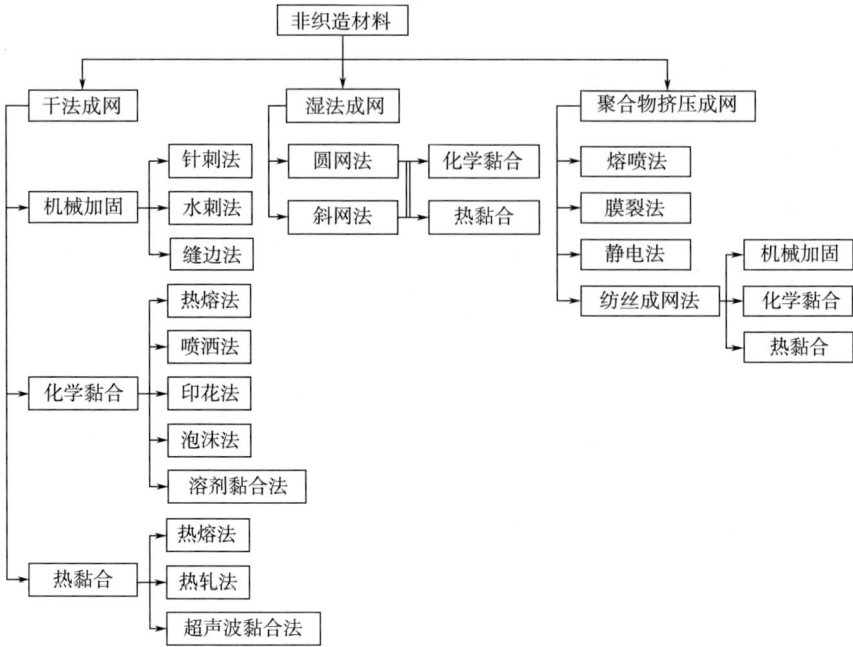

图 3-19 非织造材料基于成网方法和加固方法的分类

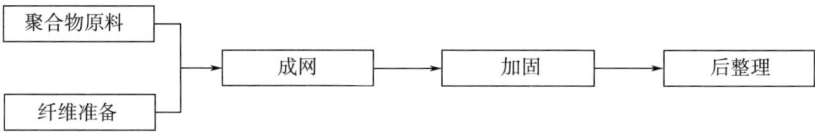

图 3-20 非织造材料基本加工路线

的原理和设备。在湿法成网过程中，天然或化学纤维首先与化学物质和水混合得到均一的分散溶液，称为浆液。浆液随后在移动的凝网帘上沉积，然后，多余的水分被吸走，仅剩下纤维随机分布形成均一的纤网，纤网可按要求进行加固和后处理。纤网面密度为 $10 \sim 540 \mathrm{g/m^2}$。

（3）聚合物挤压成网。聚合物挤压成网利用的是聚合物挤压的原理和设备。代表性的纺丝方法有熔融纺丝、干法纺丝和湿法纺丝成网工艺。首先采用高聚物的熔体、浓溶液或溶解液通过喷丝孔形成长丝或短纤维。这些长丝或短纤维在移动的传送带上铺放形成连续的纤网。纤网随后经过机械加固、化学加固或热黏合形成非织造材料。大多数聚合物挤压成网的纤网中，纤维长度是连续的。纤网面密度为 $10 \sim 1000 \mathrm{g/m^2}$。

3.4.2.2　按照纤网加固方式分类

纤网的加固工艺可以分为：机械加固、化学黏合和热黏合三大类。具体加固方法的选择主要取决于材料的最终使用性能和纤网类型。有时也会组合使用两种或多种加固方式以得到理想的结构和性能。

（1）机械加固。在机械加固中，非织造纤网通过机械方法使纤维相互交缠得到加固，如针刺、水刺和缝编法等。

（2）化学黏合。在化学黏合剂黏合过程中，黏合剂乳液或黏合剂溶液在纤网内或周围沉积，然后通过热处理得到黏合。黏合剂通常经过喷洒、浸渍或者印花附着于纤网表面或内部。在喷洒法中，黏合剂经常停留在纤网材料表面，蓬松度较高。在浸渍法中，所有的纤维相互黏合使非织造材料僵硬、刻板。印花工艺给予纤网柔软性、通透性和蓬松性。

（3）热黏合。将纤网中的热熔纤维在交叉点或轧点受热熔融后固化而使纤网得到加固。热熔的工艺条件决定了纤网的性质，最显著的是手感和柔软性。热黏合的纤网可以是干法成网、湿法成网或者聚合物纺丝成网的纤网。

3.4.3　非织造材料的特点

3.4.3.1　性能介于四大柔性材料之间

四大柔性材料有传统纺织品、塑料、皮革和纸，不同的加工技术决定了非织造材料的性能，有的非织造材料与传统纺织品类似，如水刺非织造材料；有的与纸类似，如湿法或干法非织造材料；有的与皮革类似，如海岛纤维非织造基材合成革等。非织造材料与四大柔性材料之间的关系如图 3-21 所示。

3.4.3.2　外观、结构多样性

非织造材料采用的原料及加工工艺的多样性，决定了非织造材料外观和结构的多样性。从结构上看，大多数非织造材料以纤网状结构为主，纤维呈二维排列的单层薄网几何结构或三维排列的网络几何结构；有的为纤维与纤维缠绕而形成的纤维网架结构；有的为纤维与纤维之间在交接点相黏合的结构；有的为由化学黏合剂将纤维交接点予以固定的纤维网架结构；还有的为由纤维集合体形成的几何结构。从外观上看，非织造材料有布状、网状、毡状、纸状等。

3.4.3.3　性能的多样性

原料和加工技术的多样性，必然产生非织造材料性能的多样性。有的非织造材料柔软性好，有的很硬；有的非织造材料强度很高，而有的却很低；有的非织造材料很密实，而有的却很蓬松；有的非织造材料的纤维很粗，而有的却很细。

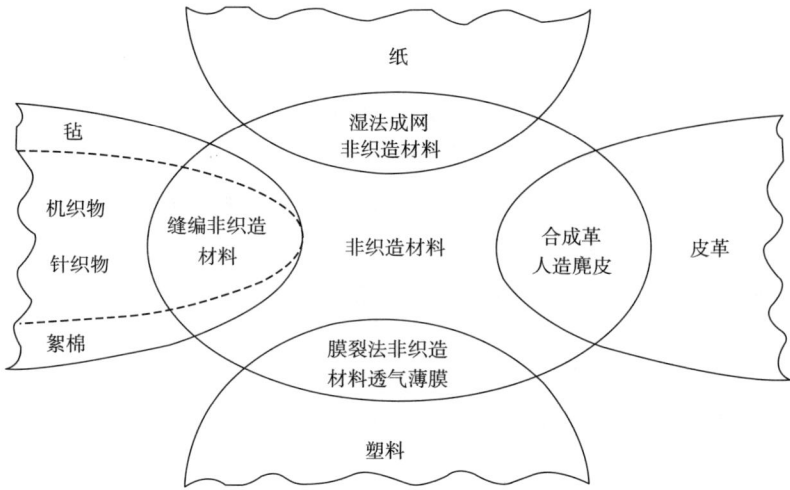

图 3-21　非织造材料与四大柔性材料之间的关系

这就是说，可根据用途来设计非织造材料的性能，进而选择并确定相应的工艺技术和纤维原料。

3.4.4　非织造技术的特点

3.4.4.1　工艺过程短，劳动生产率高

　　与传统的纺织生产相比，非织造材料的工艺过程短，并且大多数都在一条生产线上进行，有利于实现生产的连续化、自动化。例如，黏合法非织造材料从原料到成品由混开清、梳理成网、黏合、烘燥、焙烘、切边卷绕等工序组成，比机织物或针织物生产省去了纺纱、纱线准备、织造及复杂的后处理等工序，减少了工艺准备时间，缩短了生产周期。纺丝成网法生产实现了从聚合物到成品的连续化生产，工艺过程更短，劳动生产率更高。

　　由于非织造材料工艺过程短，有利于借助计算机进行生产全过程的自动控制。国外许多干法、湿法及纺丝成网法非织造材料生产线已安装了微型电子计算机，实现半自动或全自动化生产。计算机可随时将生产过程中有关的工艺参数显示并记录下来，根据预定的工艺参数不断进行在线调整，以保证得到质量符合要求的非织造材料。

3.4.4.2　生产速度快，产量高，节约能源

　　非织造材料的生产速度是传统纺织品生产所无法比拟的。如果以自动有梭织机的产量（平均每小时 $5m^2$）作为 1 计算，各种机织、针织与非织造生产方法的

速度对比见表 3-2。

目前最先进的短纤热轧生产线宽度可达 5m，生产速度可达 300m/min；射流喷网生产线宽度可达 4m，生产速度可达 250 ~ 300m/min；纺粘法生产线宽度可达 5.2m，纺丝速度可达 2000 ~ 6000m/min；熔喷生产线宽度可达 5.2m，高温高压空气通过喷丝板或喷嘴孔时的温度可达 260 ~ 480℃，流速可达声速。

表 3-2 机织、针织与非织造生产方法的速度对比

生产方法	机型	相对生产速度
机织	自动有梭织机	1
	无梭织机	10
针织	纬编大圆机	28
	高速经编机	71
非织造材料	缝编机	90
	针刺机（4m 工作宽度）	125
	针刺机（特宽幅）	360
	黏合法生产线	600
	热轧黏合法生产线	1800
	纺丝成网法生产线	200~2000
	湿法生产线	2300~10000
造纸	高速造纸生产线	40000~100000

3.4.4.3 适用的纤维原料范围广

非织造工艺对原料的适应性非常广，无论是天然纤维、化学纤维，还是它们的下脚料，几乎每一种已知的纺织纤维原料都可应用于非织造材料的生产，对纤维长度与细度的要求远没有传统纺织生产那么高。许多无法纺纱的纤维，如粗而硬的椰壳纤维、细而软的棉短绒等，都可以作为非织造材料的原料。用非织造生产技术可有效、合理地利用纺织纤维的下脚料，为纺织工业提高经济效益开辟新途径。

3.4.4.4 工艺变化多，产品用途广

迄今为止，非织造材料的主要生产方法已有 10 余种，目前已有纺丝成网、熔喷、水刺、短纤成网、干法造纸、湿法成网、针刺、缝编、热熔黏合（热风、

热轧、超声波热熔黏合等）、化学黏合、射流喷网（水刺）等成网以及纤网固结加工技术；叠层、复合、模压、超声或高频焊接等复制加工技术等。每一种方法又有许多工艺变化的可能性，而且一种生产方法又可与其他方法组合应用。例如，纺丝成网与熔喷、热轧与缝编、纺丝成网 / 熔喷 / 纺丝成网—SMS 复合非织造材料工艺技术等。非织造材料的前加工—成网，以及后整理加工都有许多变化的可能性。因此，通过对纤维原料、成网方式、纤网加固方式、后整理方法等的适当选择与组合，可得到多种不同的生产工艺，生产各种非织造产品。这就是说，可以根据产品的用途要求，选择最合理的加工路线，经济地生产令人满意的使用性能的非织造产品。

3.4.5　非织造材料的应用

非织造技术是一门源于纺织但又超越纺织的材料加工技术，它结合了纺织、造纸、皮革和塑料四大柔性材料的加工技术，并充分结合和运用了诸多现代高新技术，如计算机控制、信息技术、高压射流、等离子体、红外、激光技术等。非织造技术正在成为提供新型纤维状材料的一种必不可少的重要手段，是新兴的材料工业分支，无论在航天技术、环保治理、农业技术、医用保健或是人们的日常生活等许多领域，非织造新材料已成为一种越来越广泛的重要产品。

非织造材料已广泛应用在环保过滤、医疗、卫生、保健、工业、农业、土木水利工程、建筑、家庭设施及生活的各个领域，如医疗卫生保健用品（手术服、防护服、卫生巾、尿布等），工业用品（过滤材料、汽车内饰材料等），农业用品（丰收布、培养基质等），建材用品（防水材料、隔热保温材料等）和土工合成材料等。

3.5　新型增强织物及其成型技术

3.5.1　多轴向经编成型技术

随着复合材料的技术发展和应用的不断普及，在双轴向经编技术基础上又进一步突破并发展形成了多轴向经编技术，以满足更优性能复合材料增强的需求。多轴向经编织物能够基于纵、横、斜不同角度衬入纱线，且纱线均能够依据有关要求，平行伸直地衬在所需方向，无须弯曲，有效避免传统机织物结构中纱线弯曲所致的无法充分发挥纱线特性的弊端，提高织物的抗压、拉伸、抗冲击诸多力学性能。随着近年来科学技术的不断发展，出现了许多新型高性能纤维，且实现了多学科之间的互相交叉，进一步促进了多轴向经编技术及其复合材料的发展，广泛运用于建筑业、航天航空、汽车业、造船业等，具有极为广阔的发展前景。

3.5.1.1　成型原理

多轴向经编技术是纺织技术与自动化控制技术多方面融合的产物，多轴向经编机主要包括编织系统和铺纬系统。编织时，机器设备的斜向铺纬系统可以在20°~90° 调整，各铺纬系统的纱线从一台与机器保持并行的筒子架上引出，通过单纱张力器经铺纬设备铺设到输送链上。每个铺纬系统都设有一个铺纬小车，可以将机器上设有织针的两条输送链之间的整个幅宽铺满纬纱，接着输送到编织区参与编织。编织系统中，成圈纱采用经平或编链组织将纱线固定，即捆绑起来使各个方向的铺纬纱线不发生滑移。在上一过程完成后，再将织物用旋转裁刀将两边裁断，并用摩擦滚筒卷布装置将织物卷绕起来。成圈纱和衬经纱分别从分条整经轴引出，并由正向传送到送纱系统和滚筒，喂入成圈机件。多轴向经编成型原理如图 3-22 所示。

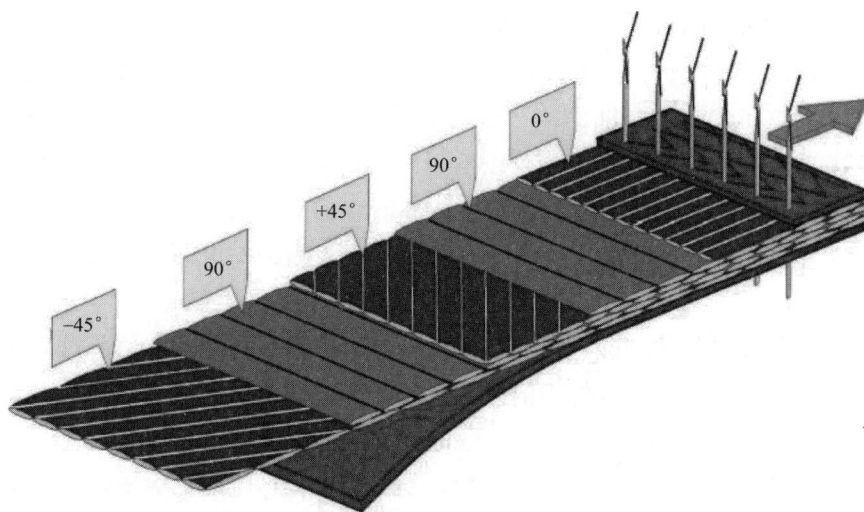

图 3-22　多轴向经编成型原理示意图

3.5.1.2　结构优势

多轴向经编织物具有很大的设计灵活性，其各个方向上的适应力及应变能力都较好，并且具有较高的抗撕裂性能和良好的适型性。在经编预定向织物中，由于承载纱在织物中平行排列，使织物具有极好的抗撕裂传递性能；并且在经编预定向织物中各层承载纱线之间没有交织点，彼此紧挨着排放在同一平面内，由捆绑纱束缚而成为一个整体，因此织物具有良好的适型性。由于织物中纱线伸直平行排列，没有交织点存在，这使纤维的力学性能能够在材料中最大程度地得到利用。经编预定向织物的适型性还可以使预型件在铺层和固化过程中保持良好的形状。

在机织物中，经纬线相互交织形成一个整体，出于经纬纱交织时的相互挤压，使经纬纱在织物中呈现弯曲状态，因此机织物结构的复合材料存在以下缺点：当织物承受外部载荷时，经纬纱的弯曲状态先被拉直，然后才能充分承载外力，所以织物变形大，强力低；由于经纬纱交叉形成交织点，交织点处纱线相互挤压，结构紧密，树脂难以流入织物内部，故树脂在织物中的渗透性能差，浸渍速度慢；在交织点处，树脂含量低，而在纤维疏松的地方，树脂含量高，故树脂在织物中不能均匀分布；当物体快速冲击机织物复合材料时，冲击能量将以冲击波的形式在复合材料中传递，而交织点处经纬纱弯曲，阻碍了能量的快速传递。

在多轴向经编针织物中，经纬纱线不交叉、无弯曲，纱线始终保持着各自的平直状态。较传统的机织物，多轴向经编织物用作复合材料增强基布具有非常符合应用目的的性能优势，从而被认为是高性能复合材料中增强织物的最佳选择。

（1）没有机织物的卷曲结构，多轴向经编织物中的纱线完全平直拉伸排列，这使多轴向经编织物纱线的性能可以得到充分利用来承载外力及变形，织物的抗拉强力较高、剪切性能良好、弹性模量较高。多轴向经编织物设计简单灵活，有很好的适型性，可根据最终产品的用途预先进行织物结构设计，以满足其性能的需要。

（2）具备优异的抗撕裂、抗撕裂延展性能。织物在受到外在负荷时，纱线层中的纱线会聚集到一起抵抗外力的破坏，因此要想使该结构被破坏，就需要施加更大的外力。

（3）在织物中纤维呈有序取向排列，使树脂更容易流动，更易渗透到织物内部，浸渍时间短。

（4）在编织过程中纱线强力损耗小，纤维强力在织物中得到充分利用。相同强力要求下的复合材料制品，其多轴向复合材料需要在达到强度的同时可以减少织物和树脂的用量，减轻制品重量，从而降低劳动强度。

（5）多轴向经编织物的悬垂性可由捆绑纱系统来调节，具有较好的层间性能。

（6）多轴向经编织物表面平整光滑，使复合材料表面纤维外露问题大大减少，故复合材料制品表面光滑。

3.5.2　超宽隔距经编成型技术

随着近年来纺织业的飞速发展，300 ～ 500mm 超大隔距的三维立体拉丝空间织物需求量与日俱增。它是由间隔丝连接着上下两个表面且间隔距离很大（织物厚度可达 650mm）的一类新型三维立体结构织物。超大的间隔空间织物是一种多功能、高性能的织物，该织物通过涂层等后加工和充气处理，一次成型形成空间结构产品，产品性能优越、安全环保，具有独特的应用价值。超宽隔距经编三维拉丝空间织物的编织是基于双针床经编机，通过优化改进经编机传统的抛物线成圈运动模式，研发出智能控制梳栉直线平移成圈系统，以满足超大隔距织物编织成圈要求。

3.5.2.1　成型原理

经编间隔织物是一种由三个系统的纱线或者单丝编织成的三维立体针织物，该织物主要在双针床经编机上生产，织机上每个针床垫纱和成圈运动与单针床类似，同时通过间隔丝在两针床进行垫纱，把前、后针床上的织物联系起来，形成中空立体的三维特殊结构。传统的双针床经编机全部采用共轭凸轮、曲轴或者偏心连杆机构的圆周运动来控制间隔纱梳栉完成成圈动作，此三种机构均采用多组机件串联在一根主轴上，分别由人工调试各组机件的位置实现配合关系，调试工作量大、人为误差多、精度低、成圈曲线固定，无法满足多工艺要求，最主要的是梳栉摆臂尺寸受到限制，满足不了无级变化横列及 300mm 以上隔距的成圈配合的控制。为了实现超大隔距间隔纱的成圈编织控制，必须改变传统的圆周运动控制模式，采用新型智能控制间隔纱梳栉平移成圈系统，通过复合式梳栉的电子平移驱动机构以及在滑件与导向件的滑动配合下，梳栉与导纱针能沿预设方向往复移动，实现了超大隔距的成圈编织动作，并且不会出现导纱针刮擦纱线和摆动时漏针的问题，满足了 300 ～ 500mm 织物的成圈智能控制（图 3-23）。

3.5.2.2　技术特点

超宽隔距经编成型技术与传统双针床间隔织物成型技术相比，具有显著的技术特点。

（1）采用智能控制间隔纱梳栉平移成圈系统技术，实现了无间隙、高响应、无冲击的成圈曲线跟踪，满足了 300 ～ 500mm 及以上隔距织物的成圈控制，解决了传统机械模式无法随意改变间距的难题。

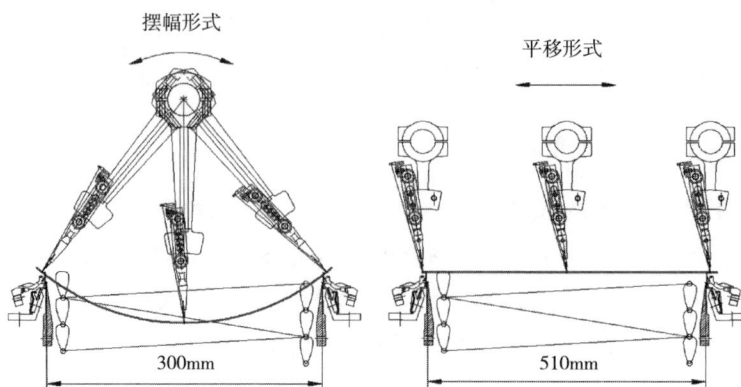

图 3-23 超宽隔距经编成型原理

（2）采用平移过程中的动态送经控制技术，满足了大隔距间隔纱非线性、频突变、不等量的送纱要求。

（3）采用超大隔距织物恒张力中心卷取控制技术，解决了厚织物坯布卷绕时易产生的纬斜现象，保证了 A、B 面的张力一致性。

（4）采用多轴联动、精准协同控制技术，实现了梳栉的平移、横移、送经、牵拉、卷取等十七轴的精准协同控制，满足了超大隔距针床、脱圈、沉降、梳栉等机构的成圈动作，实现了复杂平移成圈系统的精准协同控制。

3.5.3 三维机织成型技术

除了平面（2D）结构，机织技术还可以织造三维（3D）织物。三维机织物是除去平面织物的二维外，还有厚度方向的纱系或结构，从传统二维机织物发展而来，通过改造传统织机的开口机构，使其具有特殊的多层经纱机织组织，能够控制综框的上升高度。

3.5.3.1 成型原理

三维正交机织物是最典型的三维机织结构，其织造工艺原理可参考传统的剑杆织机织造工艺。三维正交机织物由四种纱线构成，分别是经纱、纬纱、捆绑纱和绞边纱，如图 3-24 所示。设织机轴向为 X 轴，织机幅宽方向为 Y 轴，织物厚度方向为 Z 轴。经纱平行于织机轴向并布置两层，纬纱垂直于织机轴向并布置三层，其中有两层在经纱外侧（上层和下层），一层在经纱内侧（中间层）。经纱和纬纱垂直排列不相互交织，故而经纬纱理论上无卷曲。经向捆绑纱在 Z 轴方向贯穿织物，与上下层纬纱呈平纹交织结构。另外，需要特别指出，一次引纬能够形成往复两条纬纱轨迹。在织物边缘引入绞边纱可以防止织物边缘纱线散开，并起到锁定纬纱的作用。

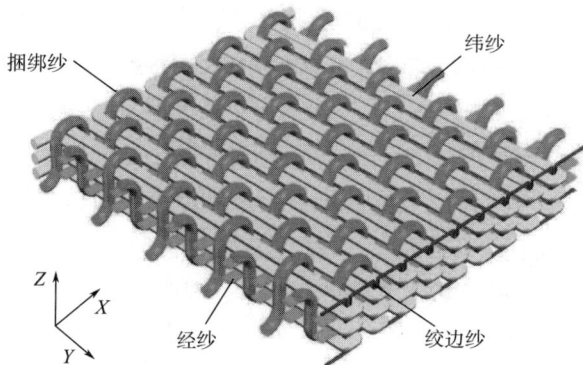

图 3-24 三维正交机织物示意图

三维正交机织原理如图 3-25 所示，捆绑纱沿 X 轴方向，穿过综框上的综眼被分成两组，并随综框牵引进行上下往复运动，从而形成一个合适的开口空间，即为开口动作。两层纬纱沿 X 轴方向将这个开口空间划分成三个清晰的梭口。剑杆引纬机构牵引纬纱同时进入这三个梭口，绞边机构锁定纬纱，剑杆引纬机构退出梭口，完成一次引纬动作。随后，两组捆绑纱在综框牵引下，进行相向往复运动，从而将经纱层和纬纱层紧密结合在一起。与此同时，钢筘将纬纱推向织口，完成一个织造周期。

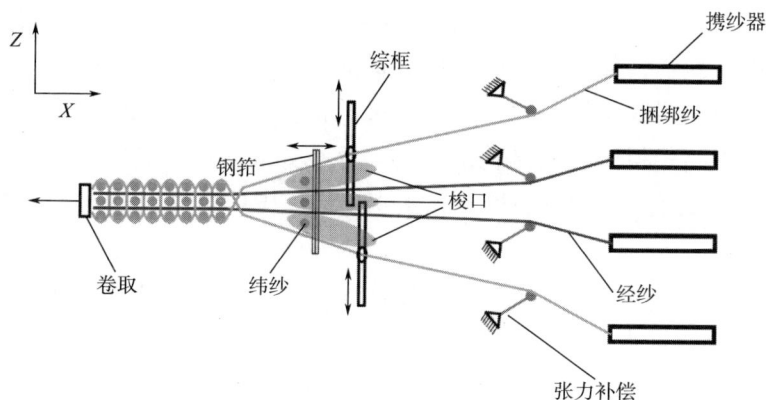

图 3-25 三维正交机织原理侧视图

3.5.3.2 三维机织物的组织结构

三维机织物的组织结构根据捆绑纱在厚度方向的组织形式，主要包括正交结构、角联锁结构和层层联锁结构三种，由这三种组织结构又可演变出多种复杂组织结构的三维机织物。三维机织物通过织物厚度方向的捆绑纱将多层织物紧密连接在一起构成一个整体结构，如图 3-26 所示。层层联锁结构分为捆绑纱联锁和经纱联锁。捆绑纱联锁方式是以捆绑纱贯穿织物厚度，交织于上下层纬纱之间，将全部层数的经纬纱联接起来。而经纱联锁则是利用某根经纱作为捆绑纱将相邻两层纬纱交织在一起。另外，根据捆绑纱与经纬纱交织方式的不同，正交结构可分为整体正交和层间正交。同理，角联锁结构也可分为整体角联锁和层间角联锁。由此，改变经纬纱的层数、捆绑纱的交织方式，可以得到种类繁多的角联锁结构和正交结构。

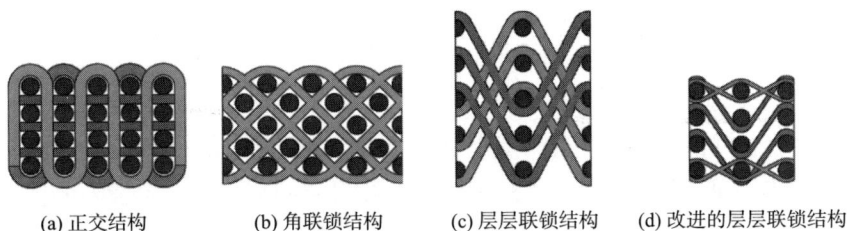

| (a) 正交结构 | (b) 角联锁结构 | (c) 层层联锁结构 | (d) 改进的层层联锁结构 |

图 3-26　三维机织物结构

正交结构是捆绑纱垂直贯穿于织物厚度方向，角联锁结构则是捆绑纱一层一层阶梯式贯穿于织物厚度方向，而层层联锁结构的捆绑纱是穿过一层织物就返回。上述织物组织形式还仅是从厚度方向改变捆绑纱的交织方式得到结构各异的三维机织物，而捆绑纱还可以在横向改变交织形式，类似于二维机织物的平纹、斜纹和缎纹组织。每一类织物又有很多种织法，在纺织上可以通过改变捆绑纱交织路径得到不同结构的织物。存在如此多的织物结构，使三维机织增强复合材料具有很大的设计空间，同时也使其具有复杂的内部结构和力学性能。

三维机织物与传统机织物相比具有以下不同点：①织物交织的方向数不同，有经纱、纬纱和垂直纱，垂直纱垂直于经、纬纱，其纱线的交织方向数 ≥ 3；②织物的厚度不同，具有的层数根据需要可达几十层；③纱线曲折不同，内部纱线大多数是挺直的，表面纱线弯曲呈 180° 转向；④织物形状不同，端面有圆筒形、方形、矩形、T 形、工字形等；⑤纱线的性状不同，多采用不加捻的长丝，大多为高性能纤维。

三维机织物主要用于刚性复合材料，特别是对层间结合力要求比较高的刚性复合材料。

3.5.4　六角形立体编织成型技术

六角形立体编织工艺是利用正六边形的优点，来满足立体编织物对高纤维填充密度的需求。

六角形立体编织的基本理论是使用有六个凹口的六角形角轮作为驱动装置，携纱器则位于角轮之间，即一个携纱器同时处于两个角轮的凹口中；当角轮旋转时，角轮凹口的弧面挤压携纱器，携纱器便随角轮转动到另一个角轮的凹口中，当相邻角轮上的携纱器移动到前一个携纱器的初始位置时，纱线便在空间交织形成六角形编织立体织物。在六角形立体编织过程中，相邻的角轮不可同时转动，且每个角轮在转动前的初始状态和转动后的中止状态时，都保持凹口对准，否则会引起角轮转动时卡死。

图 3-27 为六角形角轮之间的几何关系：图 3-27（a）中三个等半径的圆两两相割，在每两个圆之间形成一个叶状区域，三个圆的圆心连线构成一个等腰三角形；若是一个圆在其圆周上与 6 个圆同时相割，且中心圆与其圆周上任意两个相邻的圆形两两相割，便得到如图 3-27（b）所示的最小编织单元；把中心圆圆周内的六段圆弧连接起来，就得到六角形角轮的轮廓线，如图 3-27（c）所示，六角形角轮的每个凹口占据圆周的 1/6，即为 60°。

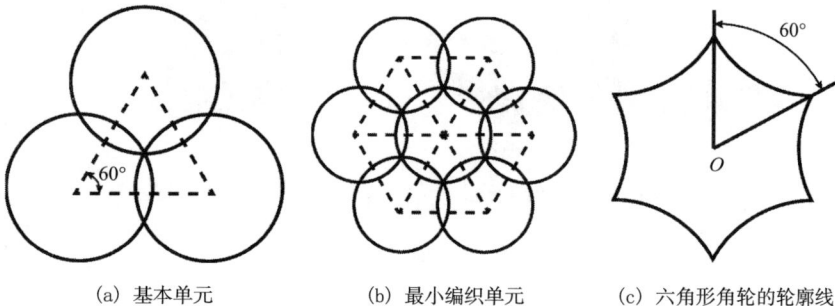

(a) 基本单元　　　　(b) 最小编织单元　　　(c) 六角形角轮的轮廓线

图 3-27　六角形角轮之间的几何关系

将图 3-28 中各个圆形重叠的叶状区域内放置携纱器，便得到了六角形角轮和携纱器的基本组合单元，如图 3-29（a）所示。携纱器的上下有突出的翼，能够让携纱器卡在角轮之间而不被拉出或掉落；其中部较窄的腰是与角轮凹口弧面相接触的受力区域，在编织过程中受角轮凹口弧面挤压而使携纱器移动，如图 3-29（b）所示。由于携纱器恰好位于两角轮的凹口处，将角轮的凹口填充，使之形成完整的圆周，因此相邻的角轮不可同时转动，否则会导致角轮卡死，角轮的转动是步进式的：一个角轮转动后停止，其相邻的角轮再转动，交替往复，而且在角轮转动停止的位置，其凹口中线必须与相邻角轮的凹口中线对齐，以保证角轮下一步的转动顺利进行，所以角轮每一步旋转的角度必须为 60° 的整数倍。

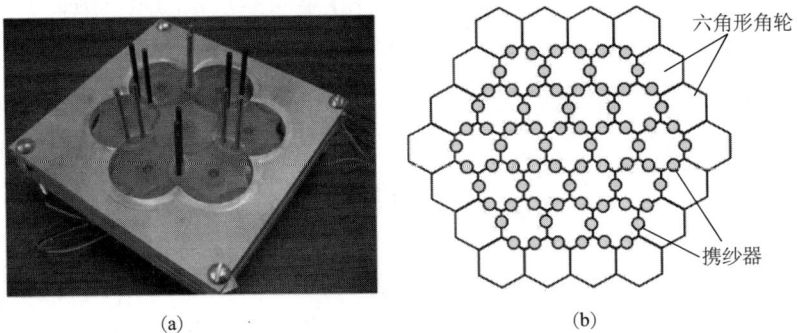

(a)　　　　　　　　　　　　　　　(b)

图 3-28　六角形角轮的几何结构与组合

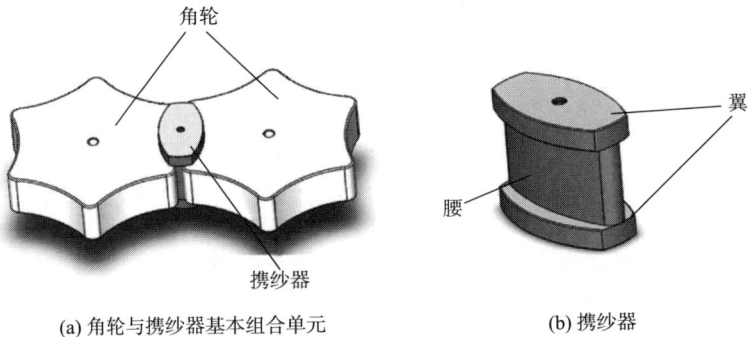

(a) 角轮与携纱器基本组合单元　　　　　　　(b) 携纱器

图 3-29　角轮与携纱器的配合关系

　　如果以一个六角形角轮为中心，向外同心排布六角形角轮，便可以形成六角形编织底盘的角轮阵列（图 3-30），角轮间阴影处的叶状区域即为携纱器放置区域。

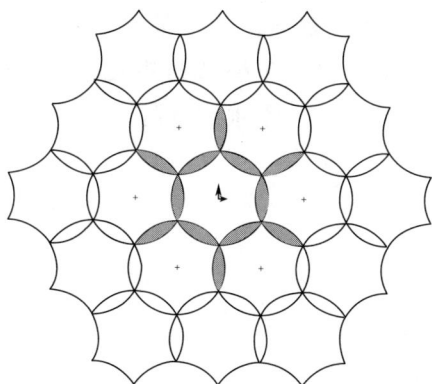

图 3-30　六角形角轮阵列

六角形角轮的凹口增加到六个，于是单个角轮便可容纳六个携纱器，再以六角形角轮中心沿径向扩展，便可以得到六角形编织机的底盘，甚至六角形角轮可以组合成各种不规则形状，如 L 型、π 型等，以适应编织需要。

3.6　本章小结

本章主要介绍了机织物、针织物、编织物和非织造布四类增强织物的形成原理、组织结构、性能特点及主要参数等。

机织物是由两组相互垂直的纱线在织机上交织而成。机织物的基本组织包括平纹、斜纹和缎纹三种组织，也被称为三原组织。机织物结构中经纬纱紧密排列，其具有质地硬挺、结构紧密、平整光滑、坚牢耐磨的优点；缺点是透气性、弹性和延伸性差，易撕裂、易折皱。

针织物是利用织针将纱线弯曲成线圈，并相互串套而形成。针织物是由孔状线圈形成的，结构比较松散，因而针织物具有透气、蓬松、柔软、轻便的特点，而且针织物的延伸性大、弹性好，具有较高的抗撕裂强力和较好的抗折皱性；它的缺点是尺寸稳定性差，受力后易变形，质地不硬挺，易起毛起球和脱散。

编织物是两条以上纱线在斜向或纵向互相交织形成整体结构的预制件。与机织和针织工艺相比，编织工艺的速度一般较慢，但是制成的织物强度高，整体性好，但其尺寸受设备和纱线尺寸的限制。

非织造布是指定向或随机排列的纤维通过摩擦、抱合、黏合或这些方法的组合而制成的片状物、纤网或絮垫，其纤维可以是天然纤维或化学纤维；也可以是短纤、长丝或纤维状物。非织造材料已广泛地应用到环保过滤、医疗、卫生、保健、工业、农业、土木水利工程、建筑、家庭设施及生活的各个领域。

参考文献

［1］荆妙蕾.织物结构与设计［M］.北京：中国纺织出版社，2014.

［2］孙颖，赵欣.针织学概论［M］.上海：东华大学出版社，2014.

［3］龙海如.针织学［M］.2版.北京：中国纺织出版社，2014.

［4］蒋高明.针织学［M］.北京：中国纺织出版社，2012.

［5］应志平.三维正交机织物形成过程建模及增强复合材料压缩性能研究［D］.杭州：浙江理工大学，2018.

［6］褚冠华.平纹组织在产品设计中的应用［J］.安徽纺织，1997（1）：16.

［7］刘日华，周荣星，胡红.膜结构建筑与经编预定向织物的应用前景［J］.产业用纺织品，2004，22（10）：7-10.

［8］马会英，王建坤，胡方田.空气变形丝对涂层织物剥离强度的影响［J］.纺织学报，2002，23（1）：66-67.

［9］董韵，李炜.经编多轴向织物［J］.玻璃钢复合材料，2006（1）：56-57.

［10］张之秋，杨文芳，顾振亚.建筑膜材的发展及应用现状［J］.新型建筑材料，2008（5）：78-81.

［11］朱苏康，高卫东.机织学［M］.2版.北京：中国纺织出版社，2015.

［12］柯勤飞，靳向煜.非织造学［M］.2版.上海：东华大学出版社，2010.

［13］杨旭红.非织造材料（纤维网）形态结构的表征与分形模拟［D］.苏州：苏州大学，2003.

［14］顾平.纺织结构与设计学［M］.上海：东华大学出版社，2004.

［15］于伟东.纺织材料学［M］.北京：中国纺织出版社，2006.

［16］宁煜.多轴向经编织物增强柔性复合材料的生产和研究［D］.上海：东华大学，2004.

第4章　功能性树脂及其特点

纺织结构柔性复合材料中的涂层结构主要是用来保护纺织结构增强体不受外界条件（水、空气等）的侵蚀。常见的涂层材料主要是人造或天然聚合物树脂，如聚氯乙烯（PVC）、聚氨酯（PU）、聚酯（PET）等。通过相关工艺将其与增强体材料复合在一起，以起到外层保护的作用，使复合材料的阻燃、耐磨、耐化学腐蚀、自洁性等性能得到提升，从而使复合材料能够满足不同领域的特殊需求。本章主要介绍纺织结构柔性复合材料涂层结构中常用的树脂以及相应的制备方法和性能特点。

4.1　柔性复合材料常用树脂

4.1.1　聚氯乙烯树脂

4.1.1.1　概述

聚氯乙烯树脂（polyvinyl chloride，简称PVC）是由氯乙烯单体（VCM）在过氧化物、偶氮化合物等引发剂，或在光、热作用下按照自由基聚合反应机理聚合而成的高聚物。氯乙烯均聚物和氯乙烯共聚物统称为氯乙烯树脂。聚氯乙烯是使用一个氯原子取代聚乙烯中一个氢原子的高分子材料，是一种含有少量结晶结构的无定形聚合物。PVC的化学结构式如下：

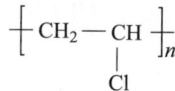

$$\left[\!\!\begin{array}{c} CH_2-CH \\ | \\ Cl \end{array}\!\!\right]_n$$

根据不同的分类方法可将PVC分为以下几类：

（1）根据应用范围，PVC树脂可分为通用型PVC树脂、高聚合度PVC树脂、交联PVC树脂。通用型PVC树脂是由氯乙烯单体在引发剂的作用下聚合形成的；高聚合度PVC树脂是指在氯乙烯单体聚合体系中加入链增长剂聚合而成的树脂；交联PVC树脂是在氯乙烯单体聚合体系中加入含有双烯和多烯的交联剂聚合而成的树脂。

（2）根据氯乙烯单体的获得方法，可分为电石法 PVC 树脂和乙烯法 PVC 树脂。

（3）根据聚合方法，可分为悬浮法 PVC 树脂、乳液法 PVC 树脂、本体法 PVC 树脂和溶液法 PVC 树脂。

（4）根据增塑剂含量的多少，可分为：无增塑 PVC 树脂，增塑剂含量为 0；硬质 PVC 树脂，增塑剂含量小于 10%；半硬质 PVC 树脂，增塑剂含量为 10% ~ 30%；软质 PVC 树脂，增塑剂含量为 30% ~ 70%；聚氯乙烯糊树脂，增塑剂含量为 80% 以上。

以聚氯乙烯及其衍生物为基料的胶黏剂被称为聚氯乙烯胶黏剂。聚氯乙烯为结晶性树脂，胶接力较低，作为胶黏剂直接使用受到一定限制，多用作非结构型胶黏剂，常借助共聚方法提高其胶接强度。

4.1.1.2 制备工艺

PVC 采用自由基加成聚合方法制备，聚合方法主要分为悬浮聚合法、乳液聚合法和本体聚合法。先将纯水、液化的氯乙烯单体和分散剂加入反应釜中，再加入引发剂和其他助剂，升温到一定温度后，VCM 单体发生自由基聚合反应生成 PVC 颗粒。之后持续搅拌，使颗粒的粒度均匀，并且使生成的颗粒悬浮在水中。

（1）悬浮聚合法。使单体呈微滴状悬浮分散于水相中，选用的油溶性引发剂，引发剂多采用有机过氧化物和偶氮化合物，如过氧化二碳酸二异丙酯、过氧化二碳酸二环己酯、偶氮二异庚腈和偶氮二异丁腈等。将其溶于单体中聚合反应就在这些微滴中进行。为了保证这些微滴在水中呈珠状分散，需要加入悬浮稳定剂，如明胶、聚乙烯醇、甲基纤维素、羟乙基纤维素等。聚合是在带有搅拌器的聚合釜中进行的。聚合后，混合物流入单体回收罐或气提塔内去除并回收单体。然后流入混合釜，经水洗再离心脱水、干燥即得树脂成品。聚合时为保证获得规定的分子量和分子量分布范围的树脂并防止爆聚，必须控制好聚合过程的温度和压力。树脂的粒度和粒度分布则由搅拌速度和悬浮稳定剂的选择与用量控制。

（2）乳液聚合法。在乳液聚合法中，除水和氯乙烯单体外，还要加入烷基磺酸钠等表面活性剂作乳化剂（使单体分散于水相中而成乳液状）和水溶性过硫酸钾或过硫酸铵作引发剂。聚合方法有间歇法、半连续法和连续法三种。聚合产物为乳胶状，乳液粒径 0.05 ~ 2μm，可以直接应用或经喷雾干燥成粉状树脂。乳液聚合法的聚合周期短，较易控制，得到的树脂分子量高，聚合度较均匀。乳液法聚合的配方复杂，产品杂质含量较高。

（3）本体聚合法。聚合装置主要由立式预聚合釜和带框式搅拌器的卧式聚合釜构成。聚合分两段进行，单体和引发剂先在预聚合釜中预聚 1h，生成预聚合物料，这时转化率达 8%～12%；然后流入第二段聚合釜中，补加与预聚物等量的单体，继续聚合；待转化率达 85%～90% 时，排出残余单体，再经粉碎、过筛即得成品。树脂的粒径与粒形由搅拌速度控制，反应热由单体回流冷凝带出。此法生产过程简单，产品质量好，生产成本也较低。

4.1.1.3　性能

聚氯乙烯具有很高的固有韧性，还可以通过复合来产生许多不同的性能，并且其经济实用。

（1）在增塑剂含量高时，具有高伸长率、柔软性、良好的手感和耐磨性；当增塑剂含量减少时，其柔性和伸长率下降，而硬度、拉伸强度和耐磨性增大。

（2）PVC 热稳定性、耐温性较差。虽然 PVC 的熔融温度在 210℃左右，但是加热到 100℃就会发生分解反应并放出氯化氢气体，氯化氢将作为催化剂进一步促进 PVC 分解，温度高于 150℃后分解将加剧，导致制品的物理性能急剧下降，所以 PVC 的生产过程必须加入稳定剂。但是稳定剂只能在一定程度上缓解 PVC 的降解，其分解反应在加工过程中始终存在，无法完全避免。

（3）常温条件下，PVC 制品的缺口冲击强度差，在冲击力作用下极易发生断裂，因此不能用作结构和功能材料。此外，PVC 的脆性受温度影响很大，温度过高或过低都会影响 PVC 脆性，温度越高综合性能越差，呈负增长趋势；低温下制品更是无法使用，极易脆断，一般 PVC 硬质品最低使用温度为 −15℃。

（4）PVC 是极性聚合物，其分子链中含有强极性键—C—Cl—，易溶于极性溶液。

（5）PVC 树脂化学稳定性好，不溶于一般无机、酸性、碱性溶液，只能溶于二氯乙烷、环己酮和四氢呋喃等少数溶剂中，但是其制品化学稳定性受温度影响比较明显，温度越高稳定性越差。

4.1.2　聚乙烯树脂

4.1.2.1　概述

聚乙烯树脂（PE）是由乙烯加聚而成的高分子化合物，在分子结构中仅有 C、H 两种元素。聚乙烯的化学结构式如下：

$$-\!\!-\!\!\left[CH_2-CH_2\right]_n\!\!-\!\!-$$

聚乙烯可按分子量的大小、生产方法和密度进行分类。按照密度大小，PE 可分为：①低密度聚乙烯（LDPE），密度为 0.910~0.925g/cm³，因是高压法聚合所得的聚乙烯，也称高压聚乙烯；②中密度聚乙烯（MDPE）密度为 0.926~0.9405g/cm³；③高密度聚乙烯（HDPE），密度为 0.941~0.970g/cm³，因是低压聚合所得的聚乙烯，也称低压聚乙烯；④线性低密度聚乙烯（LLDPE），密度为 0.910~0.940g/cm³；⑤茂金属线型低密度聚乙烯，采用茂金属催化剂制备的 LLDPE；⑥极低密度聚乙烯（VLDPE），密度为 0.900~0.915g/cm³；⑦超低密度聚乙烯（ULDPE），密度为 0.870~0.900g/cm³。

聚乙烯属于聚烯烃类，可用于热熔胶黏剂的配制，对很多材料均有良好的黏结性能。向聚乙烯中加入必须的增黏剂或微晶蜡、抗氧剂等即成热熔胶黏剂。

（1）低密度聚乙烯。低密度聚乙烯（LDPE）为乳白色、无味、无臭、无毒、表面无光泽的粉末或蜡状颗粒，其分子结构中含有许多长支链和短支链，其中 1000 个主链碳原子中含有 15~35 个短支链，由于这些短支链的存在，有效地抑制了 PE 分子的结晶，使其结晶度远低于 HDPE。LDPE 质地柔软，长支链的存在使其具有高熔体强度，适用于吹膜工艺，具有挤出时耗能小、产率高和工艺稳定等特点。LDPE 还可以用于改进其他树脂的性能，如与聚酰胺共混，可以改善聚酰胺的吸湿性能，并降低生产成本。

（2）线性低密度聚乙烯。线性低密度聚乙烯（LLDPE）的外观与普通 LDPE 相似，分子结构接近于 HDPE，主链为线性结构，并有短的支链，但支链数量远高于 HDPE。由于 LLDPE 具有优良的韧性，很好的抗撕裂强度，抗冲击强度及抗刺穿性，从而有利于降低厚度。

（3）高密度聚乙烯。高密度聚乙烯（HDPE）为无臭无味无毒的白色粉末或颗粒状固体，熔点约为 131℃，分子结构以线性结构为主，平均每 1000 个碳原子中含有不多于 5 个支链，结晶度高达 80%~90%。在所有种类的 PE 中，HDPE 的模量最高、渗透性最小、还具有良好的拉伸强度。HDPE 的玻璃化温度低，热挠曲温度高，刚性适度且韧性好。

4.1.2.2　制备工艺

聚乙烯树脂的制备方法按聚合压力的大小可以分为高压法、中压法、低压法。

（1）高压法。用氧化物或过氧化物等作引发剂，使乙烯聚合为低密度聚乙烯。乙烯经二级压缩后进入反应器，在压力 100 ～ 300MPa、温度 200 ～ 300℃及引发剂作用下聚合为聚乙烯，反应物经减压分离，使未反应的乙烯回收后循环使用，熔融状的聚乙烯在加入塑料助剂后挤出造粒。

（2）中压法。用负载于硅胶上的铬系催化剂，在环管反应器中，使乙烯在中压下聚合，生产高密度聚乙烯。

（3）低压法。分为淤浆法、溶液法和气相法三种，除溶液法外，聚合压力都在 2MPa 以下。一般步骤有催化剂的配制、乙烯聚合、聚合物的分离和造粒等。

①淤浆法。生成的聚乙烯不溶于溶剂而呈淤浆状。淤浆法聚合条件温和，易于操作，常用烷基铝作活化剂，氢气作分子量调节剂，多采用釜式反应器。由聚合釜出来的聚合物淤浆经闪蒸釜、气液分离器到粉料干燥机，再进行造粒。

②溶液法。聚合在溶剂中进行，但乙烯和聚乙烯均溶于溶剂中，反应体系为均相溶液。反应温度（≥140℃）、压力（4～5MPa）较高。特点是聚合时间短，生产强度大，可兼产高、中、低三种密度的聚乙烯，能较好地控制产品的性质。但溶液法所得聚合物分子量较低，分子量分布窄，固体物含量较低。

③气相法。乙烯在气态下聚合，一般采用流化床反应器。催化剂有铬系和钛系两种，由贮罐定量加入床层内，用高速乙烯循环以维持床层流态化，并排除聚合反应热，生成的聚乙烯从反应器底部出料。

4.1.2.3　性能

聚乙烯树脂是一类由多种工艺方法生产的、具有多种结构和特性的大宗系列产品，是以聚乙烯为主要成分的热塑性树脂。由于生产工艺和树脂的密度不同，得到不同品种的聚乙烯树脂，不同品种聚乙烯树脂的性能也不同。

（1）力学性能。表 4-1 中给出了典型的 LDPE、HDPE 和 LLDPE 的力学性能，从中可以看出，不同种类聚乙烯树脂的性能差别较大。

表 4-1　聚乙烯树脂力学性能对比

性能指标	LDPE	HDPE	LLDPE
拉伸强度 /MPa	6.9~13.8	20.7~27.5	24.1~31
断裂伸长率 /%	300~600	600~700	100~1000
邵氏硬度	41~45	44~48	60~70
最高使用温度 /℃	80~95	90~105	110~130
耐环境应力开裂（ESCR）	好	高	较好

拉伸性能是用来表征聚合物力学性能的指标，从拉伸试验可以得到拉伸屈服强度、拉伸断裂强度、断裂伸长率和拉伸屈服模量等一系列参数。聚乙烯树脂属于半结晶性聚合物，其典型的应力—应变曲线如图 4-1 所示。

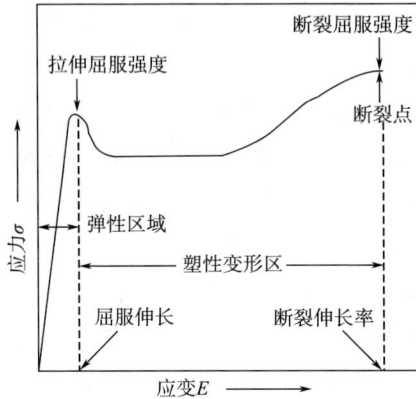

图 4-1　聚乙烯树脂的典型应力—应变曲线

一般来说，影响聚乙烯拉伸性能的主要因素有分子量的大小、分子量大小的分布、支链的含量与分布、共聚单体的种类与含量等。

（2）电性能。聚乙烯树脂的绝缘性能优于任何已知的绝缘材料。聚乙烯的介电系数非常低，即使支化时会引入少量极性，但仍属于非极性材料。聚乙烯的介电常数会随着密度的增加而略有增大，并且介电常数还会随温度的变化而变化，通常认为这是由于密度的变化引起的。

（3）化学稳定性。聚乙烯树脂的化学稳定性好，对大多数化学品是高度稳定的，只有少数化学品能对其发生作用。LDPE 在许多极性溶剂（如醇、酯与酮等）中的溶解度很小，而烷烃、芳烃及氯代烃会在室温下使其溶胀。HDPE 具有高结晶度和低渗透性，会使许多化学品对其反应活性进一步降低。HDPE 对于碱性溶液以及有机酸、盐酸或者氢氟酸不反应，在高温下可与浓硫酸（含量 >70%）缓慢反应生成磺化衍生物。在室温下，虽然某些溶剂（如二甲苯）对其有溶胀效应，但 HDPE 并不溶于任何有机溶剂。在较高温度下（高于 80℃）时，HDPE 可溶于许多烷烃、芳烃及氯代烃中。

（4）热裂解及热稳定作用。与其他聚合物相比，聚乙烯具有良好的热稳定性。但在高温无氧的条件下，PE 高分子链会发生链的断裂和交联现象，这一现象在 300℃附近时会更为显著。总的来说，PE 的化学性质非常稳定，但在高温下，仍会和周围的氧发生缓慢的降解反应。PE 树脂的性能和其熔体指数、密度、分子量的分布等密切相关，采用合适的催化体系、共聚单体和聚合工艺条件，可以制备出具有最佳综合平衡性能的 PE 树脂。

4.1.3　聚丙烯树脂

4.1.3.1　概述

聚丙烯（polypropylene，PP）分子结构与聚丙烯纤维类似，是以丙烯为单体经加聚反应而成的聚合物。

4.1.3.2　制备工艺

聚丙烯的生产工艺按类别主要分为溶剂法、溶液法、液相本体法（含液相气相组合式）和气相本体法四个发展阶段。

（1）溶剂法。溶剂法（又称浆液法或泥浆法、淤浆法）是最早采用的聚丙烯生产工艺。但由于有脱灰和溶剂回收工序的流程长、较复杂等缺点，随着催化剂研究技术的进步，从 20 世纪 80 年代起，溶剂法已趋于停滞状态，逐渐为液相本体法所取代。

（2）溶液法。使用高沸点直链烃作溶剂，在高于聚丙烯熔点的温度下操作，所得聚合物全部溶解在溶剂中呈均相分布，采用高温气提方法蒸发脱除溶剂得熔融聚丙烯，再挤出造粒得到粒料产品。

（3）液相本体法。采用液相本体法生产聚丙烯，是在反应体系中不加任何其他溶剂，将催化剂直接分散在液相丙烯中进行丙烯液相本体聚合反应。聚合物从液相丙烯中不断析出，以细颗粒状悬浮在液相丙烯中。随着反应时间的增长，聚合物颗粒在液相丙烯中的浓度增高。当丙烯转化率达到一定程度时，经闪蒸回收未聚合的丙烯单体，即得到粉料聚丙烯产品。

（4）气相本体法。气相本体法采用高效催化剂体系，主催化剂为高效载体催化剂，助催化为三乙基铝、给电子体。尤尼帕（UNIPOL）工艺具有简单、灵活、经济和安全的特点，只用很少的设备就能生产包括均聚物、无规共聚物和抗冲共聚物在内的全范围产品，可在较大操作范围内调节操作条件而使聚丙烯树脂的性能保持均一。

4.1.3.3　性能

聚丙烯树脂是部分结晶聚合物，是塑料中密度最低的，只有 $0.9g/cm^3$。生产聚丙烯树脂的原料易得，制造成本不高，是一种性价比非常高的合成树脂，应用非常广泛，并且应用领域不断扩展，是一种极有发展前途的合成树脂。

将聚丙烯树脂适当配伍可制得聚丙烯胶黏剂。作为胶黏剂，常用无规聚丙烯作基料。以无规聚丙烯为热熔胶黏剂基料，脂肪族石油烃树脂为增黏剂，用石蜡等作添加剂，制成的热熔胶黏剂，可作为包装、纸箱封合和书籍装订等的胶黏剂。

4.1.4　聚对苯二甲酸乙二醇酯树脂

4.1.4.1　概述

聚对苯二甲酸乙二醇酯（polyethylene terephthalate，PET），是对苯二甲酸与乙二醇的缩聚物，聚对苯二甲酸乙二醇酯化学结构式如下：

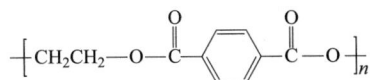

$$\left[\mathrm{CH_2CH_2-O-\overset{\overset{\displaystyle O}{\parallel}}{C}-\!\!\!\!\bigcirc\!\!\!\!-\overset{\overset{\displaystyle O}{\parallel}}{C}-O\right]_n$$

PET 分子是一种对称的、分子链规整的线型大分子，其重复单元中含有柔性的—CH$_2$—CH$_2$—链段和刚性的苯环基团。酯基和苯环间形成一个共轭体系，使它们成为一个整体，当大分子链围绕这个刚性基团自由旋转时，由于转动能阻较大，柔软的链段和苯环只能作为一个整体而转动，因而整个大分子表现出较大的刚性。

PET 大分子在一般情况下是伸直链构型，并且大分子链上的苯环几乎是处于同一平面，这种构象有利于相邻的大分子彼此镶嵌，从而使分子结构具有紧密的敛集能力，所以具有良好的结晶能力，在熔点至玻璃化转变温度之间能形成结晶。熔体如果迅速冷却，则形成透明的无定形结构，无定形 PET 分子链的空间构象为顺式结构。如果缓慢冷却，则形成乳白色的结晶聚合物，结晶 PET 分子链的空间构象为反式结构。

4.1.4.2　制备工艺

合成 PET 的工艺路线有两种：一种是以对苯二甲酸二甲酯（dimethyl terephthalate，DMT）和乙二醇（ethylene，EG）为原料的酯交换法；另一种是以对苯二甲酸（terephthalic acid，TA 或 TPA）和 EG 为原料的直接酯化法。合成 PET 的原料主要有 TPA、DMT、EG 以及共聚单体间苯二甲酸（isophthalic acid，IPA），催化剂主要有乙二醇锑、醋酸锑和三氧化二锑。

（1）酯交换反应机理。酯交换反应是指在催化剂（Mn、Zn、Co、Mg 等醋酸盐）作用下，DMT 与 EG 之间进行酯基交换生成低聚物对苯二甲酸二乙酯（bis-

2-hydroxylethyl-terephthalate，BHET）的反应。反应式如下：

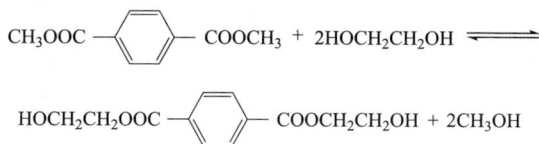

$$CH_3OOC \long!!- -\!\!\!- COOCH_3 + 2HOCH_2CH_2OH \rightleftharpoons$$

$$HOCH_2CH_2OOC \longleftrightarrow COOCH_2CH_2OH + 2CH_3OH$$

该反应实际是分两步完成的。两个端酯基先后进行反应，两个酯基在两步反应中的活性相同。在一定条件下酯交换反应达到可逆平衡。

（2）酯化反应机理。酯化反应是指 TPA 与 EG 之间直接进行酯化生成 BHET 的反应，反应方程式如下：

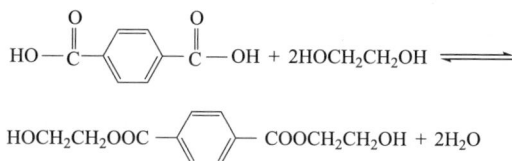

$$HO-\overset{O}{\underset{C}{\parallel}}--\overset{O}{\underset{C}{\parallel}}-OH + 2HOCH_2CH_2OH \rightleftharpoons$$

$$HOCH_2CH_2OOC -- COOCH_2CH_2OH + 2H_2O$$

与酯交换反应不同，工业生产上一般不采用催化剂，因为 PTA 分子中羧酸本身就可以起到催化剂的作用，这种催化实际上是氢离子催化。

4.1.4.3 性能

由于 PET 分子链的高度规整性和苯环的刚性，使其具有较好的力学性能、耐化学试剂性、耐热性和优良的电性能，又因为分子中没有侧链，结构对称，分子链可紧密堆砌，属于半结晶性聚合物。PET 分子结构的特点使其具有良好的综合性能。

（1）力学性能。PET 是熔点较高的一类结晶聚合物，分子结构比较规整，容易结晶和取向，所以 PET 产品具有较高的强度和模量、较好的弹性、耐磨性和耐冲击性，载荷下耐蠕变性能好。

（2）热性能。PET 玻璃化温度为 67℃（无定形）、81℃（结晶型），软化温度（248℃）和熔点（267℃）较高，耐热性好，单轴拉伸的 PET 薄膜在 150℃条件下，加热 7 天后，强度损失 30%，加热 40 天后，强度损失仅 50%。加热温度超过 280℃，PET 熔体会出现热降解现象，随着温度升高，降解加剧。

（3）电性能。与其他聚合物相比，PET 具有优良的绝缘性。其介电损耗低，电阻率和击穿强度高，可作为一般绝缘材料使用。

（4）光学性能。无定形 PET 为透明体，结晶 PET 则为不透明体。

（5）化学性能。化学性能主要取决于分子结构。PET分子链中的酯基遇碱易发生水解，因而耐碱性能较差，但对酸很稳定，尤其是有机酸，但不能抵制浓硫酸和浓硝酸的长时间作用。PET对一般非极性溶剂有极强的抵抗力，室温下对极性溶剂也有相当强的抵抗能力。室温下24h内不受丙酮、氯仿、甲苯、四氯化碳等溶剂的影响，加热时能溶于三氟醋酸、三甲酚、苯酚、邻氯苯酚、四氯乙烷等溶剂中。

（6）加工性能。PET是热塑性聚酯，可用于纺丝、注塑、挤出、吹塑成形加工。加工流动性极好。但PET的结晶温度较高，结晶速率较慢，对模具有较高的要求。

4.1.5 聚氨酯树脂

4.1.5.1 概述

聚氨酯（polyurethane，PU）是指在其大分子链中含有异氰酸酯基团或氨基甲酸酯基团的高聚物，这是一种内部组成同时含有硬段和软段的嵌段共聚物。其中，硬段部分由多异氰酸酯或其与小分子的扩链剂（醇类或胺类）组成，软段部分由聚合物多元醇组成，通常为聚醚二元醇或聚酯二元醇，聚氨酯化学结构式如下（其中R′代表异氰酸酯核基链段，R代表多元醇链段）：

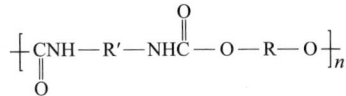

$$\left[\overset{O}{\underset{O}{\|}} CNH-R'-NH\overset{O}{\underset{}{\|}}C-O-R-O \right]_n$$

硬链段含量及基团种类会影响聚合物的热变形温度及耐高温性能，软链段一般相对较长，内聚能密度低，分子容易向内旋转，玻璃化温度低于常温，因此软链段在常温下一般处于高弹态。软链段含量及种类主要影响聚氨酯材料的热稳定性及弹性，当软链段含量较高时，聚氨酯显示出优良的高弹性，称为聚氨酯弹性体。

聚氨酯弹性体的硬度范围很宽，性能范围很宽，所以聚氨酯弹性体是介于橡胶和塑料之间的一类高分子材料。聚氨酯弹性体的种类繁多，根据聚合物多元醇原料分类，聚氨酯弹性体可分为聚碳酸酯型、聚烯烃型、聚醚型和聚酯型等；根据所使用的二元异氰酸酯的不同，可分为芳香族和脂肪族聚氨酯弹性体。

以聚氨酯为主体的胶黏剂称作聚氨酯胶黏剂，简称PU胶。由于结构中含有极性—NCO，提高了对各种材料的黏结性，并具有很高的反应性，能常温固化。

胶膜坚韧，耐冲击，挠曲性好，剥离强度高。具有良好的耐低温、耐油和耐磨性等，但耐热性较差。广泛应用于黏结金属、木材、塑料、皮革、陶瓷、玻璃等，还可以用作各类涂料，如织物涂料、防水涂料等。

4.1.5.2　制备工艺

制备聚氨酯使用的聚合多元醇主要有两类，按照分子链结构进行分类，一类是分子间作用力较弱的聚醚多元醇，另一类是分子间作用力较强的聚酯多元醇。常见的扩链剂有醇类，如小分子二元醇 BDO、TMP 等，还有胺类，如 MOCA。聚氨酯树脂的反应过程简要如下：

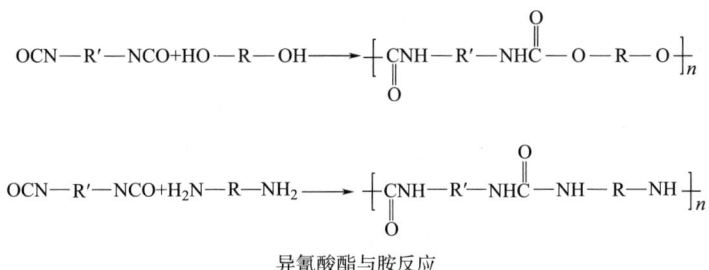

异氰酸酯与胺反应

在 120 ～ 130℃时，—NCO 可以和活性不高的脲基中的活泼氢或氨基甲酸酯基中的活泼氢发生反应，反应如下：

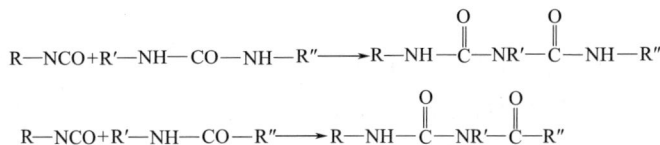

由于各种原料的活性不同，因此有些反应必须在特定的条件下才能发生。氨基甲酸酯基和脲基能够与异氰酸酯反应，但是其反应活性较低，因此只有在强碱或金属催化剂的催化作用下才能发生反应，在高温（120 ～ 140℃）情况下，其与异氰酸酯的反应程度才能达到较理想的状态，产生的交联结构能够增强树脂强度。

4.1.5.3　性能

聚氨酯弹性体是一种典型的嵌段共聚物，塑料相和橡胶相在其内部共同存在。塑料相中含有刚性链段，极性大、分子间作用力强。由于塑料相的玻璃化转变温度高于室温，因此常温下，塑料相为玻璃态或结晶态；橡胶相中含有柔性链段，其分子间作用力较弱，无氢键作用。聚氨酯弹性体聚集态中的塑料相和橡胶相并不是简单的某一相溶于另一相，而是二者相互融合，相互渗透。

PU 的软段相对数量较多，通过使用不同的多元醇，可以合成具有不同性能的 PU。PU 的软段对产品的弹性及低温性能有很大影响。软段的特性参数是针对 PU 进行改性的重要指标。由于合成 PU 的原料种类不同，因此 PU 的特性也随之发生变化。

另外，PU 材料能具有如此多的不同性能，部分原因是 PU 分子内部的分子链发生交联反应，从而影响材料的力学性能和热力学性能。通过改变 PU 分子链中的交联程度，可以调节 PU 的各项性能，以适应不同的应用范围。适当的交联可以提高其力学性能，获得高强度高弹性的热塑性聚氨酯弹性体，但如果发生过度交联，可能会降低材料的拉伸强度和断裂伸长率等性能。

4.1.6　热塑性聚氨酯树脂

4.1.6.1　概述

热塑性聚氨酯弹性体（TPU）是三种聚氨酯弹性体中的一种，其余两种为浇注型（CPU）和混炼型（MPU），其制备是通过大分子二元醇与异氰酸酯作用合成预聚体，加入丁二醇等小分子扩链剂直接生成的弹性体。TPU 和 CPU、MPU 的主要区别在于交联固化方面，TPU 体系没有化学交联，只有氢键和一些物理交联，分子几乎是线型的，并且分子量很大；而 CPU、MPU 体系中有 C=C、—OH、—NCO 等基团中的一种或几种，可以采用硫磺、多异氰酸酯、醇等硫化交联。

热塑性聚氨酯弹性体主要分为聚醚型、聚酯型两大类。聚醚型热塑性聚氨酯弹性体具有良好的力学性能、黏结性和抗挠曲性能，而且耐水解性较聚酯型好。相对于聚醚型而言，聚酯型热塑性聚氨酯弹性体玻璃化转变温度较高，氢键化程度高，硬段更容易渗入软段中，因此聚酯型热塑性聚氨酯弹性体的力学性能优于聚醚型，同时具有较好的耐磨性和耐热性，但其耐水解性不如聚醚型。

4.1.6.2　制备工艺

热塑性聚氨酯弹性体一般由聚酯或聚醚多元醇、二异氰酸酯、扩链剂反应而成，其主要反应式如下：

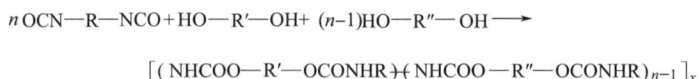

$$n\,\mathrm{OCN—R—NCO} + \mathrm{HO—R'—OH} + (n\text{-}1)\mathrm{HO—R''—OH} \longrightarrow$$

$$[(\mathrm{NHCOO—R'—OCONHR}) (\mathrm{NHCOO—R''—OCONHR})_{n-1}]_x$$

TPU 生产工艺有连续本体法、间歇本体法、溶液聚合法等。

4.1.6.3　性能

（1）力学性能。TPU 弹性体的杨氏模量范围宽，橡胶和塑料都能涵盖，而且在很宽的温度范围内依然具有优异的柔顺性，聚酯型 TPU 的耐磨性、力学强度都优于聚醚型 TPU，尤其是抗撕裂强度，达天然橡胶的两倍及以上。

（2）硬度范围。TPU 材料的硬度受其链段中的硬链段和软链段影响很大，因此 TPU 材料的硬度范围非常宽，橡胶的硬度范围为邵氏硬度 20 ~ 90HA，塑料的硬度范围为邵氏 95 ~ 100HD，而 TPU 的硬度范围为邵氏 10 ~ 80HD，能够适应多种制品对硬度的要求。

（3）耐温性。由于 TPU 具有大量软链段，因此其具有优异的低温性能，脆化温度较低，在很低的温度范围下（–70 ~ –50℃）仍然表现出优异的柔韧性。使用温度广，大多数制品可在 –40 ~ 80℃ 范围长期使用，短期使用温度可达 120℃。

（4）水解稳定性。常温下 TPU 能够显示出优异的耐水解性能，而且 1~2 年内不会发生明显水解，聚醚型 TPU 比聚酯型 TPU 的水解稳定性更佳。其次，TPU 的硬链段疏水性很强，其产品的硬度越高，水解稳定性也越高。

（5）耐油性能。聚酯型 TPU 耐水解性没有聚醚型好，但是聚酯型 TPU 具有优异的耐油性能。因为聚酯型 TPU 是一种强极性高分子材料，与非极性的矿物油亲和性很差，在非极性的燃料油和机械油中几乎不会被腐蚀，而聚醚型 TPU 的耐油性则没有聚酯型 TPU 好。

（6）绝缘性。TPU 材料在常温下一般具有较好的绝缘性能，由于 TPU 材料容易加工，既可以浇注成型，也可以注塑成型，所以经常被用作电子器件的灌封或者制作电线电缆护套等。但是 TPU 具有较强的极性，因此有一定的亲水性，环境的湿度对其绝缘性能有一定影响。

4.1.7　聚偏二氯乙烯树脂

4.1.7.1　概述

聚偏二氯乙烯（PVDC）树脂又称氯偏树脂。它是指以偏二氯乙烯（VDC）为主要成分，加入其他含不饱和双键的第二单体共聚而成的聚合物，PVDC 化学结构式如下：

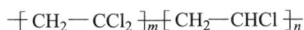

$$\text{─} \text{CH}_2 \text{─} \text{CCl}_2 \text{─}_m \text{─} \text{CH}_2 \text{─} \text{CHCl} \text{─}_n$$

PVDC 树脂的分子结构为头尾相连的线性结构，属于嵌段共聚结构。由于 PVDC 树脂均聚物的结晶度高，加工温度和分解温度十分接近，无法加工，所以其均聚物无任何实用价值，必须加入其他单体改善加工性能。因此，PVDC 树脂一般是指 VDC 含量较高的共聚物，其中 VDC 的含量一般为 30% ~ 90%。

4.1.7.2 制备工艺

PVDC 树脂的制备主要包括偏二氯乙烯制备的工艺路线和偏二氯乙烯 / 氯乙烯（VC）共聚的工艺路线。

（1）偏二氯乙烯制备的工艺路线。偏二氯乙烯是重要的耗氯耗碱产品，主要有以乙炔为原料和以氯乙烯为原料两种制备工艺。以氯乙烯为原料生产偏氯乙烯主要包括氯化、皂化、精馏、皂化液的处理等。相应的反应式如下：

氯化工序的主反应：

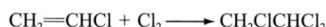

$$CH_2=CHCl + Cl_2 \longrightarrow CH_2ClCHCl_2$$

氯化工序的主要副反应：

$$CH_2ClCHCl_2 + Cl_2 \longrightarrow CH_2ClCHCl_2 + HCl$$

皂化工序的主反应：

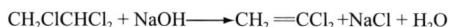

$$CH_2ClCHCl_2 + NaOH \longrightarrow CH_2=CCl_2 + NaCl + H_2O$$

皂化工序的主要副反应：

$$CH_2=CCl_2 + NaOH \longrightarrow CH\equiv CCl + NaCl + H_2O$$

氯乙烯加氯生成三氯乙烷是烯烃的加工反应，适当的压力和及时移去热量有利于反应向正方向进行。生成的三氯乙烷可以与氯继续反应生成四氯乙烷，这是卤烷的取代反应。在氯气过量、常压、温度较高的条件下，有利于此反应向正方向进行。但氯气过量不仅有利于副反应，影响收率，而且多余的氯气还会溶解在三氯乙烷中，加重对系统的腐蚀，尤其在三氯乙烷水洗或皂化过程中生成次氯酸钠，会加快设备的氧化腐蚀。所以，为了提高收率，减少副反应，减轻对设备的腐蚀，氯化工序应该做到增压氯化，强制循环降温。若氯乙烯过量，尾气需进行二次氯化后回收氯乙烯、三氯乙烷。

（2）VDC /VC 共聚的工艺路线。

VDC 单体和 VC 单体共聚，工业生产，通常有乳液聚合和悬浮聚合两种。

①乳液聚合。采用乳液聚合生产 PVDC 树脂，反应时间短，分子量高，分子量分布窄，可以获得比较理想的不同组分的共聚物。乳液法生产的 PVDC 树脂一般为粉体树脂，VDC 的含量要求低于 70%。一般以无机过硫酸盐和偶氮二异丁腈等为引发剂，先将软水、乳化剂、引发剂投入聚合釜中，用氮气置换抽真空合格后，将 VC 和 VDC 按一定比例投入聚合釜，在 40 ~ 50℃下聚合反应 3 ~ 4h 后再补加一定量的 VDC 单体，当聚合体系压力降到一定范围时，终止反应进行脱析，加碱破乳，然后离心、干燥、过筛，可制得粉体 PVDC 树脂。

②悬浮聚合。将偏二氯乙烯单体、共聚单体和引发剂的混合物在分散剂的作用下，通过搅拌的剪切作用力在水相中分散成一定大小的液滴，在一定温度下液滴内引发剂引发成自由基，从而引发聚合反应。在聚合反应进行到一定阶段时，调整聚合温度，加入第二引发剂，并保持此温度进行聚合。第二聚合反应时间比第一聚合反应时间长 4 ～ 5 倍，聚合反应为放热反应，反应热由夹套中的循环冷却（冻）水除去，聚合反应完成后，将浆料送到汽提釜中，闪蒸回收未反应的 VDC 和 VC，回收单体经分离提纯后再送去聚合，脱除单体的浆料经水洗、离心干燥后即可成品包装。悬浮聚合的工艺流程图如图 4-2 所示。

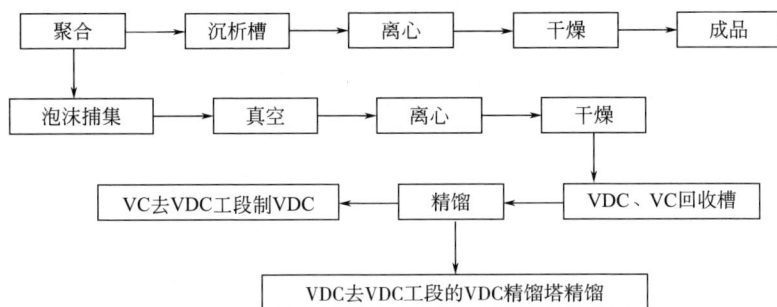

图 4-2 悬浮聚合工艺流程图

由于偏氯乙烯和氯乙烯共聚时，两种单体的净聚合率不同，容易使树脂的组成发生漂移。因此为了控制 VDC—VC 悬浮共聚的组分，在反应过程中要改变聚合温度曲线和搅拌曲线，适当控制聚合转化率，以防止分子量分布过宽。采用悬浮法生产 PVDC 树脂，反应平稳，放热均匀，可以制得 VDC 含量很高（一般为 80% ～ 95%）的树脂，而且各种水溶性添加剂和单体的残留量少，其性能优于乳液聚合的树脂；缺点是反应时间长，树脂的分子量分布宽，树脂中 VC 和 VDC 的组分难以控制，难以制备分子量高的树脂。

4.1.7.3 性能

由于 PVDC 树脂高分子链的规整度高，对称性强，主链大部分由 $\pm$ CH$_2$—CCl$_2$ $\pm$ 构成，而 $\pm$ CH$_2$—CCl$_2$ $\pm$ 的侧基团的空间位阻小，极性大，会形成氢键，因此结晶度高。PVDC 树脂高分子链由于侧集团的相互排斥，其主体构象属于典型的螺旋形，晶体构象属于 α-型单斜晶系；此外，由于热运动使晶系变化，故还有 β-型六方晶系等变换。用比热法对 PVDC 树脂进行分析，可发现 2 个明显的热吸收峰。PVDC 树脂高分子链中因有 $\left[\!\!\left[CH_2\text{—}CHCl \right]\!\!\right]$ 的存在，降低了侧链基团的极性和空间位阻效应，从而具有一定的柔软性。

PVDC 树脂具有良好的电绝缘性，不溶于水，也不溶于汽油、酒精、氯乙烯等大部分有机溶剂，但可溶解于四氢呋喃等特殊溶剂中。PVDC 树脂具有高强阻隔氧、水分的能力，在同等条件下，阻隔氧、水分的能力约为 PVC 膜的 200～1000 倍。PVDC 树脂结晶度高，拉伸强度和弯曲强度高，但脆性大，熔融温度和分解温度较接近，加工范围窄，难以塑化成膜，所以加工时要配以增塑剂、热稳定剂、改性剂等。PVDC 树脂性能见表 4-2。

表 4-2 PVDC 树脂性能

指标名称	指标	指标名称	指标
相对密度	1.65～1.75	吸水性 /%	<0.1
拉伸强度 /MPa	34.5～69	定向拉伸强度 /MPa	207～414
热导率 /（W·m^{-1}·K^{-1}）	0.105～0.147	线胀系数 /K^{-1}	1.75×10^{-4}
脆化温度 /℃	-40	平均使用温度 /℃	75
软化温度 /℃	100～130	熔体温度 /℃	140
冲击强度 /（kJ·m^{-2}）	100～150	压缩强度 /MPa	60
弯曲强度 /MPa	100～120	洛氏硬度	50～65
动摩擦系数（对棉布）	0.24	比热容 /（kJ·kg^{-1}·K^{-1}）	1.26
热分解温度 /℃	170～200	体积电阻率 /（Ω·cm）	10^{14}～10^{16}
介电强度 /（kV·mm^{-1}）	16～20	介电常数	3～5

4.1.8　聚酰亚胺树脂

4.1.8.1　概述

聚酰亚胺（PI）树脂分子结构与聚酰亚胺纤维类似，是分子主链中含有酰亚胺基团的芳杂环高分子化合物。

聚酰亚胺树脂可分成热固性树脂和热塑性树脂两大类。热塑性聚酰亚胺树脂的主链上含有亚胺环和芳香环，具有阶梯形的结构。这类聚合物具有优异的耐热性和抗热氧化性能，在 -200～260℃范围内具有优异的力学性能、介电性、绝缘性能以及耐辐射性能。按所用有机芳香族四酸二酐单体结构的不同，聚酰亚胺树脂分为均苯酐型、醚酐型、酮酐型和氟酐型聚酰亚胺等。

热固性聚酰亚胺树脂按封端剂的不同主要分为双马来酰亚胺树脂和 PMR 型树脂。双马来酯亚胺树脂的最高使用温度一般不超过 250℃，而 PMR 型聚酰亚胺树脂的最高使用温度可达 371℃。PMR 型树脂具有优良的成型加工性能和很好的力学性能，可在 260~288℃的高温条件下长期使用数千小时，在 316℃高温下仍具有优良的力学性能。

4.1.8.2 制备工艺

聚酰亚胺主要由二元酐和二元胺合成，二元酐、二元胺品种繁多，不同的组合就可以获得不同性能的聚酰亚胺。聚酰亚胺合成的方法可以分为两种，一种是在聚合之前形成亚胺环，另一种是在聚合的时候形成亚胺环。根据具体的操作情况来分可以大概分为一步法、二步法、三步法和气相沉积法。

（1）一步法。二元酐和二元胺在高沸点溶剂中直接聚合生成 PI，即单体不经由聚酰胺酸 PAA，而缩聚和脱水环化过程同时进行，直接合成 PI。为提高聚合物的相对分子质量，应尽量脱去水分。通常采用带水剂进行共沸以脱去生成的水，或用异氰酸酯替代二元胺和生成的聚酰胺酸盐在高温高压下聚合。反应过程如下：

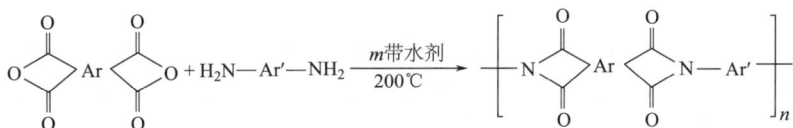

$$\text{(反应式)}$$

（2）二步法。先由二元酐和二元胺获得前驱体 PAA，再通过加热或化学方法，分子内脱水闭环生成 PI。该法主要用于制备芳香族 PI。反应过程为：

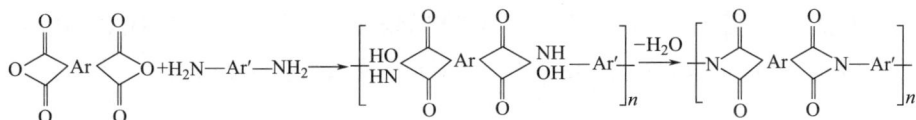

$$\text{(反应式)}$$

第一步制前驱体 PAA 中，由于二元酐容易被空气或溶剂中的水分水解，得到的邻位二酸在低温下不能与二元胺反应生成酰胺，从而影响 PAA 的分子量。所以使用前应将反应器和溶剂干燥，二元酐应在使用前妥善保存，以防止水解。反应时应将二元酐以固态形式分批加入二元胺溶液中，同时搅拌，必要时还需冷却。

第二步酰亚胺化反应，把 PAA 溶液进行梯度升温，去除溶剂后，经脱水环化得到 PI。脱水过程可以采用热脱水法，即高温化法，也可采用化学法，即用酸酐为脱水剂，叔胺类（如吡啶、三乙胺等）为催化剂，通过酰亚胺化获得 PI。其中以乙酸酐 / 吡啶或甲基吡啶最为常用，其优点是即使在 140 ～ 150℃的酰胺类溶液中也不会引起 PAA 降解，同时酰亚胺化反应在较低温度下也能够快速进行。

（3）三步法。第一步是用二元酐和二元胺在极性溶剂中首先合成聚酰胺酸 PAA。三步法中的第一步和两步法的第一步操作基本相同，但是把二步法中的第二步：亚胺化的过程分成了两个部分。三步法中的第二步是将第一步生成的聚酰胺酸通过化学方法（使用一些脱水剂，如二环己基碳二亚胺）先转化成聚异酰亚胺，第三步再在一定温度下处理，就可以使聚异酰亚胺转化成 PI。

（4）气相沉积法。该法主要用于制备 PI 薄膜。反应是在高温下使二元酐与二元胺直接以气流的形式输送到混炼机内进行混炼，制成薄膜，这是由单体直接合成 PI 涂层的方法。

4.1.8.3　性能

（1）耐热性。PI 的耐高低温性能十分优良，研究表明，大部分热固性 PI 可在 300℃以上长期使用，部分品种甚至能够在 380℃连续使用数百小时。同时，PI 的耐低温性能也很好，即使将 PI 浸泡在 –269℃液氮中，PI 也仍然保持极佳的韧性，不易脆断。

（2）力学性能。均苯型的 PI 膜拉伸强度可达到 170MPa 以上，拉伸模量为 3 ～ 4GPa；而联苯型 PI 由于具有更好的结构有序性，拉伸强度可达到 400MPa 以上，PI 在高低温下都能保持良好的力学性能和耐磨性。

（3）电学性能。PI 的电绝缘性能良好，体积电阻率为 $10^{17}\Omega\cdot cm$，常被用作微电子器件的封装阻隔材料。PI 薄膜是常用的低介电有机聚合物薄膜，通过不同方法改性可使 PI 薄膜的介电常数降到 2.0 以下，介电损耗 0.001 以下，介电强度为 100~300kV/mm，并且这些性能在较宽的温度和频率范围内相对稳定。

（4）耐化学药品性。热固性 PI 具有优良的耐油、耐水、耐稀酸、耐有机溶剂性，一部分脂肪族 PI 及含氟 PI 则能溶于四氢呋喃、丙酮、氯仿等常用溶剂。由于五元酰亚胺环结构在强碱性条件下容易水解，因此 PI 不耐碱。然而由于 PI 不耐碱，使得其可以被回收利用，一般 PI 膜的碱性水解，二元酐和二元胺单体回收率可达 80%~90%。另外 PI 与其他芳香族聚合物类似，不耐浓酸。

（5）其他性能。PI 为自熄性聚合物，发烟率低、无毒，在极高的真空下放气量很少。PI 还具有很好的生物相容性、优良的耐候性及耐辐射性等。

4.1.9　聚烯烃热塑性弹性体

4.1.9.1　概述

聚烯烃热塑性弹性体（TPO）主要是指二元乙丙橡胶（EPM）、三元乙丙橡胶（EPDM）、丁腈橡胶（NBR）等与聚丙烯（PP）或聚乙烯（PE）共混，形成的不需硫化即可加工成型的一类热塑性弹性体。TPO 产品主要包括采用茂金属催化剂合成的乙烯—辛烯共聚物（POE）、动态硫化法制备的热塑性动态硫化胶（TPV）和乙烯—辛烯嵌段共聚物（OBC）三 种。

POE 是采用 INSITETM 技术开发而成，使用"限制几何构型"茂金属催化剂合成的乙烯—辛烯共聚物。采用动态硫化法制得的热塑性弹性体称为热塑性硫化橡胶（TPV）。TPV 是热塑性弹性体（TPE）的一种特殊类型，与具有弹性的嵌段共聚物不同，是由弹性体—热塑性聚合共混物的协同作用生成，具有比简单共混物更好的性质，其中包括 EPDM—PP 热塑性硫化橡胶、天然橡胶—聚烯烃类热塑性硫化橡胶和丁苯橡胶—聚烯烃类热塑性硫化橡胶等。OBC 的分子链中辛烯含量较多的软段与辛烯含量较少的硬段交替排列，且交替排列的频率是固定的，分子长度也可变可控。分子链中共聚单体的分布不均匀，但这种不均匀性是有规律的嵌段交替出现的，共聚物的分子量分布窄。

4.1.9.2　制备工艺

TPO 的制备工艺主要有两种，一种是共混复合型，另一种是反应器型（reactor TPO，RTPO）。

（1）共混复合型。共混复合型包括机械掺杂法（compounded TPO，CTPO）和动态硫化法（dynamic vulcanization TPV）两种路线。

①机械掺杂法。机械掺杂法 TPO 是借助开炼机、密炼机或螺杆挤出机等设备在聚合物的软化点（或熔点）以上温度进行共混。该生产工艺简单、成本低，TPO 的相对密度小、抗冲击强度高，尤其是低温韧性很好。但 CTPO 存在如下不足：一是橡胶相与基体的粘度比不能太大，否则橡胶相在基体中的分散不均匀，而且平均粒径偏大，从而使其抗冲击性能下降；二是共混物呈宏观的混合，产品的稳定性差；三是共混物流动性低，难以制得柔软品级材料，且强度及耐介质等性能也有很大局限性。

②动态硫化法。动态硫化是指弹性体与热塑性聚合物在热塑性塑料的熔点之上并在高剪切力作用下，均匀熔融混合过程中的硫化或交联过程。动态硫化工艺过程主要是在低比例的热塑性塑料基体中混入高比例橡胶，再与硫化剂一起混炼

的同时使弹性体发生化学交联，形成的大量橡胶微粒分散到少量塑料基体中。动态硫化生产工艺经历了部分动态硫化和完全动态硫化两个发展阶段。橡胶组分经部分动态硫化，具有少量交联结构，其强度、压缩变形、耐热、耐溶剂等许多性能较 CTPO 法有很大提高，并且这种工艺较 CTPO 法的工艺流程短、能耗低、生产效率高、环保性能好。部分动态硫化产品的缺点是橡胶质量分数大于 50% 时，弹性体成为基体构成连续相，材料流动性大大降低，硬度偏高，注塑产品有明显的流痕。动态交联聚烯烃热塑性弹性体的制备方法如图 4-3 所示。

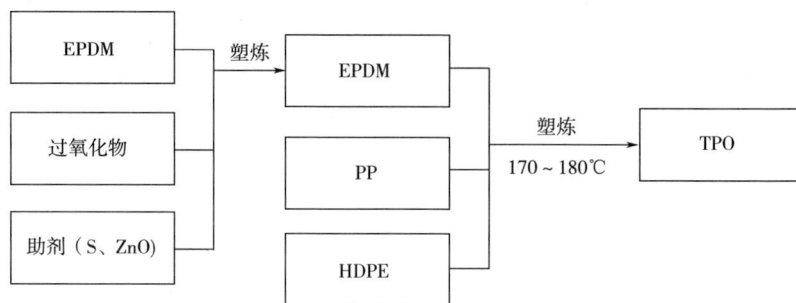

图 4-3　动态交联聚烯烃热塑性弹性体的制备方法

全动态硫化法生产的 TPV 中，橡胶组分的质量分数高达 60% ~ 70%，TPV 的强度、弹性、耐热性、抗压缩永久性、耐候性、抗冲击性能显著提高，热塑流动性好，耐疲劳、耐化学性及加工稳定性明显改善。全动态硫化技术使加工流变性能得到进一步改善，能够采用热塑性塑料的各种加工成型方法，如注射、挤出、吹塑等工艺进行加工。

（2）反应器型。RTPO 是在丙烯聚合反应器中先生成均聚丙烯，再逐步通入乙烯、丙烯，生成 PP 和 EPR 的嵌段共聚物。由于 RTPO 是在聚合反应过程中得到的，省去了合成橡胶粉碎及共混挤出过程，且乙烯单体较 EPDM 便宜，故成本较低。产品与 CTPO 相比具有较高的流动性和抗冲击性能。

Exxon Mobil Chemical 采用 EXXPOL 专利技术，在世界上首次生产出茂金属聚乙烯，开创了茂金属聚烯烃发展的新时代。由于茂金属催化剂具有理想的单活性中心，能够精确控制聚合物的分子量、共聚单体的含量及其在主链上的分布和结晶结构，从而获得高性能聚烯烃材料。

4.1.9.3　性能

（1）一般性能。为了说明 TPO 在各种软物质材料中的地位，表 4-3 列出了各种、软质材料的性能比较。TPO 在软质材料中比重最低，而且脆性温度低，低温性优良，耐热性仅次于聚氨酯类及酯类 TPE。

表 4-3　各种软质材料的性能比较

性能指标	TPO	TPS	TPU	软 PVC	EVA
比重	0.88~0.90	0.90~0.95	1.10~1.25	1.27~1.45	0.92~0.95
表面硬度（邵氏）	60HA~60HD	40HA~50HD	80HA~80HD	50~95HA	65~95HA
断裂强度 /（kg·cm^{-3}）	30~190	100~300	300~500	220~250	110~300
断裂伸长率 /%	200~600	500~1200	350~800	100~200	620~850
维卡软化点 /℃	50~150	90~110	105~175	56~90	40~90
脆性温度 /℃	−70	−60	−70	−20	−75

（2）热性能。TPO 与硫化橡胶比软化点虽略低，但高温下的压缩永久变形、耐热老化性优良，能在 −60~150℃的较宽温度范围内使用。各种软物质材料相比，加热压缩变形率的温度依赖关系小，绝对值也小，并且在高温下的压缩永久变形接近硫化橡胶，在 100~120℃范围内比硫化 EPDM 还优良。

（3）耐老化性。TPO 的耐老化性比软质 PVC、硫化 EPDM 优良，可以在高温下长期使用。软质 PVC、硫化 EPDM 产生热固性老化，硬度升高，而 TPO 的硬度变化小，根据阿仑乌尼斯公式推测热寿命，可在 100℃下连续使用 7 年。

（4）耐寒性。TPO 的脆性温度低达 −70℃以下，−40℃的艾佐德冲击强度是非破坏性的，具有优良的耐寒性。

（5）化学性能。TPO 的耐酸、碱、醇、酯等性能优良，但在汽油、煤油、矿物油、芳香族有机溶剂等非极性溶剂中膨润很大，使用时应当注意。

（6）电学性能。TPO 以烯烃类聚合物为组分，由于分子内无极性基团，所以电绝缘性优良。另外，TPO 的电性能与温度依赖性小。

4.1.10　丙烯酸树脂

4.1.10.1　概述

丙烯酸树脂（PMMA）是由丙烯酸和甲基丙烯酸或其衍生物（酯类、腈类、酰胺类）及其他烯类单体经聚合得到的。

因丙烯酸树脂单体分子结构中含有C=C不饱和双键、羧基及羧基衍生物，可以通过乳液聚合、悬浮聚合、单体聚合、溶液聚合等多种均聚或共聚的方式进行聚合。选用不同结构的单体、助剂、溶剂、配方、制备技术和生产工艺，可合成出应用于各个领域的不同类型、不同性能、不同用途但结构稳定的丙烯酸树脂。丙烯酸树脂已成为全球发展最快、功能应用最显著的一类树脂，是与国民经济发展和人民生活息息相关的材料。

丙烯酸树脂的化学结构式为（其中，R^1和R^2可为H、烷基或其他取代基，$-COOR^2$也可以是$-CN$、$-CONH_2$或$-CHO$等基团）：

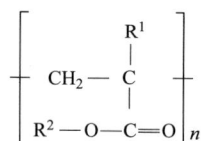

$$\left[\begin{array}{c} R^1 \\ | \\ CH_2-C \\ | \\ R^2-O-C=O \end{array} \right]_n$$

丙烯酸树脂的分类方法多样，以下是几种常见的分类方法。按热效应可分为热固性丙烯酸酯和热塑性丙烯酸酯；按形态可分为固态丙烯酸酯和液态丙烯酸酯；按反应类型可分为反应自交联型丙烯酸酯和自交联型丙烯酸酯；按用途可分为丙烯酸酯塑料、橡胶、胶黏剂、涂料、纤维、改性剂、添加剂等。其中以丙烯酸及其衍生物的聚合物或共聚物为基料的胶黏剂称为丙烯酸酯胶黏剂。丙烯酸酯胶黏剂具有优异的光学性能，具有保色、耐光和耐候性，不易氧化，对紫外线的降解作用也不敏感。

4.1.10.2 制备工艺

丙烯酸树脂最主要的聚合单体是丙烯酸类单体，包括丙烯酸酯和甲基丙烯酸酯，该类单体品种繁多，活性适中，可均聚，也可与其他烯属单体，如（甲基）丙烯腈、（甲基）丙烯酰胺、苯乙烯和乙烯基醚等共聚，得到性能各异的丙烯酸树脂。合成丙烯酸树脂的主要单体化学结构式如下（其中R^1为H或CH_3，R^2为烷基、环烷基或其他取代基）：

作为合成丙烯酸树脂的丙烯酸及其酯类单体，分子结构中含有α、β不饱和双键以及羧基结构，衍生加工能力强，可以通过本体聚合、乳液聚合、悬浮聚合或溶液聚合等多种聚合方式，均聚或共聚成塑性聚合物或交联聚合物，得到黏度、硬度、耐久性、玻璃化温度等性能各异、用途广泛的丙烯酸树脂产品。本体聚合反应适用于实验理论研究，如单体竞聚率的测定、动力学研究等，因不需要溶剂或介质就能进行反应，不仅方便后处理，而且避免了环境污染，丙烯酸树脂塑料基本都采用本体聚合。与本体聚合相比，溶液聚合体系黏度较低，混合和传

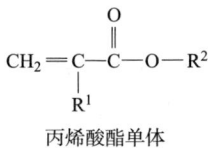

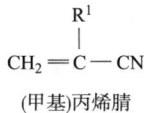

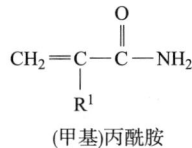

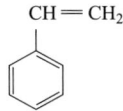

$$CH_2=C-C-O-R^2$$

O

R^1

丙烯酸酯单体

R^1

$CH_2=C-CN$

(甲基)丙烯腈

$$CH_2=C-C-NH_2$$

O

R^1

(甲基)丙酰胺

$CH=CH_2$

苯乙烯

$CH_2=CH-O-R^2$

乙烯基醚

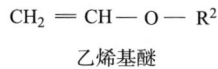

热较容易，温度容易控制，工业上多用于高聚物直接使用的场合，如涂料、胶黏剂、合成纤维纺丝液等。乳液聚合体系黏度低，易混合、易散热，既具有较高的聚合反应速率，又可以制得高分子量的聚合物，另外大多数乳液聚合过程都以水做介质，生产安全，环境污染问题小，且成本低廉，避免了采用昂贵的溶剂以及回收溶剂的问题。悬浮聚合体系黏度低，传热和温度容易控制，产品的分子量及分布比较稳定，杂质含量比溶液聚合少，后处理工序比乳液聚合和溶液聚合简单，生产成本低，用悬浮法制备丙烯酸树脂相对使用较少。

4.1.10.3　性能

丙烯酸树脂具有优异的物理、化学性能，而且由于与许多其他乙烯基单体容易共聚，因此能根据不同用途，通过共聚来改变聚合物性质。不同构型的丙烯酸树脂的性能见表 4-4。

表 4-4　不同构型丙烯酸树脂的性能

项目	无规立构	间同立构	全通立构
密度 / (g·cm^{-3})	1.188	1.19	1.22
玻璃化温度 /℃	104	115	45
熔融温度 /℃	—	大于 200	160
偶极矩	1.258~1.346	1.261~1.269	1.425~1.460
主链移动温度 /℃	108	105	42
侧链移动温度 /℃	30	32	—

（1）优良的装饰性和耐久性。丙烯酸树脂具有优越的耐久性，对涂层的表面具有很好的保护与装饰作用，并且在长期光照、雨淋条件下，不易变色、粉化或

脱落。

（2）涂层表面光洁，耐沾污性好。丙烯酸树脂表面光洁，具有较好的硬度和耐沾污性，涂层的沾污率在10%以下，其中高质量的有机硅改性的丙烯酸树脂的耐污率可在5%以下。因此，在大气污染较严重的城市，高质量的丙烯酸树脂尤其适用于高层建筑物的外墙装饰。

（3）施工范围宽。丙烯酸树脂对温度限制不严格，可以随地点、气候的变化进行溶剂比例的调整，实现对挥发速率的控制，以获得优质的涂膜。还可以根据施工条件的具体情况来调整配方，从而确定合适的玻璃化温度。

（4）成本低，性价比高。丙烯酸树脂的原料来源广泛，随着科技的快速发展，各类品种的制备工艺越来越成熟，制造成本随之降低，性能也日益优异。

4.1.11　氟碳树脂

4.1.11.1　概述

含氟树脂是指主链或侧链的碳原子上含有氟原子的合成高分子材料。它包括氟烯烃聚合物或氟烯烃和其他单体的共聚物两类。而由氟烯烃或氟烯烃和其他单体的共聚物为成膜物质的涂料，在欧美等西方国家称为氟碳涂料，在我国习惯称为含氟涂料或氟涂料。氟树脂的种类繁多，性能优异，这些均是氟原子提供的特殊性能。

氟碳树脂主要依据合成树脂所用单体的种类进行划分。合成树脂所用单体主要包括氟乙烯（VF）、偏二氟乙烯（VDF）、四氟乙烯（TFE）、六氟丙烯（HFP）等。通过不同单体的均聚或与其他烯烃单体的共聚来合成各种不同的氟树脂。在涂料领域经常使用的包括聚氟乙烯（PVF）树脂、聚偏二氟乙烯（PVDF）树脂、聚三氟氯乙烯（FEVE）树脂、聚四氟乙烯（PTFE）树脂等。

4.1.11.2　制备工艺

（1）PVDF树脂。PVDF树脂是含氟聚合物中在户外耐久性、耐酸雨及耐大气污染性、耐腐蚀性、抗沾污性及耐霉菌性等方面综合性能较好的一种，市场前景比较广阔。PVDF是一种高分子量的半晶体聚合物，是1，1-二氟乙烯（$H_2C=CF_2$，也称偏二氟乙烯）的加成聚合物。PVDF树脂可以采用乳液聚合、悬浮聚合和界面聚合等方法合成。

聚合引发剂主要是采用过硫酸盐和有机过氧化物两类。乳液聚合一般采用氟系的表面活性剂。采用二异丙基过氧化物或者β-羧基乙基叔丁基过氧化物做引发剂，以全氟辛酸盐为水溶性含氟表面活性剂，在80~100℃的聚合温度和

10~34MPa 的压力下进行。如果在无乳化剂的水性体系中进行反应，初期加入含有 1~3 个碳原子的酸酯类（如乙酸乙酯）作为链长度规整剂，可获得高光的 PVDF。

偏二氟乙烯在引发剂的作用下，通过自由基反应，可制得相对质量在 40 万 ~ 60 万，含氟 59.4%，含氢 3% 的半晶体聚合物。PVDF 树脂的分子量、分子量分布、聚合物链的不规则程度、结晶度及结晶方式将决定树脂的特性。

（2）PTFE 树脂是由 TFE 聚合而成的全氟聚合物。PTFE 可以使用 TFE 的气体或液体，通过 γ 射线辐射制备，由四氟乙烯气体聚合得到细分散粉末状 PTFE，由四氟乙烯液体聚合得到均匀的 PTFE 固体材料。在水性介质中可以通过两种不同的聚合方法得到两种不同类型的 PTFE 树脂，即悬浮聚四氟乙烯树脂和分散聚四氟乙烯树脂。

PTFE 水分散液是 TFE 在水中自由基引发聚合的，代表性的聚合条件是：反应温度为 70~120℃，压力为 1~6MPa，用水溶性引发剂（如过硫酸铵、碱金属高锰酸钾盐或琥珀酸过氧化物）或辐射引发聚合，在聚合过程中温和地搅拌，添加全氟辛酸铵乳化剂，得到平均粒径为 0.2μm 的水分散体，在聚合中可以添加类似保护胶体的助剂（如碳氢蜡）以防止凝聚。工艺过程属于乳液分散聚合，所得分散体的固体量一般在 20%~30%。

（3）FEVE 树脂聚合过程属溶液型自由基聚合，是五元共聚。其反应单体在引发剂作用下，不饱和双键产生自由基，发生链引发、链增长、链终止，并在一定温度、压力下进行自由基共聚而得到具有一定分子量的氟树脂。每一种乙烯基单体提供给树脂不同的功能基团，三氟氯乙烯提供树脂的耐候性，烷基乙烯酯提供树脂的溶解性、耐水性、硬度和光泽，羟基醚提供树脂的交联性和基材的附着性，羧基提供涂料的颜料分散性，形成专用的 FEVE 树脂体系。FEVE 树脂具有低温烧结的特点，烧结温度小于 200℃，解决了 PTFE 膜结构材料烧结成型温度高、能量消耗大，安全生产要求高的难题。

4.1.11.3　性能

氟碳树脂的氟碳键特点是原子半径小、极化率小、电负性较大，因此 C—F 键的键距小、键能大、极性小，所以氟碳树脂的主要特点就是具有较好的耐热性、耐化学品性、耐酸性、防水防油性，表面张力小。

（1）吸水性和透湿性。氟碳树脂的吸水率和透湿率几乎为零。特别是聚三氟乙烯在塑料中具有最低的吸湿性。

（2）具有极好的化学惰性，除熔融态的碱金属及少数卤素氟化物外，能抵御几乎所有的化学物质。

（3）具有极好的热稳定性，可在260℃高温下长期使用，还能适应低温环境。

（4）具有较好的机械强度，摩擦系数低，但是制品在应力下易发生松弛。

（5）具有极好的介电性能和耐辐射性能。

（6）在所有聚合物中表面能最低，具有自清洁、自润滑性和不黏性。

4.1.12 有机硅树脂

4.1.12.1 概述

有机硅树脂是指一种以 Si—O—Si 为主链，且硅原子上连接有其他有机基团的交联型高分子聚合物，有机基团可以是甲基、苯基等，也可以是有机硅化合物中的一种。有机硅树脂具有良好的耐潮湿性、绝缘性、耐化学腐蚀性、抗氧化性和良好的耐温性，因此作为耐高温、耐腐蚀胶粘剂而被广泛使用，普通有机硅树脂的耐温范围为 300 ~ 400℃。有机硅树脂的化学结构式如下：

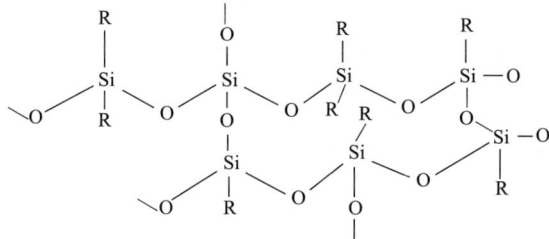

4.1.12.2 制备工艺

有机硅树脂的制备主要是根据不同的需要来改变制备配方，一般有机硅树脂制备是以有机氯硅烷单体（结构式为 R_nSiCl_{4-n}，$n=2$ 或 3，R 为甲基或苯基）为原料，经醇解、水解、浓缩、缩聚制成。有机硅树脂的制备根据反应类型可分为三种：缩合型、催化加成型和过氧化物氧化型。

（1）缩合型。这类有机硅树脂的制备主要指硅醇之间或者硅醇与硅烷之间通过缩合一部分小分子物质（如 H_2O 或 H_2 等）来制备有机硅树脂，反应机理如下：

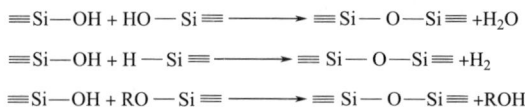

$$\equiv Si—OH + HO—Si \equiv \longrightarrow \equiv Si—O—Si \equiv + H_2O$$
$$\equiv Si—OH + H—Si \equiv \longrightarrow \equiv Si—O—Si \equiv + H_2$$
$$\equiv Si—OH + RO—Si \equiv \longrightarrow \equiv Si—O—Si \equiv + ROH$$

采用缩合型制备方法制备有机硅树脂具有很多优点，如耐热性优异、强度高、黏结性良好以及成本低廉，使这种方法在制备有机硅树脂胶粘剂时优势明显。但缩合型制备方法也有一定的局限性，如反应过程中容易发泡，而且控制反应程度较难。但目前有机硅树脂胶粘剂的主要制备方法仍然是缩合法。

（2）催化加成型。这类制备主要是通过催化剂的作用使化学键断裂，将硅烷加成到断裂链上，从而制得分子量较高的有机硅树脂，反应机理如下：

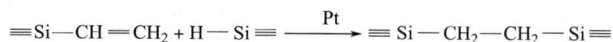

$$\equiv Si—CH=CH_2 + H—Si \equiv \xrightarrow{Pt} \equiv Si—CH_2—CH_2—Si \equiv$$

相对于缩合型制备方法来说，催化加成型制备法解决了缩合法易发泡的缺点，而且制备出的有机硅树脂形变小，但是由于需要利用催化剂进行反应，因此催化剂易中毒，这是该方法无法避免的劣势。

（3）过氧化物氧化型。这类有机硅树脂制备时是在无溶剂下进行的，避免了溶剂对有机硅树脂性能的影响。这类制备方法没有缩合型和催化加成型的缺点，而且制备的有机硅树脂可以在低压下固化，能够长时间储存。但是仍有一定的缺点，即空气会影响树脂固化，这也是这类制备方法不如缩合法应用广泛的原因，其反应机理如下：

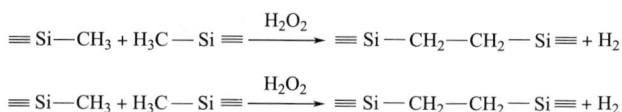

$$\equiv Si—CH_3 + H_3C—Si \equiv \xrightarrow{H_2O_2} \equiv Si—CH_2—CH_2—Si \equiv + H_2$$
$$\equiv Si—CH_3 + H_3C—Si \equiv \xrightarrow{H_2O_2} \equiv Si—CH_2—CH_2—Si \equiv + H_2$$

4.1.12.3　性能

有机硅树脂是高度交联的网状结构聚有机硅氧烷，兼具有有机树脂与无机材料的特点，具有优良的耐热性、电绝缘性、力学性能、耐候性、耐化学腐蚀性及疏水性等。

（1）耐热性。硅树脂最突出的性能之一是优异的热氧化稳定性。这主要是由于硅树脂是以 Si—O—Si 为骨架，分解温度高，它可以在 200~250℃下长期使用而不分解或变色，短时间可耐 300℃，若配合耐热填料能耐更高温度。

（2）电绝缘性。在常态下硅树脂漆膜的电气性能与电气性能优良的有机树脂相近，但在高温及潮湿状态下，前者的电气性能则优于后者。

（3）力学性能。由于有机硅分子间作用力小，有效交联密度低，因此硅树脂的机械强度（弯曲、抗张、冲击、耐擦伤性等）较弱。硅树脂薄膜的硬度和柔韧性可以通过改变树脂结构而在很大范围内调整，以适应使用的要求。提高硅树脂的交联度，可以得到高硬度和低弹性的漆膜。

（4）耐候性。硅树脂具有突出的耐候性，是任何一种有机树脂所望尘莫及的。即使在紫外线强烈照射下，硅树脂也不易泛黄。

（5）耐化学腐蚀性。由于硅树脂不含极性取代基，且为立体网状结构，并且具有更少的 S—C 键（即更多的 Si—O 键），因而硅树脂的耐化学药品性能优于硅油及硅橡胶，但并不比其他有机树脂好。硅树脂在 25℃ 下可耐浓酸和稀碱，但不耐强碱，对一些氧化剂及某些盐类也比较稳定。

（6）疏水性。有机硅中有机基团朝外排列及不含极性基团的结构决定了硅树脂具有优良的疏水性，它对水的接触角＞90°，因此被广泛用作防水材料。

4.1.13 橡胶

4.1.13.1 概述

橡胶有两大类：一类是由橡胶树汁经凝聚干燥制得的天然橡胶，另一类是由低分子量单体经聚合（或共聚）而成的（人工）合成橡胶。天然橡胶是从巴西橡胶树上采集的树胶制成的，一般在树龄 5~7 年的橡胶树皮上倾斜切口后采得乳胶，然后经防腐（加入氨、甲醛、亚硫酸钠等）和凝固干燥等处理过程制备成固体橡胶。天然橡胶的化学结构式为：

为了满足社会对弹性材料日益增长的需求，各种合成橡胶被研究开发出来，如二烯橡胶、丁苯橡胶、氯丁橡胶、丁腈橡胶、聚硫橡胶和丁基橡胶等。橡胶有多种分类方法，图 4-4 为橡胶热性能、来源、组成、结构和用途的框架式分类。

另外，橡胶树脂还可用作胶黏剂，橡胶胶黏剂是一类以氯丁橡胶、丁腈橡胶、丁基橡胶、硅橡胶等合成橡胶或天然橡胶为主体材料配制成的胶黏剂。它具有弹性，适用于柔软的或热膨胀系数相差较大的材料，例如橡胶与金属、塑料、织物、皮革、木材等材料之间的粘接。在飞机制造、汽车制造、建筑、轻工、橡胶制品加工等领域有着广泛的应用。

4.1.13.2 制备工艺

天然橡胶和合成橡胶是低分子单体通过生物合成及化学合成反应制备的。单体架构是组成橡胶分子的结构单元。橡胶的种类很多，所以单体的品种及类型也很多。合成橡胶的主要单体见表 4-5。

橡胶弹性体
- 热固性橡胶
  - 天然橡胶(NR)
  - 合成橡胶
    - 通用合成橡胶
      - 丁苯橡胶(SBR)
      - 丁二烯橡胶
      - 异戊橡胶(IR)
      - 乙丙橡胶(EPDM)
      - 氯丁橡胶(CR)
      - 丁基橡胶(IIR)
    - 特种合成橡胶
      - 丁腈橡胶(NBR)
      - 丁苯吡啶橡胶(PSBR)
      - 氯醚橡胶(CO)
      - 丙烯酸酯橡胶(ACM)
      - 聚硫橡胶(T)
      - 硅橡胶(Q)
      - 氟橡胶(FPM)
- 热塑性弹性体
  - 苯乙烯类TPE
  - 聚烯烃类TPE(POE)
  - 聚氨酯类TPE(PUE)
  - 聚醚酯类TPE
  - 橡胶/塑料共混物

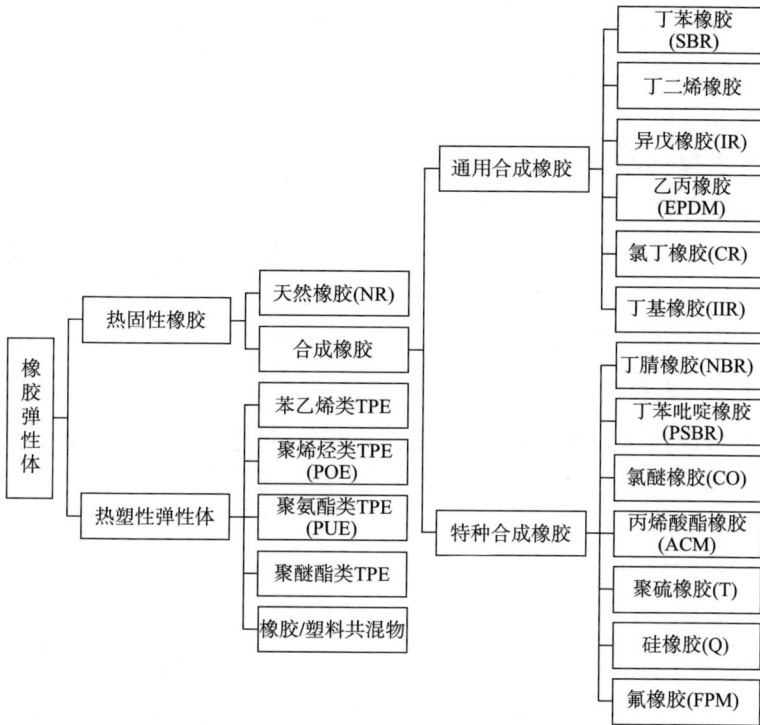

图 4-4　橡胶的框架式分类

表 4-5　合成橡胶的主要单体

名称	分子式	名称	分子式
乙烯	$H_2C\!=\!CH_2$	异戊二烯	$H_2C\!=\!C(CH_3)\!-\!CH\!=\!CH_2$
丙烯	$H_2C\!=\!CH\!-\!CH_3$	氯丁二烯	$H_2C\!=\!C(Cl)\!-\!CH\!=\!CH_2$
异丁烯	$H_2C\!=\!C(CH_3)_2$	二元胺	$H_2N\!-\!R\!-\!NH_2$
苯乙烯	$H_2C\!=\!CH(C_6H_5)$	二元酸	$HOOC\!-\!R\!-\!COOH$
丙烯腈	$H_2C\!=\!CHCN$	二元醇	$HO\!-\!R\!-\!OH$
甲基丙烯酸甲酯	$H_2C\!=\!C(CH_3)_2COOCH_3$	二氯二烷基硅	$H_3CSi(Cl)_2CH_3$
丙烯酸酯	$H_2C\!=\!CHCOOR$	环氧丙烷	$\underset{\displaystyle O}{H_2C\!-\!CH\!-\!CH_3}$
四氟乙烯	$F_2C\!=\!CF_2$	环氧乙烷	$\underset{\displaystyle O}{H_2C\!-\!CH_2}$
三氟氯乙烯	$F_2C\!=\!CFCl$	二异氰酸酯	$OCN\!-\!R\!-\!NCO$
1,3-丁二烯	$H_2C\!=\!CH\!-\!CH\!=\!CH_2$	环氧氯丙烷	$\underset{\displaystyle O}{H_2C\!-\!CH\!-\!CH_2Cl}$

橡胶的合成反应可分为三种类型。第一种是加成聚合反应（加聚反应），烯烃和双烯烃单体通过打开双键相互连接而形成高聚物，反应机理主要是连锁聚合反应，多数合成橡胶是加聚反应的产物，如丁苯橡胶、氯丁橡胶、丁腈橡胶、顺丁橡胶和异戊橡胶等。第二种是缩合聚合反应（缩聚反应），是具有两个或两个以上官能团的单体相互作用而逐步生成高聚物，反应机理主要是逐步聚合反应，如硅橡胶、聚硫橡胶等特种橡胶均是通过缩聚反应制备的。第三种是开环聚合反应，是以环状化合物为单体经开环聚合而生成高聚物，反应机理可以是逐步聚合反应，也可以是连锁反应，一般环状化合物单体含有一个以上的杂原子（如O、N、S、P等），某些杂链结构的橡胶，如氯醚橡胶等，是通过开环聚合制备的。合成反应的条件和反应机理是极为复杂的问题，每种合成方法随所用单体以及引发剂、催化剂、调节剂、乳化剂等助剂的不同，可以合成出不同结构和性能迥异的橡胶材料。

4.1.13.3 类别及其性能

（1）天然橡胶。天然橡胶是生物合成的产物。由于化学组成、分子结构及分子量与分布等方面的特征，使其综合物理性能比合成橡胶优越，应用面更加广泛。例如，天然橡胶是一种结晶型的高分子，在形变下易产生诱导结晶，具有很好的力学性能和加工性能。纯胶硫化胶的拉伸强度为17~25 MPa，炭黑补强的硫化胶可达到25~35 MPa；具有良好的高弹性，弹性模量为2~4MPa，回弹率可达85%以上，弹性伸长率可达100%；但天然橡胶的不饱和度较高，化学性质较活泼，耐老化性能差。

（2）丁苯橡胶。丁苯橡胶是合成橡胶中消耗量最大的胶种。丁苯橡胶分子链中单体单元是无规排列，含有苯环，体积效应大，不能结晶，是非晶高分子材料。1500丁苯橡胶是最具有代表性的丁苯橡胶品种，加工性、黏着性和物理性能好。溶聚丁苯橡胶是一种滚动阻力很小、抗湿滑性和耐磨性较好的胶种。与乳液聚合丁苯橡胶相比，溶聚丁苯橡胶具有分子量分布窄、支化结构少、顺式含量高和非橡胶成分低等特点。

（3）异戊橡胶。异戊橡胶具有许多与天然橡胶类似的特性，如优良的弹性、耐磨性、耐热性（超过天然橡胶）和低温屈挠性。但是，生胶的强度和加工性能等不如天然橡胶。异戊橡胶的分子量及分布因催化剂体系和聚合条件的不同而不同，平均分子量较天然橡胶低，且成单峰分布。

（4）丁基橡胶。丁基橡胶最明显的特点是耐透气性、耐热和耐臭氧性能均好于天然橡胶和丁苯橡胶等通用橡胶。丁基橡胶分子链具有高度的饱和性，而且分子链中由于甲基密集排列，降低了链的柔顺性。这些结构特殊性使丁基橡胶具有优良的耐候性、耐热性、耐碱性，特别是具有气密性好、阻尼大、易吸收能量等性能。

（5）乙丙橡胶。由于乙丙橡胶主链是饱和碳链，分子链中无极性取代基，仅在侧链中含有少量双键。因此分子间内聚能低，分子链柔顺性好，具有极高的化学稳定性。在通用橡胶中，乙丙橡胶是耐老化性能最好的。

（6）丁腈橡胶。丁腈橡胶具有强极性；抗静电好，可制作抗静电制品；耐热性和耐老化性能较好；对碱和弱酸具有良好的抗耐性，但对强氧化性酸的抵抗能力较差；气密性仅次于丁基橡胶。

（7）硅橡胶。硅橡胶具有卓越的耐高低温性、优异的耐臭氧和耐候性、优良的电绝缘性和透气性以及特殊的生理惰性和生理老化性能。硅橡胶也可用作胶黏剂，但硅橡胶由于分子间的相互作用力弱、内聚能低，因此生胶的胶接强度不高，需配合适当的补强填料、交联剂、催化剂和其他助剂。室温硫化硅橡胶胶黏剂不用加热，在室温下即可硫化，生成的胶层具有硅橡胶的优异性能，使用方便，工艺简单，受到人们青睐。

4.1.14　其他树脂

4.1.14.1　聚酰胺树脂

聚酰胺（polyamide，PA），其化学结构与锦纶类似，是分子链上含有重复酰胺基团（—NHCO—）的树脂的总称。聚酰胺最早由美国杜邦公司开发成功，后来又开发出注塑级产品。聚酰胺树脂具有良好的力学性能、耐热、耐磨损、耐化学性、阻燃性和自润滑性，而且易加工、摩擦系数低，特别适用于玻璃纤维及其他材料增强改性。

4.1.14.2　聚甲醛树脂

聚甲醛（polyoxymethylene，POM）是一种表面光滑、有光泽的硬而致密的材料，通常呈淡白色或黄色，是一种常见的煤化工产品。聚甲醛分子主链中含有—CH$_2$O—链节，是一种高密度、高结晶性的线性聚合物。与其他工程热塑性塑料相比，聚甲醛在成本和数量方面具有很大的优势。聚甲醛树脂具有突出的机械强度和冲击韧性、优异的耐化学性、良好的抗疲劳性以及独特的自润滑特性，使其成为最重要的热塑性工程塑料之一。

4.1.14.3　聚砜树脂

聚砜（polysulfone，PSF）是一种非晶性热塑性材料，其分子主链中含有砜基、醚基及芳环结构，通常包括双酚 A 聚砜、聚苯砜和聚醚砜三类品种。PSF 是略带琥珀色非晶型透明或半透明聚合物，力学性能优异、刚性大、耐磨，在高温下能保持优良的力学性能，长期使用温度为 160℃，短期使用温度为 190℃，热稳定性高，耐水解，尺寸稳定性好，成型收缩率小，无毒，耐燃；在宽广的温度和电频率范围内有优良的电性能；化学稳定性好，除浓硝酸、浓硫酸、卤代烃外，能耐一般酸、碱、盐，在酮、酯中溶胀。耐紫外线性能较差，耐疲劳强度差是其主要缺点。由于聚砜树脂具有优良的耐热性、物理力学性能、化学稳定性、阻燃性等特点，已被广泛应用于电器、机械设备、交通运输、航空航天、医疗器械等领域。

4.1.14.4　聚苯硫醚树脂

聚苯硫醚（polyphenylene sulfide，PPS）的化学名称为聚苯撑硫或聚对一次苯基硫醚。线型聚苯硫醚树脂是结晶性聚合物，PPS 化学结构式为：

由于其分子链是由苯环经硫原子连接起来的刚性结构，因此具有某些独特的性能，聚苯硫醚树脂不仅具有一般工程塑料的性能，而且具有很高的热稳定性、卓越的耐化学腐蚀性、良好的耐燃性、无毒，能与许多金属和非金属材料很好地粘结，还能与许多高分子材料共混，可作为耐高温结构材料和耐高温绝缘材料使用，也可用作石油化学化工材料的耐热防腐涂层以及橡胶、塑料加工工业和食品工业的不沾性涂层。

4.1.14.5　聚醚醚酮树脂

聚醚醚酮（polyetheretherketone，PEEK）是聚芳醚酮类物质中商业化最重要的品种之一，PEEK 化学结构式为：

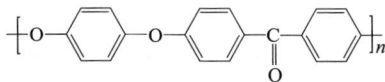

PEEK 树脂凭借出色的耐高温、机械、耐腐蚀和摩擦学等性能，在航空航天、汽车、机械制造以及石油化工等领域的应用不断深化，成为 21 世纪最有吸引力的高性能材料之一。

4.1.14.6　丙烯腈—丁二烯—苯乙烯共聚物树脂

丙烯腈—丁二烯—苯乙烯共聚物（acrylonitrile—butadiene—styrene copolymer，ABS）是由丙烯腈（A）、丁二烯（B）和苯乙烯（S）组成的三元共聚物，具有韧性强、质硬和刚性好等均衡综合性能，是一种性能优良的通用型工程热塑性塑料，又称 ABS 树脂，ABS 树脂化学结构式为：

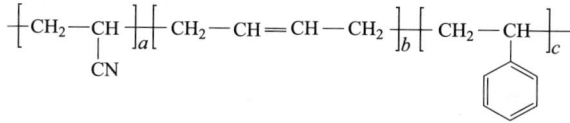

$$\left[CH_2-CH\atop CN\right]_a\left[CH_2-CH=CH-CH_2\right]_b\left[CH_2-CH\right]_c$$

ABS 树脂中，A 所占重量比为 0.4~0.7，B 为 0.2~0.3，S 为 0.05~0.4。其中，A 提供耐化学性和热稳定性；B 提供韧性和抗冲击性；S 赋予材料刚性和易加工性。ABS 树脂为浅黄色粒状或粉状不透明树脂，无毒、无味、质轻、相对密度低，具有优良的耐冲击性、良好的低温性能和耐化学性，光泽度好，易于涂装和着色。ABS 树脂的缺点是可燃，热变形温度较低和耐候性较差。

4.2 树脂改性

随着科学技术的日益进步，对树脂材料、制品提出广泛而又多功能的要求越来越高。例如，有些工程构件、工业配件、电子电气工业、汽车制造工业等部件，要求塑料材料既耐高温，又易于加工成型；既要有良好的韧性，又要有较高的硬度；既要有良好的刚性，又要有卓越的抗冲击强度；既要达到阻燃效果，又要具有绝缘性能；既要综合性能好，又要价格低廉等。单一的均聚树脂很难同时满足多样化、高品质的要求，而经过技术工艺改性则可把性能有限的单一树脂改变成为多种功能的新型材料，从而满足不同领域、不同层次、不同性能的需求，生产制造轻质、高强度、耐高温、耐辐射、易加工成型的新型改性树脂材料，扩大其应用领域，为现代科学技术及人类生活做出有益的贡献。

树脂改性是指通过物理、化学或者物理和化学相结合的方法，使树脂性能得到改善或发生变化，或者赋予树脂材料新的功能。树脂改性的方法很多，大致可分为化学改性和物理改性两大类。化学改性是指在改性过程中聚合物分子链的主链、支链、侧链及分子链之间发生化学反应的一种改性方法；物理改性是指依靠物理混合过程，通过不同组分之间的物理作用，使整个组分发生形态变化的改性方法。与化学改性相比，物理改性更实用、经济，且改性设备相对简单，可以在加工企业中"就地"自行实现，因而被企业广泛采用。因此，本节将重点介绍树脂的物理改性方法，包括共混改性、填充改性、增强改性等。

4.2.1 共混改性

由两种聚合物或多种聚合物（均聚物或共聚物，包括塑料、橡胶和热塑性弹性体等）在加工设备中混合与混炼，在机械剪切力和物理力与热的作用下，改变原有材料的性能，形成新的聚合物共混物，称为共混改性。采用这种方法制得的树脂，叫做共混改性树脂。由于聚合物共混物是一个多组分体系，又称聚合物合金或高分子合金。通过共混改性，可以实现综合各组分性能、改善加工性能、赋予聚合物特殊功能及降低成本等目的。

（1）综合各共混组分性能。将两种或多种聚合物中各组分的性能取长补短，消除各单一聚合物组分性能上的弱点，择其优去其劣，获得综合性能更理想的新材料。例如，将 PVC 与 PE 共混，可以提高制品的阻燃性能；PVC 具有高强度、耐酸碱腐蚀、难燃等优点，且软、硬制品均可加工；PVC 的缺点是热稳定性差、受热易分解，与 ABS 共混，可以综合 ABS 的优点，具有抗冲击强度高、热稳定性能好、加工性能优良等特点，达到取长补短的目的。

（2）改善加工性能。有的树脂熔体流动指数非常低，有的树脂成型加工难度大。大多数树脂熔点高、流动性能较差，采用共混改性技术可以有效地解决。例如，难熔难溶的聚酰亚胺与少量熔融流动性良好的聚苯硫醚共混，共混后大大地改善了材料的加工性能，可以比较容易地实现注射成型，又不影响聚酰亚胺耐高温和高强度的特性。

（3）赋予聚合物特殊功能。加入部分树脂共混，赋予聚合物共混物特殊的性能，使其成为具有特殊功能的新型共混材料，如光学性、导电性、抗静电性、阻隔性、感光性、吸水性、吸油性、电磁屏蔽等，其功能因聚合物分子结构中所含的功能基团不同而异。

（4）降低成本。在树脂原料中，价格有平价有昂贵。价格昂贵的高档工程塑料可以通过与通用树脂共混，在不影响使用要求条件下切实可行地降低原料及产品成本。例如，聚碳酸酯（PC）、聚酰胺（PA）与聚烯烃共混改性，既可保持原聚碳酸酯、聚酰胺材料的基本性能，又能降低共混体系的成本。

4.2.2 填充改性

树脂填充改性是指在树脂成型过程中，加入一定量的无机物或有机物填料，目的是降低产品成本，或使制品的某些性能得到改善，或赋予填充材料一些特殊功能。填充改性是企业最常用的物理改性方法之一，可显著地改善树脂的机械性能、耐摩擦性能、热学性能、耐老化性能、尺寸稳定性等。采用特殊的填充材料，产品可获得阻燃、导电、抗静电、耐老化等功能，既经济又方便，也比较容易实现工业化生产。

填充改性中填料的类别、性质、粒径、工艺、设备、添加量和表面处理等因素，将会影响改性材料的性能和改性的综合效果。树脂填充改性的无机填料大部分都是价格比较便宜的粉体，在降低成本的同时，也会导致产品某些性能的下降，如果加入填料过多，甚至会造成材料冲击强度大幅度下降，透明性、表面光泽度及加工成型性明显变差。填充改性的另一个目的是赋予改性材料新的功能。

树脂填充改性材料的性能与改性效果，取决于基材树脂的性能以及填料种类、形态、浓度及分散状态等因素。填料不论是天然矿物、工业废渣，还是人工制造或是现成物质，都不可能是完全纯净的，通常都含有杂质和水分。填料品种很多，其化学组成、物理性能、结构、粒径大小、几何形状、比表面积、吸油量、硬度等都会对填充改性聚合物的性能造成很大影响。按照填料的化学结构及特性，将其分为无机填料、有机填料、金属粉末填料、复合填料和纳米粉末填料几类。

4.2.3 增强改性

凡通过添加纤维状增强材料、片状填充料或金属粉末等增强材料，与高聚物树脂进行共混、共聚以及工艺的变革手段，使树脂的力学性能得到显著提高的改性方法，均称为增强改性。增强改性树脂最早的品种叫玻璃钢，玻璃钢是以玻璃纤维为主要增强热固性树脂的制品。增强改性树脂具有质轻、减震、高强、绝缘、耐热、耐腐蚀等优异性能，易操作、成型工艺简单等特点。增强材料在树脂中最重要的作用就是提高制品的机械强度。根据其作用机理，大致可分为桥联作用、传能作用、增强作用和增黏作用。

（1）桥联作用。增强材料经过表面活化处理，作为填料在聚合物材料中能通过分子间力或化学键力与聚合物相结合，将材料自身的特殊性能与聚合物树脂的基本性能融为一体，取长补短。在增强材料与聚合物相互结合的作用中，起主要作用的是分子间力。要增大分子间力，要求选用极性材料，增大固有偶极和诱导偶极。材料按一定的比例，设法增大增强材料与聚合物树脂的界面接触，促使增强材料与聚合物分子间作用力更好地作用。只有两者亲和力好，才能达到增强改性的目的。

（2）传能作用。由于增强材料与聚合物树脂之间的桥联结合，聚合物树脂中某一分子链受到应力时，应力通过这些桥联点向外传递扩散，从而起到传能作用。

（3）增强作用。在增强材料与聚合物材料结合的应力作用下，如果发生了某一分子链的断裂，与增强材料紧密结合的其他链可起到加固作用而不致迅速危及整体，起到增强的作用。

（4）增黏作用。聚合物中加入经表面处理后的增强材料，促使聚合物体系的黏度增大，从而增大了内摩擦。当材料受到外力作用时，内摩擦可以吸收更多的能量，增大抗撕裂、耐磨损性能，从而起到增强的作用。

4.3　本章小结

本章主要介绍了纺织结构柔性复合材料中常用的树脂材料以及对应的制备方法及其性能特点。同时介绍了树脂常用的改性方法，包括共混改性、填充改性和增强改性。对于柔性复合材料来说，胶黏剂也是重要的一部分，本章对可用作胶黏剂的树脂也进行了相关的描述。

参考文献

［1］刘岭梅. 悬浮法 PVC 工程技术进展［J］. 化工文摘，2001（5）：39.

［2］王明忠. 乳液法 PVC 生产过程中凝胶的产生及预防措施［J］. 聚氯乙烯，2009，37（6）：45–49.

［3］苑会林，娄庆. 聚氯乙烯共混改性研究［J］. 工程塑料应用，2002，30（2）：8–10.

［4］CHEN S W K. Study on mechanical properties of GF/PVC with CPE and ACR［J］. Advanced Research on Material Engineering:Chemistry and Environment，2013，7（88）：81–84.

［5］王文玲. 高分子材料的阻燃方法分析［J］. 工程技术研究，2016（6）：101.

［6］邓艳. 现代建筑膜结构材料在我国的开发及应用［J］. 产业用纺织品，2004，22（4）：1–3.

［7］潘巧灵，蒋金华，唐渝思，等. 球形陆基充气天线球面材料力学性能研究［J］. 玻璃钢/复合材料，2014（11）：77–81.

［8］张伍连，丁辛，杨旭东. 机织建筑膜材料的广义 Kelvin-Voigt 蠕变模型［J］. 天津工业大学学报，2011，30（4）：19–22.

［9］侯佳佳，陈南梁，蒋金华，等. 涤纶高密双轴向经编增强 PVC 膜材粘弹性本构关系［J］. 玻璃钢/复合材料，2019（12）：11–17.

［10］ARUKULA R，RAO C，NARAYAN R，et al. Catalytically active hybrid polyurethane with tetraaniline pendant groups:Synthesis，properties and self assembly［J］.Polymer，2015，77（3）:

34–44.

[11] 王士才，李宝霞. 玻纤 RIM—PU 增强复合材料的研制及性能研究［J］. 材料导报，1997，（3）：65–70.

[12] 涂闽. 拜耳材料科技最新推出聚氨酯系列产品［J］. 上海化工，2007，32（8）：30.

[13] YEGANEH H, TALEMI P H, JAMSHIDI S. Novel method for preparation of polyurethane elastomers with improved thermal stability and electrical insulating properties［J］. Journal of Applied Polymer Science, 2007, 103（3）：1776–1785.

[14] 詹中贤，朱长春. 影响热塑性聚氨酯弹性体力学性能的因素［J］. 聚氨酯工业，2005，20（1）：17–20.

[15] KIM J H, KIMGH. Effect of rubber content on abrasion resistance and tensile properties of thermoplastic polyurethane（TPU）/rubber blends［J］. Macromolecular Materials and Engineering, 2014, 22（5）：523–530.

[16] EL-SHEKEIL Y A, SAPUAN S M. Effcct of alkali treatment on mechanical and thermal properties of kenaf fiber-reinforced thermoplastic poluurethane composite［J］. Journal of Thermal Analysis and Calorimetry, 2012, 109（3）：1436–1443.

[17] ZHANG X, JIN Z, LIUX, et al. The study of regenerted cellulose films toughened with thermoplastic polyurethane elastomers［J］. Cellulose, 2012, 19（12）：1–6.

[18] 赵敏，高俊刚，邓奎林，等. 改性聚丙烯新材料［M］. 北京：化学工业出版社，2002.

[19] 张玉龙. 通用塑料改性手册［M］. 北京：化学工业出版社，2006.

[20] 内罗·帕斯奎尼. 聚丙烯手册（原书第 2 版）［M］. 胡有良，译. 北京：化学工业出版社，2008.

[21] 杜娟王，孙凯英. 限制几何构型催化剂气相法生产 EPDM 的性能［J］. 橡胶参考资料，2004，34（4）：35–47.

[22] 汪晓鹏. 超高相对分子质量聚乙烯的改性研究进展［J］. 上海塑料，2015，10（4）：121–127.

[23] 刘俊李. 聚丙烯的改性研究进展［J］. 广东化工，2010，37（1）：49–52.

[24] 范吉昌，李莹莹. 聚丙烯增韧改性研究［J］. 现代塑料加工应用，2006，18（4）：8–10.

[25] 厉蕾，颜悦. 丙烯酸树脂及其应用［M］. 北京：化学工业出版社，2012.

[26] 江建安. 氟树脂及其应用［M］. 北京：化学工业出版社，2014.

[27] 苏狄. PVDF 氟树脂涂料的组成与性能研究［D］. 上海：复旦大学，2011.

[28] 刘兰轩. 低表面能防腐耐候氟碳涂料的研究［D］. 武汉：机械科学研究总院，2006.

[29] 徐清钢. 有机硅树脂的制备与改性研究［D］. 济南：山东轻工业学院，2010.

[30] 焦书科. 橡胶化学与物理导论［M］. 北京：化学工业出版社，2009.

[31] 张玉龙，齐贵亮. 橡胶改性技术［M］. 北京：机械工业出版社，2006.

[32] 罗运军，桂红星. 有机硅树脂及其应用［M］. 北京：化学工业出版社，2002.

[33] 倪玉德. FEVE 氟碳树脂与氟碳涂料［M］. 北京：化学工业出版社，2006.

[34] 童忠良. 胶黏剂最新设计制备手册［M］. 北京：化学工业出版社，2010.

[35] 傅政. 橡胶材料及工艺学［M］. 北京：化学工业出版社，2013.

第5章　复合成型加工技术及其特点

　　纺织结构柔性复合材料的性能在增强体织物与树脂基体确定后，主要决定于成型加工工艺。柔性复合材料在成型过程中会发生组分的物理化学变化，过程十分复杂，因此对其成型的工艺方法、工艺参数、工艺过程等依赖性较大。如何选择成型方法是组织生产的首要问题，由于复合材料及其产品是一步到位生产出来的，因此在选择成型工艺方法时，必须同时满足材料性能、产品质量和经济效益等多种因素的基本要求。

　　对于纺织结构柔性复合材料，织物作为基材，其原料和组织结构决定了成型后整个复合材料的物理性质，例如，撕破强度、拉伸强度、伸长率和尺寸稳定性等；而聚合物基体的种类则主要控制成型后整体的化学性质，例如，防水、阻燃、抗氧化等；还可赋予复合材料一定的功能性，例如，吸波、过滤、防紫外线等。然而，许多性质是由两者共同决定的，因此需整体考虑最终产品应具有的性质，慎重选择织物基材和聚合物基体。

5.1　刮刀涂层技术

5.1.1　成型原理

　　刮刀涂层是将织物拉平，形成均匀的平面，在静止的刮刀下通过，通过刮涂的方式在增强体织物表面覆盖一层基体材料，经烘干后形成纺织柔性复合材料的一种方法，也称为悬浮刮刀技术或悬空刮刀技术。其中，涂布辊是涂布系统的重要组成部分和基本元件。

5.1.2　技术特点

　　当织物在匀速向前运动时，通过刮刀的作用将聚合物基体均匀地涂覆在织物表面，不仅可以保留原有织物基材的力学性能，而且可以在此基础上赋予织物一些其他特殊的化学和功能性能，如防水性能、抗老化性能和防污性能等，这大大增加了成型后复合材料整体性能的价值。整个工艺流程中，基体的涂覆量是影响纺织结构柔性复合材料性能的一个重要参数。涂层太厚，成本高，且织物的撕破强度降低；涂层太薄，织物的防水性能等达不到要求。涂覆量与涂层过程中的工艺参数密切相关，主要影响因素有刮刀与织物之间的角度、刮刀截面形状、织物张力、树脂黏度、烘箱温度及织物基材自身形态等。悬浮刮刀涂层机（图 5-1）是完成刮刀涂层工艺的主要装备，其结构简单，价格低廉，适用面广，广泛用于生产产业用涂层织物。但是，其连续化、自动化和精密化水平低，无法满足高档产业用涂层织物的需要。

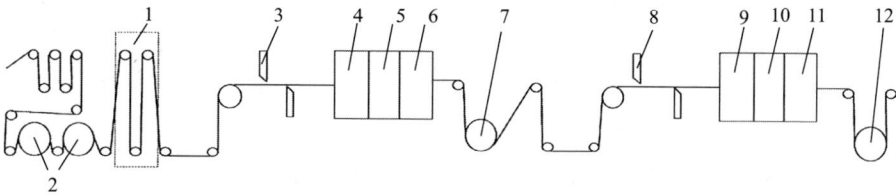

图 5-1　悬浮刮刀涂层机简图

1—锡林　2，7—张力控制装置　3，8—刮刀涂布器　4，5，6—第一组烘箱
9，10，11—第二组烘箱　12—冷却装置表

5.1.3　刮刀涂层技术的应用

刮刀涂层技术作为最简单的涂层处理技术，被广泛应用于纺织结构柔性复合材料的制备中。本节介绍聚氨酯刮刀涂层工艺。

涂层工艺：将布样夹在夹布框上，用偏心轮夹紧小样，将小样绷平锁紧螺钉，将刮刀放在紧刀架块上，用偏心轮夹紧定位；再调整刮刀升降高度，达到设计的涂层厚度；在刮刀前的小样上放入涂料，推动托板完成涂层，接液槽放在样品末端接残留涂料；将涂好的涂层布从夹布框上取下，放入烘箱中根据不同的温度进行烘干，并掌握好烘干时间。

（1）基布的裁剪。由于布样是要放在夹布器上的，因此在裁剪布样时，在设计好的基布尺寸的基础上，应该在基布两边的夹头处留有一定的夹持空间。除此之外，为了防止织物受力变形，在裁剪小样时，在夹持方向上一定要有增强纱（图 5-2）。

（2）刮刀类型和角度的选择。直刮刀适合较稀的涂料，逗号形刮刀适合较稠的涂料。由于所使用的聚氨酯固含量和黏度较大，所以选用逗号形刮刀。刮刀的角度一共为 9 档，每档 9°，调节范围为 54°～120°。可以通过反复的试验，寻

裁剪方向

夹持力方向

增强纱

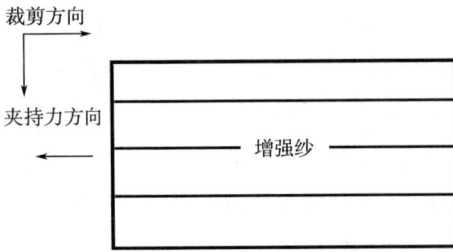

图 5-2　织物的裁剪方向示意图

（3）涂层均匀度的控制。涂层的均匀度不仅会影响复合材料的外观，而且会影响成型后整个复合材料的力学性能。因此为了控制好涂层的均匀度，在涂层成型过程中要注意以下几点：

① 织物的夹持一定要保持平整。

② 由于刮刀在使用过程中，偏心轮固定刮刀的力是人工操作控制的，所以每次使用前必须重新调零，以保证两边的厚度仪表读数一致。

③ 从涂层机上卸下涂覆好的织物时，注意保持布面的水平和平整，防止涂料流动，然后将织物平整地放在烘箱里进行烘干。

（4）气泡的控制。成型后复合材料常常会因为气泡的出现降低其整体力学性能，而气泡主要是涂料搅拌时形成的空气泡，或者是干燥时溶剂急剧挥发形成的溶剂气泡。为尽量避免气泡的产生，试验时应注意：树脂基体在使用前的搅拌过程中不要过于剧烈，应轻柔地搅拌后静置一段时间，才能使用；且在涂覆的时候，应把涂料均匀地倒在刮刀的一侧，然后缓慢地来回涂覆。

（5）夹持张力的控制。注意在用偏心轮夹紧小样的时候，夹头的扩布张力要控制适当，保证布样表面平整。张力不能过大，否则会使布样变形，从而影响其力学性能，同时张力不够也会造成试样在涂层过程中产生褶皱，从而造成涂层不均匀。

5.2　层压复合技术

5.2.1　成型原理

层压技术是指将浸有或涂有树脂的片材层叠，组成叠合体，送入层压机，在加热和加压下，固化成型板状或其他形状简单的复合材料制品的方法。根据复合方式分为焰熔层压、热熔层压和黏合剂胶合法。纺织结构柔性复合材料层压工艺流程：织物→前处理→烘干→热熔黏合→层压复合→成品。

5.2.2　技术特点

首先，层压复合不仅是功能的叠加，还可以通过巧妙的设计，增加使用效果，充分显示层压工艺的优势。其次，由于各种材料在层压织物内部是相互独立的，不必过多考虑相容性问题，因此层压工艺对选择的材料要求不高，适用范围很广。另外，在层压工艺中，除溶剂型、水乳型黏合剂外，其他黏合剂不含溶剂和水，所以层压工艺节省了其他涂层工艺无法回避的化学药品和能源消耗，也不会污染环境。层压工艺具有机械化、自动化程度高，产品质量稳定等特点，但一次性投资较大，适用于批量生产。

不同的层压复合方式其技术特点不同。

（1）焰熔层压／火焰胶合法。该工艺曾广泛应用于汽车座椅的生产，利用聚氨酯泡沫自身作为黏合剂，通过火焰对泡沫的直接作用，使泡沫表面熔融产生黏性分解物，在力的作用下，使泡沫分解物与织物黏合。

（2）热熔层压。热熔层压法相对而言更清洁，消耗的能量更少，利用热塑性的热熔黏合剂，在加热温度超过其熔点时产生相当高的黏合力而将两层物质黏合在一起，冷却后形成永久性的黏合，服装领衬、西服衬料多用该方法生产。

（3）黏合剂胶合法。有些层压复合材料不用泡沫海绵等作填充层，因此不能采用火焰复合法，故采用黏合剂黏合法，利用黏合剂的黏合力将织物和另一层材料黏合，这种方法简单实用，只要选用的黏合剂适当，生产出的复合织物具有手感柔软，耐水洗的特点。

根据施加黏合剂的形态可分为粉点和浆点法，根据加工工艺的不同也可分为熔印加工法和热熔网印法。

5.2.3　层压复合技术的应用

层压复合技术应用于纺织结构柔性复合材料的制备，本节以经编间隔柔性膜材的层压成型工艺为例进行说明。图 5–3 所示为层压装置整体示意图。

层压工艺：层压时，PVC 膜 1 和 PVC 膜 2 在各自牵引辊的牵引下向主加热辊前进，此时上浆完毕的拉丝布通过其线路上的各预热辊提前加温、预热。由于浆料主要成分有 EPVC 粉、增塑剂等可塑性聚合物，故本已经干燥的拉丝布上的浆料在预热辊的加热下呈现略微熔融态，该工序的目的就是利用浆料的可塑性，使浆料像胶水一样，将两面的 PVC 膜黏得更牢。当 PVC 膜 1、PVC 膜 2 和上浆完毕的拉丝布一同输进两加热辊后，两层 PVC 膜接触到温度高达 200℃以上的加热辊 1、2 时，呈现熔融态；再利用两加热辊间的压力作用，熔融态的 PVC 膜就被压贴在拉丝布上。贴好后的产品随后经过冷却辊进行逐步降温，使产品冷却成

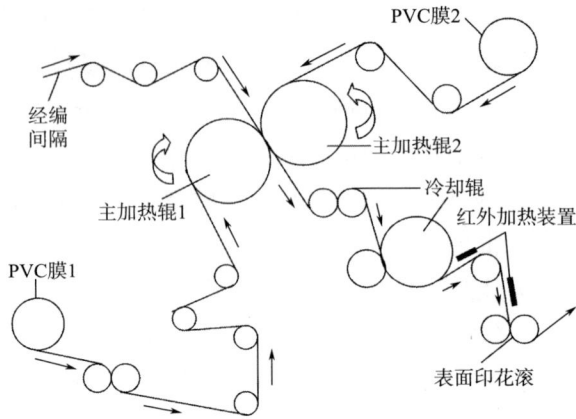

图 5-3　双层层压装置整体示意图

型。随后再经过小型红外加热装置使膜材单面小幅度受热熔融，在印花辊的作用下单面印花，另一面光面压平。一般来说，印花面即为产品的正面。

　　经过各方面测试，最终得到经编间隔织物涂层工艺中的各参数的优化范围：单面膜材上浆量为 $100g/m^2$，其中胶水的成分占 10%；间隔织物空间膜材的生产线牵伸速度为 3.5 ~ 4m/min；涂贴工序主加热辊温度为 182 ~ 183℃；主加热辊处压力为 50 ~ 90MPa。

5.3　压延涂层技术

5.3.1　成型原理

　　压延涂层是指压延软质塑料薄膜时，如果以布、纸或玻璃布作为增强材料，将其随同塑料通过压延机的最后一对辊筒，将黏流态的塑料薄膜紧覆在增强材料上。压延成型是将熔融塑化的热塑性塑料通过两个以上的平行异向旋转辊筒间隙，使熔体受到辊筒挤压延展、拉伸而成为具有一定规格尺寸和符合质量要求的连续片状制品，最后经自然冷却成型的方法。

5.3.2　技术特点

　　压延涂层不同于刮刀或滚筒涂层，使用刮刀或滚筒涂层方法时，基体树脂是在干燥的过程中硬化的，而压延涂层的情况恰恰相反，压延是将基体树脂先加热挤压，再进行涂层。压延成型是将已经塑化好的接近黏流态温度的热塑性塑料通过一系列旋转着的水平间隙，使物料承受挤压和延展作用，从而使其成为规定尺寸的连续片状制品。用作压延成型的塑料大多数是热塑性非晶态塑料，其中 PVC（聚氯乙烯）用得最多，另外还有聚乙烯、ABS 等塑料。在使用压延机的纺织结构涂层过程中，纺织载体材料通过最后的压延辊或另外安装的覆膜辊压到热膜上，不需要额外的黏合剂。织物增强柔性复合材料压延涂层成型工艺流程如图 5-4 所示。

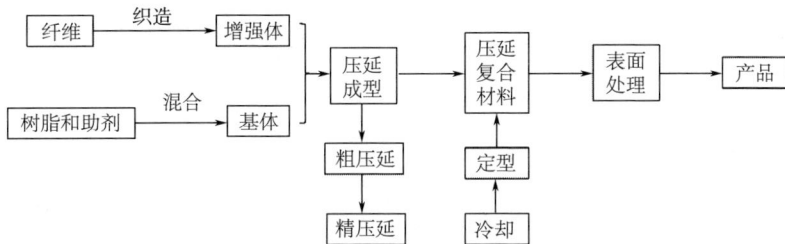

图 5-4　织物增强压延柔性复合材料的工艺流程

通过压延机实现织物基材和基体的复合，压延机是中心设备。压延机主要用混合聚合物"糊"生产无支撑的 PVC 或橡胶薄膜。通过调整工艺还可以将刚生产出来的薄膜层压在织物上。压延工艺的试验装置示意图如图 5-5 所示，可以看出压延法的工艺条件主要有辊筒之间的辊温、辊隙之间存料量、辊筒间隙以及辊筒的速比等。

图 5-5　压延工艺的试验装置简单示意图

5.3.3　压延涂层技术的应用

压延柔性复合材料比较广泛地应用于篷盖领域，如野外作业需要的帐篷材料，酒店、办公楼、商店的屋檐或临街的摊贩等需要的遮阳、避雨的篷盖，卡车运输过程中用来遮盖货物挡雨的篷布等。而膜结构领域也是压延柔性复合材料的一个重要应用领域，且极具上升空间。将压延柔性复合材料用作软性屋顶，可以用两种支撑方法：一种是用刚性的框架，如用钢索等将柔性复合材料撑起做成顶棚的样式，称为帐篷结构；另一种是用空气压力把柔性复合材料顶起来，整幢建筑物像半球形的馒头，称为充气结构。这一领域对于柔性复合材料各方面性能要求较高，主要材料以玻璃纤维基布和 PTFE 涂层膜构成，但是价格非常昂贵。

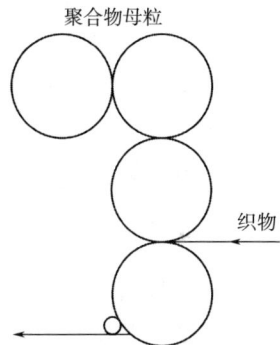

5.4 织物浸轧技术

5.4.1 成型原理

织物浸轧技术是指织物在浸轧槽中几秒内快速浸渍工作液后，通过两只辊筒挤轧，压力一般为 2 ~ 4kg/cm²，再进行烘干或定型，赋予织物一定的性能。应用这种技术，可在玻璃纤维织物或 Kevlar 织物上涂 PTFE 涂层，使制得的纺织结构柔性复合材料具有耐老化性、自洁性，并且兼具较强的抗紫外线能力和难燃等性能。

5.4.2 技术特点

织物传送经过盛有化学试剂水溶液的浴槽时开幅，轧出过量的液体，最后在扩幅机上烘干。浸轧液中通常要加入润湿剂，以保证织物能迅速、均匀地润湿；如果运行速度较快，还需要加入消泡剂。就技术角度而言，尽管浸渍法相对简单，效率快。但是批量生产要求浸轧浴保持稳定的浓度，并且在长时间的生产过程中，浸轧浴始终是满的。浸轧过程中，轧液率即经过最后一道挤压处理后，保留的水分占织物干重的百分比，是浸扎技术的重要指标，取决于滚筒轧点的压力。

5.4.3 织物浸轧技术的应用

本节以聚酰胺织物的防水功能整理为例，对采用织物浸扎技术制备纺织结构柔性复合材料进行说明。

聚酰胺纤维具有良好的综合性能，包括力学性能、耐热性、耐磨损性、耐化学药品性和自润滑性，且摩擦系数低。但由于聚酰胺纤维的吸水性差、自润滑性较好且摩擦系数低，因此在其上涂覆防水阻燃涂层以及进行染色时，效果并不显著，常常出现防水使用期限不长、染色不佳、掉色明显等问题。采用浸扎技术赋予聚酰胺纤维织物防水功能，具体的制备过程包括：

坯布→翻布→冷轧堆→煮练→定型→染底→印花→焙烘→蒸化→皂洗→固色处理→防水拉幅→轧光→反面涂胶拉幅→轧光→检验→成品

其中冷轧堆处理时，采用40g/L的氢氧化钠和8g/L的双氧水对坯布进行浸轧，浸轧后打卷堆置12h，且在煮练时，先进行浸液，然后进行汽蒸；其中，浸液方式为五浸五轧，带液率为80%，水洗机张力设置为4MPa；染底时，需要先浸轧染液，再预烘，最后进行烘干。

5.5　滚筒涂层技术

5.5.1　成型原理

滚筒涂层技术是滚筒在旋转过程中将涂敷液转到基布上的同时进行涂层,如图 5-6 所示的滚筒背面给液法,可用黏度很低的整理剂或涂层剂对织物进行单面整理。

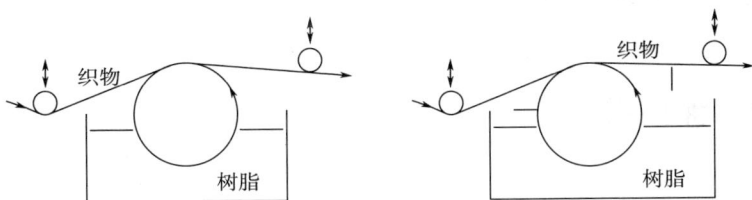

图 5-6　滚筒背面给液法

5.5.2　技术特点

对于一些整理而言,滚筒涂层技术可以代替浸渍法或泡沫整理,如绒织物在浸渍法加工中,绒毛会被压坏。滚筒所在的位置及转速对涂层质量都有重要影响。通过调整整理浴的含固量,织物与涂布辊的接触角度、接触面积和接触程度,涂布辊的转速和方向以及织物的运行速度,可以控制涂敷量。有时在涂布辊旁边可加一把刮刀,有助于保持带液量的均匀性。当整理剂或树脂黏度很低时,这是最简单的织物涂层形式。当浸轧辊的压力可能对织物绒毛或起绒织物造成损害时,该法无疑是浸轧法的一种替代方法。

控制涂敷量可采用下面几种方法:一是调整给液辊相对于织物运动速度的转动速度(甚至可以反转以减少涂敷量);二是调整树脂的含固量;三是调整导辊的位置,通过上下移动,可以增加或减少织物表面与给液辊的接触面积。对于较为黏稠的树脂而言,需要在给液辊或织物上使用刮刀来实现更好的控制。有些设备在给液辊上方还配有一个轧辊,可将树脂压入织物中。

5.5.3　滚筒涂层技术的应用

一般地毯和汽车坐垫面料等经常使用滚筒涂层技术来锁住绒头,此外还有一些棉织物的功能整理也常采用此类方法。本节以织物的阻燃功能整理为例,

135

对采用滚筒涂层技术制备纺织结构柔性复合材料进行说明。具体的制备过程如下：

（1）用轧车把棉织物卷在轧辊上，卷布时保持一定张力。

（2）进行阻燃试剂的配制，并将配好的溶液放在滚筒下面的溶液箱里，同时保证溶液量可以浸润滚筒。

（3）根据需求选择合适的刮刀以及其与滚筒之间的间距。

（4）调节速度为 0.25m/min。

（5）烘干，得到阻燃处理的棉织物。

5.6 转移涂层技术

5.6.1 成型原理

转移涂层技术是在具有花纹的离型纸上以直接涂层的方法先涂以成膜紧密、光泽较好的面涂层，烘干后按先后顺序涂以主膜层和黏结层，最后与织物基质复合，经压轧、加热固化后将离型纸剥离。

具体加工方法：①将树脂（以后作为表面涂层）涂于离型纸上后将溶剂蒸发；②然后涂第二层，该涂层将作为底涂层（该层实际作为黏合表面涂层和织物的黏合剂）；③将织物铺在涂层表面，等待溶剂挥发后，两层物质黏合在一起；④将织物从离型纸上剥下。

与转移涂层技术相比较，直接涂层存在以下局限性：只限于能耐高机械张力的紧密或厚重机织物；会使织物发硬；不能改变纺织品的基本外观。转移涂层常用于织物的表面整理。转移涂层技术由于涂层并不直接施加在织物上，因此该技术可用于弹性较大的针织物或结构疏松织物的涂层加工。树脂首先在离型纸上形成薄膜，然后将薄膜"转移"到织物上。当转移涂层用于服装时，涂层在服装的外表面，织物在服装的内表面。因为涂层织物的基材是弹性很好的针织物，同时树脂不会渗透，因此织物的手感非常柔软而且富有弹性。

5.6.2 技术特点

转移涂层技术成本较高，适合于张力敏感织物的涂层，如针织物，组织稀松的轻薄织物等。转移涂层的价格高于直接涂层的原因，一部分是离型纸的价格较高，另一部分原因在于双头涂层设备的价格较高。另外，高规格产品有时必须用溶剂型聚合物，特别是作为服装外表面的涂层时。

在转移涂层工艺中，最关键的工序是层压工序，层压辊的间距、压力对产品的质量具有极大的影响。因此，层压辊的间距、压力要按产品的用途、产品的质量、风格要求进行设定。层压辊之间的间距可参照下式计算：

$$层压间距 = (R+S+A+C) \times 间距参数$$

式中：R 为离型纸厚度；S 为皮膜厚度；A 为黏合层厚度（湿厚）；C 为底布厚度。

一般情况下，间距参数在 40% ~ 60% 选择。通常，当层压间距大时，产品手感柔软，但皱纹也多；当间距小时，产品手感较硬，但平整不易起皱。层压间距的合适与否直接影响着产品的剥离强度。

转移涂层中最重要的是离型纸，又名转移纸，是转移涂层加工中不可缺少的材料，它在涂层中的作用就像铸造工程中的模型。离型纸是由纸基和表面涂层（剥离薄膜）构成的，离型纸按用途可以分为聚氯乙烯用离型纸和聚氨酯用离型纸两类。

转移涂层工艺对离型纸通常有以下要求：①离型纸对树脂有抵抗能力，对涂层膜有一定的黏附能力，如果黏附能力太小，加工过程中涂层膜可能自行离开纸基、脱落或者卷曲，使下一步涂层加工无法进行，这种疵病称为预剥离；反之，如果黏附能力太大，加工完毕后，涂层膜不能很好地从纸上剥离下来。②离型纸本身要有足够的强度、刚度、弹性。③离型纸表面状态必须均匀一致。

5.6.3　转移涂层技术的应用

转移涂层的产品绝大多数是人造革，它主要应用于制鞋业、服装业、箱包业。聚氨酯（PU）由于具有耐油性、耐磨性、耐低温、不易从基布表面脱落、高强度、高弹性以及低温屈挠性好、黏接性能优良、价格适中等独特的综合性能优势，近年来得到了广泛应用，发展速度十分迅速。本节以聚氨酯转移工艺为例，此工艺包括将聚氨酯溶液涂布在经有机硅处理过的离型纸上，再施加第二层聚氨酯溶液，在转移纸还是湿的情况下与纺织物叠合，并经一对轧辊层压，经烘干后将层压的织物与转移纸分开，聚氨酯薄膜从转移纸上转移到织物上。图 5-7 所示为聚氨酯转移涂层整理工艺流程。

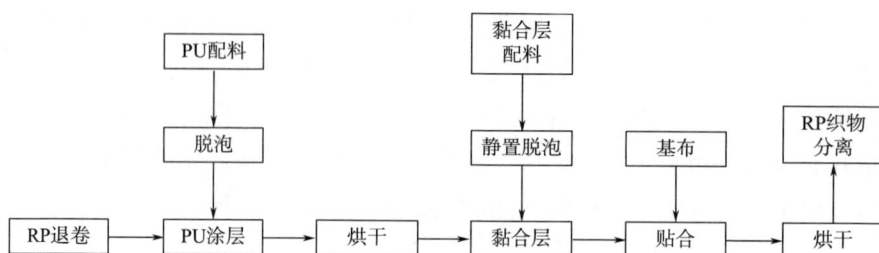

图 5-7 聚氨酯转移涂层整理工艺流程

5.7 圆网印花涂层技术

5.7.1 成型原理

圆网印花涂层出进布、印花、烘干和出布装置组成。在圆网印花涂层进布过程中，圆网内的刮浆板透过圆网上的网眼，将树脂浆料以点阵形式挤出去，并在离心力的作用下促使聚合物通过圆筒形筛网涂在织物上，涂敷量为 5 ~ 500g/m²。在圆网印花过程中，当被印花的织物与橡胶导带接触时，由于橡胶导带上预先涂了一层贴布胶，使印花织物紧贴在它的上面而不致移动。印花后织物进入烘干装置，橡胶导带往复环行转入机下进行水洗和刮除水滴。烘干和出布装置采用松式热风烘干。印花后的织物即和橡胶导带分离，依靠主动辊转动的聚酯导带，并借热风喷嘴的压力使织物平稳地贴在聚酯导带上进入烘房烘干。经热风烘干后的织物以适当的张力从烘干部分送出。印后把织物折叠或打卷。

5.7.2 技术特点

由于镍网比较轻巧、易于装卸，因此圆网印花对花、加浆等操作简单方便，适合大批量生产，但同时由于镍网的单位价格较高，因此对于小批量单独花色的生产成本较高。由于圆网印花加工是在无张力下进行的，故宜印制易变形的织物和宽幅织物，无须衬布。

当圆网的转速与织物运行速度相同时，操纵印机织物与印版两者之间不会产生摩擦力，涂在织物上的浆料又是点状流体，进而汇合在一起形成均匀的连续涂层。这种技术可以用于一些弹性织物的涂层加工。

在圆网印花机中，刮刀是提高印制质量的关键，它直接影响涂覆量，渗透性和均匀性，尤其是在高速运行时刮刀的质量对其印花质量起到尤为重要的作用。对刮刀的基本要求有如下四个：①均匀性：在整个刮压宽度上刮刀的压力要均匀一致。②稳定性：刚性强，可以避免印花在高速工作时震颤。③表面耐蚀性及耐磨性：既要把色浆或者树脂基体刮出筛厢，又要使刮刀与筛网间的摩擦尽量小，且能抵御浆料的腐蚀。④结构简单，重量轻，便于调节压力，操作方便。

5.7.3　圆网印花涂层技术的应用

采用圆网印花涂层加工时，织物无须为了平整而施加很大的张力，并且树脂渗透量最低，因此涂层产品的手感和悬垂性很好。这种方法通常只限于使用水性树脂，因为使用溶剂型树脂需要用溶剂清洗设备。PVC 溶胶虽然也面临同样的问题，但是仍可以用圆网印花涂层技术。由于无须对基材施加很高的张力，这种方法非常适合加工轻薄型非织造布以及很薄的薄膜，如用于服装的防水透湿薄膜。在对织物增重要求很低的情况下，可以非常出色地实现对黏合剂的涂敷量和均匀性的控制。这种技术更为优越之处在于涂层织物可以烘干、卷绕、贮存，并且需要使用时可以再次活化。因为黏合剂是点状的，最终生成的层压织物具有良好的手感和悬垂性。

本节以圆网印花涂层技术在纺织品上制备特氟龙涂层的工艺为例，说明圆网印花涂层技术在柔性纺织结构复合材料中的特殊应用。采用圆网印花技术可以将聚合物在织物上形成连续的涂层，因为特氟龙树脂涂料的黏度、圆网的网眼、网内刮浆板的速度和压力均可调节，所以可以合理控制涂敷量。

圆网制版是圆网印花生产的重要工序，也同样是制作涂层的主要工序。圆网制版工艺流程如下：

花样、花型处理（只作涂层时可省去）→圆网坯的选择→复原→清洁去油→涂布感光胶（作涂层可省去）→低温烘干→覆片曝光→显影→检查→固化→检查

其中最主要的是圆网坯的选择：要求开孔均匀一致，圆网内壁光滑无毛刺，印花时刮刀或磁棒与圆网内壁的摩擦阻力小，运行时不会跳动，保证印花或涂层质量。此外，每次圆网坯在上感光胶前，必须去除网坯表面的油污，采用 60％铬酸溶液清洗，否则会影响上胶质量。应该定期采用灯光检查圆网有无疵病，若发现有砂眼、多花、漏花等疵病，用细针进行修补。

5.8　泡沫整理涂层技术

5.8.1　成型原理

泡沫整理涂层技术是在常规的整理液中加入适量的发泡剂，通过一定的机械设备，将空气与整理液混合，并使之转化为具有一定稳定性和泡径分布的泡沫，在将该泡沫施加到被加工织物表面的同时，功能化学整理液也均匀分布在织物表面或渗透到织物内部。所以泡沫整理实质上是以空气代替大部分水，作为化学品施加的介质。

织物泡沫整理过程中，所需泡沫应具有一定的特性，这种特性主要由发泡剂决定。具体的泡沫整理工艺流程如下：

底布→刮刀式施加泡沫浆液→烘干→轧光→焙烘

5.8.2　技术特点

泡沫整理涂层法具有低带液率、高节能、少污染等优点，在印染行业有很大的发展空间，但在产业化应用中发现，泡沫整理涂层法易出现整理不匀的现象，这种问题的产生与泡沫的性能有很大关系。

泡沫整理涂层法的成败取决于泡沫的稳定性、发泡剂的选用、泡沫的大小（约 $8\mu m$）、泡沫密度、泡沫均匀性等。如果泡沫不稳定而迅速破裂，织物带液率难以控制；若泡沫太稳定，则易产生织物带液率偏低及化学品、染料渗透不充分等问题。泡沫染整加工属于低给液率加工技术，与浸轧法的最大区别是泡沫染整加工系统可以控制工作液在被加工织物中的渗透距离，既可以使工作液只停留在织物表面，也可以使工作液浸透织物。因此，应用泡沫染整加工系统，可以对织物两面进行不同的加工，如对一面防水、一面亲水的面料加工，也可以进行单面防水加阻燃的加工。

5.8.3　泡沫整理涂层技术的应用

泡沫整理带液量低，具有省水、降低烘燥能量、节约染化料、提高产品质量、减少染色废水排放和降低成本等优势，在纺织染整中可应用于上浆、丝光、染色、后整理等工艺，在丝光、柔软、涂层等工艺中已经获得实际应用。例如，牛仔布的泡沫丝光、泡沫光亮涂层以及泡沫柔软整理。

5.9　超声波焊接技术

5.9.1　成型原理

当超声波作用于热塑性的塑料接触面时，会产生每秒几万次的高频振动，通过上焊件把高频振动产生的超声能量传送到焊区，由于两个焊接的交界面处声阻大，因此会产生局部高温。又由于塑料导热性差，一时还不能及时散发，聚集在焊区，致使两种塑料的接触面迅速熔化，施加一定压力后，使其融合成一体。当超声波停止作用后，让压力持续几秒，使其凝固成型，这样就形成一个坚固的分子链，达到焊接的目的，焊接强度接近于原材料强度。

如图 5-8 所示，在超声波焊接（黏合）过程中，两层或多层材料穿过振动焊头和滚筒或砧座之间的间隙得以装配在一起。

5.9.2　技术特点

超声黏合不用任何耗材，同热黏合相比更节能；热合与切割可同时进行；制备的材料厚度均匀、摩擦系数高；生产快速精确，绝大部分超声波塑料焊接可以在 0.1 ~ 0.5s 完成；品质稳定，采用机械化生产，焊接产品的质量稳定可靠；经济实惠，不需要用大量夹具、胶合剂；减少人工，降低成本；美观清洁，表面成形好，不损伤不变形，无划伤及胶合剂残痕；工序简洁，不需要预热，不需要清洁等前后道工序；操作便捷，只要设置好焊接参数，操作十分便利；产品强度高、气密性好，焊缝成分与母材一样，不漏水，不透气；可实现自动化焊接，15K 超声波塑料焊接机非常易于实现自动化。

超声波焊接产品的好坏取决于换能器焊头的振幅，所加压力及焊接时间三个因素，焊接时间和焊头压力是可以调节的，振幅由换能器和变幅杆决定。这三个量相互作用有个适宜值，能量超过适宜值时，塑料基体的熔解量过大，焊接物易变形；若能量小，则不易焊牢，所加的压力也不能太大。这个最佳压力是焊接部分的边

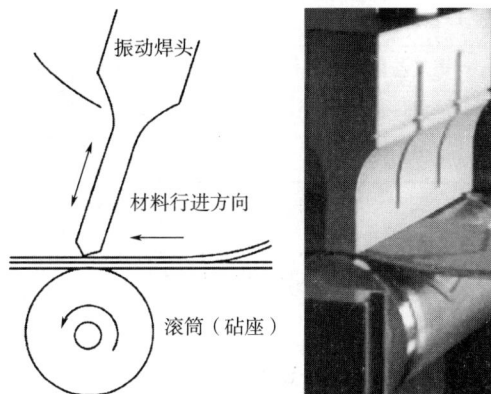

图 5-8　织物和薄膜超声波焊接原理图

长与边缘每 1mm 的最佳压力之积。最适宜超声波焊接的织物和薄膜是含有相似熔点和相容分子结构的热塑性塑料。

5.9.3　超声波焊接技术的应用

超声波焊接可应用于服装、医疗、包装和非织造等行业。所用的织物和薄膜都可以采用超声波焊接。采用超声波焊接的一些典型织物和薄膜如下，常用材料超声波焊接的难易程度见表 5-1。

丙烯酸：过滤料、遮篷、毯子、针织用纱、外衣。

尼龙：地毯、运动服、食品袋、过滤料、外衣、钩环材料、安全带。

聚酯：传送带、过滤料、外衣、层压材料、床垫。

聚乙烯：层压材料、包装膜、可重封袋。

聚丙烯：袋子、地毯垫面、户外家具、零食包装。

表 5-1　常用材料超声波焊接的难易程度

材料	机织物	非织造布	针织物	涂层材料	层压材料	薄膜
丙烯酸	困难	—	困难	—	—	—
乙烯 / 乙酸乙酯共聚物	—	—	—	容易	—	最容易
尼龙	容易	容易	容易	容易	容易	容易
聚酯	容易	最容易	容易	最容易	最容易	最容易
聚乳酸	容易	容易	容易	容易	容易	容易
聚乙烯	—	最容易	—	最容易	最容易	困难～最难
聚丙烯	最容易	最容易	容易	最容易	最容易	最容易
聚氯乙烯	中等～最难	—	—	中等～最难	中等～最难	中等～最难
偏氨纶	—	—	—	最容易	—	最容易
氨基甲酸乙酯	—	—	—	最容易	—	最容易

5.10　其他成型技术

5.10.1　功能性镀膜整理

随着经济的发展，传统的纺织品已无法满足人们的需求，多功能纺织品的发展为纺织品开辟了新的发展方向。将纺织品进行各种功能性整理，可赋予纺织材料不同的功能，除了常见的直接涂层和间接涂层外，镀膜也是实现纺织材料功能整理的一种常见方式。适用于纺织品的镀膜技术主要有物理沉积镀膜和化学沉积镀膜两大类，其中物理沉积镀膜又包括溅射镀膜、喷涂镀膜和真空蒸发镀膜等。

5.10.1.1　物理沉积镀膜

与化学沉积镀膜相比，物理沉积镀膜具有以下特点：①涂层形成是不受物理变化定律控制的凝固过程，是一种非平衡过程；②工艺过程对基体材料的影响很小，因此可以在各种基体材料上涂覆涂层；③沉积层厚度范围较宽，从 nm 到 mm 级都可实现；④无环境污染。缺点是设备复杂，一次投资较大。

表 5-2 为两种主要的物理沉积镀膜方法和化学沉积镀膜方法的基本特点和性能比较。在制备复合材料的过程中，应根据所期望达到的性能，来选择合适的镀膜方法。

表 5-2　镀膜方法的比较

镀膜方法		物理沉积镀膜		化学沉积镀膜
		真空溅射镀膜	真空蒸发镀膜	
沉积工艺	薄膜材料气化方式	离子溅射	热蒸发	液、气相化合物蒸汽、反应气体
	粒子激活方式	离子动量传递，加热	加热	加热、化学自由能
	沉积粒子	主要为原子	原子或分子	原子或分子
	能量 /eV	1 ~ 40	0.1 左右	0.1 左右
	工作压力 /Pa	3 以下	2×10^{-2} 以下	常压
	衬底温度 /℃	零下至数百	零下至数百	150 ~ 2000
	薄膜沉积率 /（$A \cdot S^{-1}$）	25 ~ 15000	100 ~ 750000	500 ~ 250000
薄膜特点	表面光洁度	好	好	一般
	密度	高	一般	高
	附着力	良好	一般	很好

（1）溅射镀膜。溅射镀膜包括三电极（四电极）溅射、磁控溅射、对向靶溅射、离子束溅射镀膜。而磁控溅射镀膜是纺织品金属化效果最高级的手段，有不受金属局限、薄膜牢度高两大优势。磁控溅射镀膜是在靶材表面建立与电场正交磁场，等离子体离化率和沉积速率高。

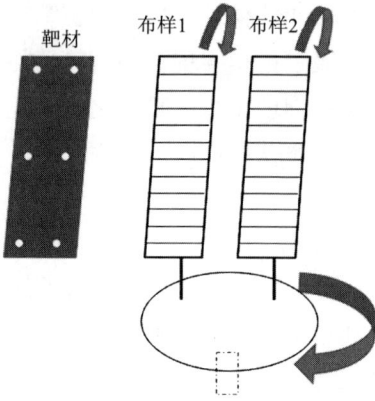

图 5-9　磁控溅射镀膜原理

磁控溅射镀膜原理如图 5-9 所示。电子在电场的作用下加速飞向基底材料的过程中，与氩原子发生碰撞，电离出大的氩阳离子和电子。氩阳离子在电场的作用下加速轰击靶材，溅射出大量的靶材原子，呈中性的靶原子或分子沉积在基材表面形成薄膜。

溅射镀膜的过程：气体分子被高压电离后形成正离子与电子。正离子在电场的作用下加速，以高的动能轰击靶材（阴极），使靶原子能量增加并脱离表面形成溅射层，沉积在基板上形成薄膜。电离产生的电子在受控电场的加速下也会使新的气体分子再电离，从而使溅射率提高。可以将整个溅射成膜的过程分为三个阶段：靶面原子的溅射、溅射原子向基片迁移、粒子向织物基材入射结合成膜。

其中溅射量 S 为：

$$S=\eta Q$$

式中：Q 为入射离子数；η 为溅射系数（一个离子所溅射出的原子数目）。

溅射镀膜是一种高速低温、低压的镀膜方法，具有节水、节电、工艺流程简单和无三废处理等优点，目前已广泛应用于建材、装饰、光学、防腐蚀、磨具强化等领域。

（2）喷涂镀膜。喷涂镀膜是将功能材料采用喷枪喷涂在柔性织物基底上，这些功能材料之间通过相互作用力，如静电、氢键、配位键、主客体作用等沉积在基底表面，形成具有特殊结构和功能的柔性纺织结构复合材料的过程。

喷涂镀膜技术具有以下优点：①可精确调控功能材料结构和组成，这是因为层层组装过程中材料逐步沉积在基底表面，可以通过控制每一步喷涂材料和操作过程参数来调节最终复合材料的结构和组成；②技术操作简单，不需要复杂的设备、成膜速度快，特别适合大面积工业化生产。

（3）真空蒸发镀膜。真空蒸发镀膜是利用真空泵将样品室抽至一定程度的真空，对放在高熔点坩埚里的原材料加热，使其蒸发，并在收集基底上沉积成膜的技术。真空蒸发镀膜的工艺流程如下：

```
镀前准备 → 抽真空 → 离子轰击 → 烘烤 → 预热
                                              ↓
成品 ← 检测 ← 镀后处理 ← 取样品 ← 蒸发
```

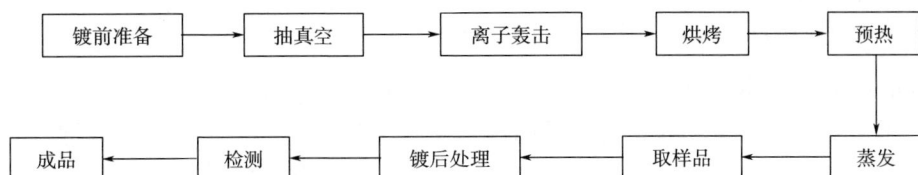

试验过程中主要注意以下几点：

①气压大小。预抽真空，低真空：机械泵 0.1 ～ 1Pa ；高真空：扩散泵 10^{-3}Pa 以下。

②烘烤。非金属低于热变形温度 20 ～ 30℃，金属不超过 200℃。

③蒸发源加热，镀膜材料熔化、蒸发。

④蒸发材料在织物基材表面吸附，沉积形成涂层。

真空镀膜与其他物理镀膜相比具有以下优点：设备结构简单，工艺操作简单；制得的薄膜纯度高，薄膜生长机理简单；大多数物质可采用真空蒸发镀膜。缺点主要是：所镀的膜和织物基材之间的界面结合力较弱；结晶不够完整，工艺重复性不够好，高熔点物质和低蒸气压的物质难以制备真空镀膜。

5.10.1.2　化学沉积镀膜

化学法沉积镀膜一般可分为预处理、化学法沉积和后整理三部分，其中织物的预处理包括除油、粗化、敏化和活化等。预处理是为了改善纤维表面的亲水性及粗糙度，并且增加纤维的表面活性，有利于提升材料沉积层的质量，增加沉积层与纤维的结合力。因此预处理工艺对各种织物的化学法沉积过程十分重要。

采用化学法在织物表面沉积金属膜的过程中，通过氧化还原反应使金属颗粒沉积在织物表面，覆盖由点及面，最终获得致密的沉积层。而对织物进行后整理是为了使沉积后织物的性能提高。在织物上采用化学法沉积功能性材料的工艺流程如下：

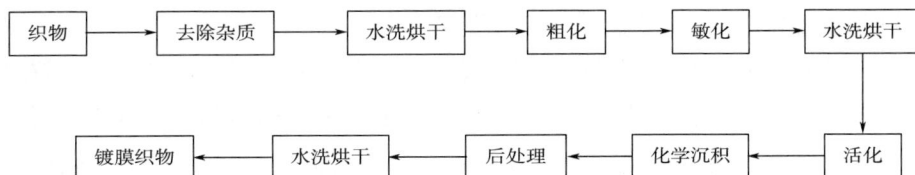

```
织物 → 去除杂质 → 水洗烘干 → 粗化 → 敏化 → 水洗烘干
                                                       ↓
镀膜织物 ← 水洗烘干 ← 后处理 ← 化学沉积 ← 活化
```

化学沉积镀膜过程非常复杂，沉积阶段的影响因素很多，主要有溶液浓度、还原剂种类及浓度、络合剂种类及浓度、反应温度、反应时间、pH 等。

5.10.2 静电纺丝成型技术

静电纺丝技术是利用高压静电作用使聚合物溶液或熔体形成射流并在电场中进一步拉伸固化，从而获得连续性微纳米级纤维的方法，是制备多孔膜材料的一种新型方法。在静电纺丝过程中，首先需要在接收装置与喷嘴之间施加一个高压静电场。聚合物熔体或液滴在高压静电场作用下受到电场力作用，增大电压，当电场力与表面张力等作用力相互平衡时，在喷嘴末端会形成一个半球形的聚合物液滴。电场力继续增大，液滴会逐渐变成圆锥状。当电场力逐渐增大到超过临界值后，从锥尖端就会喷射带电射流。再经过一个复杂的不稳定拉伸之后，落到接收装置上形成纺丝纤维。图5-10所示为静电纺丝原理示意图。

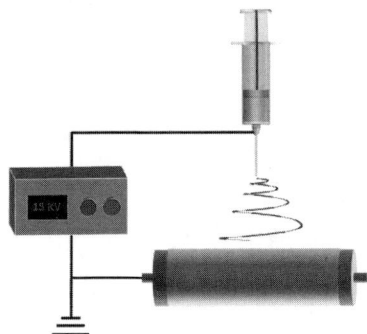

图5-10 静电纺丝原理示意图

静电纺丝成型技术具有制造工艺简单、成本低廉、易与功能整理相结合等特点，能同时在纺丝过程中对电纺纤维进行拉伸、极化以及蒸发溶剂等操作，整体制备工艺简单，静电纺丝的参数可控，是制备柔性结构复合材料最经济高效的方法之一。

由于静电纺纳米纤维具有直径细、孔径小、孔隙率高、孔道连通性好等结构优势，静电纺丝成型技术在过滤材料、光化学传感器、医疗卫生材料以及自清洁材料领域得到了广泛应用。

5.10.3 共挤成型技术

共挤成型技术是基于全新的复合材料加工技术，对多台挤出设备的运用，将内部的聚合物材料有效结合在一起，并且在设备机头当中进行成型操作，形成一个完整的复合材料制品。

共挤成型技术的生产工艺具有以下特点：

（1）共挤成型生产流程可以将各种不同性质的复合材料进行结合，有效地展现各种不同材料所具有的特点，生产出的一些特殊复合塑料制品可以被运用在一些特殊用途中。其次，共挤成型的整个生产周期较短，对能源的消耗量较低。通过三步复合式成型工艺生产的塑料制品和连接层之间的黏合性较高，可以避免复杂的操作流程，同时共挤成型生产过程中产生的废弃物对环境的污染程度较低。

（2）采用共挤成型技术生产的材料种类较多，并且使用范围普遍。共挤成型技术可以生产一些较小、整体外观更加美观的复合塑料制品，以满足不同领域的使用要求；同时共挤成型技术生产的塑料制品在性能上可以兼顾多种不同材料的优良性能，保证材料整体功能和性能的提升。

（3）共挤成型技术相比于传统的成型技术，在材料的配比上更加复杂，共挤成型技术需要将各种不同性能的材料混合在一起进行加工，所以在供给成型操作当中，需要充分考虑到以下因素：①需要考虑复合材料之间的相容性，共挤成型生产流程对于不同材料之间的融合性有较高的要求；②需要对共挤成型生产中使用的原材料性质以及作用进行明确，在共挤成型生产中对原材料的强度、硬度等性质要有一定的判断，在完成共挤成型后，生产出的材料才可以充分发挥原材料所具有的优点，同时还可以保证不同材料之间性能的互补。

5.10.4　簇绒技术

簇绒技术以相对经济的方法生产出外观迷人、手感舒适的绒织物。简而言之，簇绒就是将长度很短的纤维（多数在 0.2 ~ 8mm 有的更长）粘在基布上，每根纤维都直立着，形成绒织物，根据绒毛的长度，还可加工仿麂皮织物或天鹅绒。在实际生产中，无论是天然纤维还是合成纤维，都可以用于簇绒，簇绒织物的手感受所用纤维的长度、细度以及剪切方法的影响非常大。

将黏合剂涂于基布后，用机械打浆刀或静电技术连续簇绒来生产簇绒产品。如果采用静电技术簇绒，黏合剂的导电性非常重要。常用的水性或溶剂型黏合剂包括交联的丙烯酸类、聚氨酯、塑性溶胶和 PVC 乳胶、SBR 和丁腈橡胶。这些黏合剂可用于任何涂层方法，还可用于丝网或圆网印花加工，以获得装饰效果。对于服装或装饰织物而言，要求黏合剂持久性好、耐干洗性好，可机洗。

5.10.5　纱线涂层技术

纱线和涂层材料结合后，涂层化合物通过干燥或凝胶结合到纱线表面，期间液相蒸发，留下的薄膜发生交联，使纱线得到进一步开发和改善，获得新的性能和功能。高速缝纫纱线常常需要经过涂层。纱线涂层产品包括牙线、鞋带、编织带、轮胎帘子线和其他工业纱线。Bates 纱线涂层机主要由纱线筒子架、树脂贮料槽、挤压滚筒和 IR 烘干部分组成。黏合剂贮料槽中有不锈钢杆，用来控制纱线的带液率，同时一个全宽的梳子将纱线彼此分开并防止轧辊上出现沟槽。然后纱线在三段式烘箱内烘干，第一段的温度相对较低，中间段温度较高，第三段的温度最高。加工机构通过提高输出速度将纱线拉长近 30%。

图 5-11 所示为三种纱线涂层方案，以涤纶工业丝为原料，用 PU 涂层剂对纱线进行浸渍涂层处理。

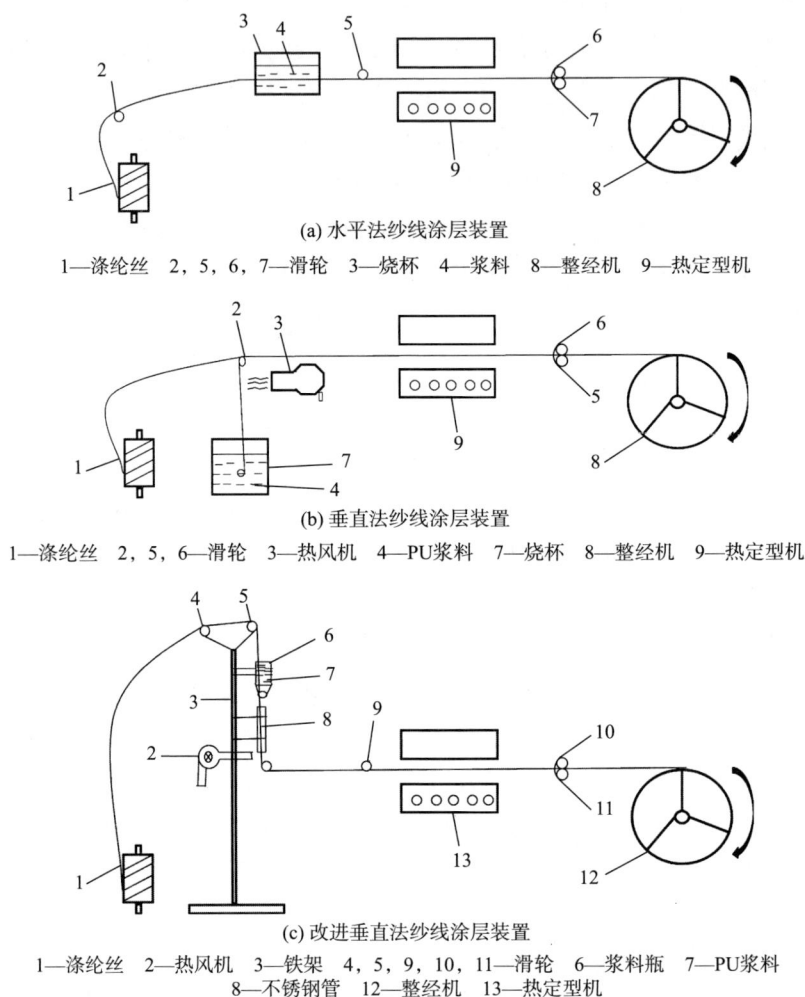

(a) 水平法纱线涂层装置

1—涤纶丝　2，5，6，7—滑轮　3—烧杯　4—浆料　8—整经机　9—热定型机

(b) 垂直法纱线涂层装置

1—涤纶丝　2，5，6—滑轮　3—热风机　4—PU浆料　7—烧杯　8—整经机　9—热定型机

(c) 改进垂直法纱线涂层装置

1—涤纶丝　2—热风机　3—铁架　4，5，9，10，11—滑轮　6—浆料瓶　7—PU浆料
8—不锈钢管　12—整经机　13—热定型机

图 5-11　纱线涂层装置简图

图 5-11 中，装置（a）的原理是将涤纶工业丝通过盛有浆料的烧杯，使涤纶丝涂上浆料，再通过红外热定型机将其烘干，然后卷绕。装置（b）和（a）相似，不同的是纱线垂直经过浆料那部分进行了改进，涂上浆料的纱线水平通过热定型机。装置（c）的装置原理是，把浆液置于漏斗状浆料瓶中，其底部带有与纱线

直径匹配的小孔，运动的纱线穿过小孔，然后经过一个长 120cm 左右的不锈钢管（用热风机在不锈钢管底下吹风，使不锈钢温度上升，让纱线上的浆料先凝固一些），再通过一个滑轮，最后通过烘箱加热，卷绕。

5.11　本章小结

本章主要讲述了纺织柔性复合材料的成型工艺原理、技术特点及其在各种领域，尤其是纺织领域的应用。

纺织结构柔性复合材料的成型方法具有一个共同的特点，即基布必须被输送到层压头下，且必须要在平整、无张力的状态下与基体黏合在一起，所得的复合材料涂层质量好，产品尺寸稳定性好。但是，很多针织物基材结构比较疏松且单薄，这种材料的伸长率较大，尺寸稳定性差，是制约其复合材料工业产业化的主要因素，因此成型加工就成为关键的加工过程，需要精确控制加工参数，如拉伸力、加工厚度、黏合强度等，以保证恒定的拉伸，确保织物在整个加工过程中平整地铺在加工台上，使最终产品满足精确切割的要求。

参考文献

［1］张丽芝，苏玉兰. 产业用多功能涂层织物的开发和应用［J］. 产业用纺织品，1999：6-10.

［2］WOODRUFF F. The impact of legislative and technological changes on coating derived processes and machinery［C］// Proceedings of the World textile congress on industrial，technical & high performance textiles. Huddersfield，1998.

［3］FUNG W. Coated and laminated textiles［M］. UK：Woodhead Publishing Ltd，2002.

［4］张梅，吴强，张爱辉，等. 产业用织物涂层厚度控制技术研究进展［J］. 印染，2016，42（5）：49-53.

［5］程小梅，朱婧婧，贾浩，等. 三维中空间隔织物柔性复合材料的力学性能研究［J］. 成都纺织高等专科学校学报，2018.

［6］GIESSMANN A. Coating Substrates and Textiles［M］. Berlin：Springer-Verlag，2012.

［7］吴强，樊小东. 高耐水压涂层设备及工艺研究［J］. 印染，1998，24（12）：11-13.

［8］刘明博. 纬编双轴向针织柔性复合材料的加工及力学性能研究［D］. 上海：东华大学，2007.

［9］顾钰良，顾珂里. 层压纺织复合材料的生产和应用［J］. 产业用纺织品，2008（8）：37-39.

［10］王淑莉，王国才．聚氨酯（PU）泡沫塑料焰熔层压复合面料的开发与经济效益分析［J］．辽宁纺织科技，1995（2）：38-41.

［11］崔威威，郭嫣，宋敏芳．汽车用层压纺织品及其生产工艺综述［J］．合成纤维，2016，45（4）：39-42.

［12］周阳，丁新波，韩建，等．贴合工艺对篷盖类柔性复合材料力学性能的影响［J］．浙江理工大学学报，2012，29（4）：503-507.

［13］ZORN B．Porous Polyurethane Films and Coatings［J］．Journal of Coated Fabrics，1984，13（3）：166-174.

［14］童亚彪，敬凌霄，蒋金华，等．涤纶经编多轴向柔性复合材料复合工艺及拉伸性能［J］．上海纺织科技，2014（9）：27-29.

［15］李国雄．热熔胶的分类与用途［J］．中国胶黏剂，1992（4）：21-24.

［16］李敏．防水透湿层压织物的加工与性能研究［D］．北京：北京服装学院，2012.

［17］MANN A．Hot-Melt Coating Techniques of the Bema and the Zimmer Machine［J］．Journal of Coated Fabrics，1973，3（1）：31-37.

［18］朱怡俊，陈南梁．篷盖类柔性复合材料的现状和发展［J］．产业用纺织品，2004（4）：7-10.

［19］沈民光，许海明．PVC透明硬片压延成型工艺［J］．现代塑料加工应用，1997（6）：34-37.

［20］WALTER F B．Thermoplastic Polyurethanes—a Versatile Material for Industrial Fabric Application［J］．Journal of Coated Fabrics，1978，7（4）：293-307.

［21］段振华，徐登云．复合材料压延工艺和设备的探讨［J］．昆明理工大学学报：自然科学版，2000（3）：73-79.

［22］福田博．复合材料力学的弹性学、材料力学基础理论［J］．纤维复合材料，2000（2）：51-55.

［23］朱勇奕．PVC压延类柔性复合材料的黏弹性力学性能研究［D］．上海：东华大学，2007.

［24］夏风林．经编间隔织物的抗压回弹性研究［J］．纺织学报，2003（4）：58-60.

［25］胡志强，石岷山，徐万春，等．一种聚酰胺纤维织物用防水整理液及其浸轧方法：中国，CN108035141A［P］．2018.

［26］王秀成．经编涤纶土工格栅的性能研究［D］．杭州：浙江理工大学，2009.

［27］叶毓辉，康伟．纳米二氧化钛防紫外线转移涂层整理［J］．针织工业，2011（11）：37-39.

［28］KEELEY V，朱其妹．聚氨酯转移涂层［J］．国外纺织技术，1992（2）：31-35.

［29］张济邦．聚氨酯（PU）涂层剂和产品（二）［J］．印染，1994（3）：41-45.

［30］徐旭凡，王善元．聚氨酯转移涂层织物的透湿防水性能［J］．纺织学报，2005，1（3）：82-84.

［31］孙佳佳．STORK和MBK圆网印花机性能对比［J］．河北纺织，1992（3）：31-33.

［32］刘永庆．圆网印花印制特氟龙涂层［J］．丝网印刷，2008（9）：22-24.

［33］张胜玉．织物和薄膜超声波焊接技术［J］．橡塑技术与装备，2019，45（20）：36-39.

［34］李强林，黄方千，任建华，等．磁控溅射镀铜钛织物及其电磁屏蔽性能［J］．天津纺织科技，2015（2）：7-9，12.

［35］张国伟. 化学法银沉积锦纶织物的制备及性能研究［D］. 杭州：浙江理工大学，2018.

［36］刘欢胜. 簇绒地毯技术的发展现状［J］. 北京纺织，2002（3）：6-10.

［37］E KLAS，T P FFGEN，翁鸣. 工业用纺织品的涂层［J］. 国际纺织导报，2005（9）：72-75.

［38］吉振坡，石相如，曲振峰. 涤纶工业丝的生产现状和发展前景［J］. 河南化工，2005，22（5）：10-12.

［39］尚娇娇，王耿权，尚丹. 涤纶工业丝 PU 涂层的工艺研究［J］. 成都纺织高等专科学校学报，2013（2）：18-21.

第6章 纺织结构柔性复合材料的主要性能和测试方法

纺织结构柔性复合材料的主要性能要求包括各种力学性能、耐化学性能及其他性能。它追求轻量化，具有柔软性和大变形，强度高并且有较大的延伸率、抗撕裂性能好、耐气候性好、轻质易变形、表面可进行计算机喷绘装饰等特性。柔性复合材料应用领域广泛，且根据使用场合的不同，对纺织结构柔性复合材料的主要性能要求也有所不同。

随着纺织结构柔性复合材料的发展和应用的日益广泛，常规的试验技术和材料试验设备无法满足新的应用需求。材料试验机原本是用于测试各向同性的金属等均匀材料的性能，因此需要通过改变夹具、加载方式、试样的几何形状和尺寸等，将这些材料试验机及相关的试验技术应用于各向异性的纤维增强复合材料。针对不同的测试对象，人们也制定了更加详细的测试标准。

6.1 基本物理性能

纺织结构柔性复合材料的基本物理性能关系到用户实际使用时的体验和材料质量的评定，也关系到能否将产品精度进一步提高。

6.1.1 结构参数

6.1.1.1 主要性能

纺织结构柔性复合材料的结构参数主要指面密度、密度、织物密度和厚度。

（1）面密度是指每平方米织物的重量，即平方米克重，一般用每平方米的公量（即标准重量，指织物在公定回潮率下具有的重量）表示，它与纤维种类、纱线线密度、织物厚度及紧密程度、涂层种类及厚度等因素有关。测量面密度时通常用一小块试样进行测试，再计算出每平方米的重量。

（2）密度指单位体积材料的质量。一般来说，不论什么物质，也不管处于什么状态，随着温度、压力的变化，体积或密度也会发生相应的变化。

（3）织物密度指在零张力且无折叠、无折皱的状态下，机织物指单位长度内的纱线根数，针织物指单位长度内的线圈数。机织物中，经密指纬向单位长度内的经纱根数，纬密指经向单位长度内的纬纱根数；针织物中，纵密指纵行方向单位长度内的线圈横列数，横密指横列方向单位长度内的线圈横列数。织物密度与其力学性能密切相关，通常，同一种织物密度越大，其强度和模量也就越高。

（4）涂层织物的厚度包括材料本身的厚度和涂层的厚度。涂层的厚度不仅与涂层织物的功能，如透湿性、耐磨性、弹性等有直接的关系，而且与涂层剂的消耗定额成本有直接的关系，因此测定厚度很有必要。

6.1.1.2　测试方法

（1）面密度。测试面密度时，在织物上裁取出一块面积不小于 $150cm^2$ 的正方形试样，其各边分别于经纱和纬纱平行。测试试样的平方米克重时，需要对试样进行预调湿，即在标准大气温度 20℃、相对湿度 65% 的环境下，从干态（进行吸湿）开始达到平衡。调湿后用天平测量质量，根据裁剪尺寸计算单位面积克重。测试标准有：GB/T 4669—2008《纺织品　机织物　单位长度质量和单位面积质量的测定》、ISO 3801—1977、ISO 7211—6：2020 等。

（2）密度。测试密度主要使用浮力法和几何法。浮力法是根据阿基米德原理，以浮力来计算试样体积，试样在空气中的质量除以其体积即为试样材料的密度。几何法通过制备具有规则几何形状的试样并称其质量，用测量的试样尺寸计算试样体积，试样质量除以试样的体积即为试样的密度。标准可参考 GB/T 1463—2005《纤维增强塑料密度和相对密度试验方法》。

（3）织物密度。测试织物密度的常用方法有三种，分别为织物分解法、织物分析镜法和移动式织物密度镜法。织物分解法需要将试样按规定尺寸进行分解，记录纱线根数，折算至 10cm 长度内的纱线根数。织物分析镜法使用织物分析镜，测定在织物分析镜窗口内所看到的纱线根数，折算至 10cm 长度内的纱线根数。移动式织物密度镜法使用移动式织物密度仪，测定织物经向或纬向一定长度内（5cm）的纱线根数，折算至 10cm 长度内的纱线根数。测试标准可参考 GB/T 4668—1995《机织物密度的测定》。

（4）厚度。涂层织物的厚度测试包括织物本身的厚度和涂层的厚度。织物本身的厚度可以用厚度仪直接测量，涂层厚度的测定方法更复杂。测定织物厚度时，将试样放置在基准版上，用压脚对试样施加压力，测量接触试样的压脚面积与基准版之间的距离，即为厚度值。试样涂层可能不止一层，如皮层、发泡层、遮光层等，测试涂层厚度时应在规定环境下进行。所测试样需要切片，对于不易分辨涂层边缘的五色涂层试样还要用碘染色，之后用显微镜测量涂层织物切片中各层涂层的厚度。测量值取平均数并除以放大倍数即涂层厚度。测试标准有：FZ/T 01006—2008《涂层织物 涂层厚度的测定》、ASTM D751—2006《涂层织物 标准试验方法》等。

6.1.2 耐磨性和尺寸稳定性

6.1.2.1 主要性能

耐磨性反应材料的耐用程度，通过对材料的反复摩擦作用测试，观察摩擦一定次数后试样表面的损坏情况，得到其耐磨性。

尺寸稳定性，是指材料在受机械力、热或其他外界条件作用下，其外形尺寸不发生变化的性能。由于聚合物具有黏弹性，在恒定外力（包括自身质量）作用下，易产生蠕变现象，导致制品的尺寸不稳定。纺织结构柔性复合材料通过添加增强结构提高材料的承载能力并保障柔性复合材料的尺寸稳定性。通常，力学性能以及耐化学性能好的材料尺寸稳定性也好。同时，尺寸稳定性还与抗渗水性能、吸湿性、耐磨性、耐高/低温（热膨胀系数）、抗光/热老化等性能有关。

6.1.2.2 测试方法

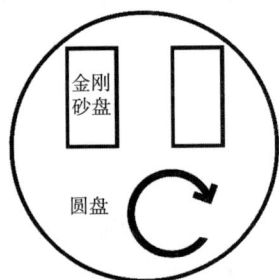

图 6-1 回转平台式织物
耐磨仪简图

（1）耐磨性。耐磨性的测定方法是在平磨仪上，将材料与标准磨料摩擦，直到表层膜受到一定程度的破坏（增强材料明显露出一根纱）时，所经历的摩擦次数作为测定结果。常见的为回转平台式织物耐磨仪，如图 6-1 所示。圆盘上面放置试样，在水平面上作恒速回转。圆盘上方有一支架，在支架上装有两个金刚砂磨盘，它们在垂直面方向可自由回转。试验开始时，将支架连同两个金刚砂磨盘放在圆盘上。然后使圆盘运动，磨盘贴在圆盘上并在垂直面方向回转，因此试样形成面积约为 $100mm^2$ 的磨损圆环。磨盘对试样的压力可根据支架的质量加以调节。仪器上附有各种不同磨损强度的磨盘。在试样运动达到规定次数后，检查试样表面的损坏情况，选测试结果差的一面作为试验结果。测试标准有：FZ/T 01151—2019《纺织品 织物耐磨性能试验方法 加速摩擦法》、ISO 5470—1：2016、ASTM D3389—2010、ASTM D4966—2016、ASTM D3884—

2017、ASTM D3885—2019 等。

（2）尺寸稳定性。材料的尺寸稳定性依靠其在外界条件下的形变量来体现。可以通过测量材料的纵向和横向尺寸变化的值来比较尺寸稳定性的好坏。可参考标准：FZ/T 75005—2018《涂层织物　在无张力下尺寸变化的测定》、FZ/T 75004—2014《涂层织物　拉伸伸长和永久变形试验方法》、ISO 1421：2016。

6.2　力学性能

力学性能指材料抵抗外施机械力作用而不被破坏的能力，同时也是满足复合材料尺寸稳定性的必要性能。力学性能分为静态力学性能和动态力学性能，静态力学性能包括拉伸、压缩、弯曲、剪切等，动态力学性能包括应力松弛、蠕变和疲劳性能。纺织结构柔性复合材料的力学性能与刚性复合材料的有很大差别见表 6-1。

表 6-1　刚性及柔性复合材料的力学性能比较

材料种类	拉伸刚性	变形	拉伸强度	弯曲强度	弯曲刚性
刚性复合材料	大	小	大	大	大
第一代柔性复合材料	中	中	中	中	小
第二代柔性复合材料	小	大	中	中	小

6.2.1　拉伸、压缩、弯曲和剪切性能

6.2.1.1　主要性能

拉伸、压缩、弯曲、剪切及其复合作用和低应力反复作用下的性能是织物重要的基本力学性能，纺织结构柔性复合材料是纤维、纱线、织物经过各种后整理后的产物，其结构与性能因此发生显著改变，应根据不同的应用场所确定需要的性能。

拉伸性能即承受轴向拉伸载荷下的材料特性，包括单轴向拉伸和多轴向拉伸。利用拉伸试验得到的数据可以确定材料的弹性极限、伸长率、弹性模量、比例极限、面积缩减量、拉伸强度、屈服点、屈服强度和其他拉伸性能指标。

压缩性能指材料在轴向静压力作用下抵抗压缩的力学性能。通过测定试样破坏时的最大压缩载荷除以试样的横截面积，得到压缩强度极限或抗压强度，从而确定材料的压缩性能。

弯曲性能为材料承受弯曲载荷时的力学特性，剪切性能指材料受剪力作用时抵抗剪力破坏的能力。弯曲性能和剪切性能是材料柔韧性的重要体现，通过弯曲强度、弯曲弹性模量、剪切强度等指标体现。

6.2.1.2 测试方法

（1）拉伸性能。在测试材料的拉伸性能时，根据强力试验仪器的结构不同，可分为三种加载方式：等速牵引型（CRT）、等加负荷型（CRL）和等加伸长率型（CRE）。同一试样用三种加载方式的强力仪器试验所得结果不一样，国际推荐的标准加载方式是等加伸长率型，即 CRE 型强力试验机。

强力试验机包括机械式强力仪（摆锤式强力仪）和电子强力仪，相比之下，电子强力仪具有更快的动态响应能力和更大的精度，并且可以从所得试样的负荷—伸长曲线上获得除强力与伸长外的其他性能指标，如试样的初始模量、屈服点、应力、应变等。这些指标可进一步表达材料的力学性能。

拉伸测试时应合理设定拉伸速度和拉伸隔距。拉伸断裂往往首先发生在弱节处，增加拉伸隔距也就意味着出现弱节的概率增加，使材料更容易断裂，从而使测得的拉伸强度降低。断裂同时性的好坏对测试结果也有很大的影响，随着拉伸速度的增加，纤维的断裂时间会更加接近，从而使测量值偏大。

常用的拉伸测试方法包括单轴向拉伸和双轴向拉伸，分别采用矩形试样和十字形试样在电子强力仪上测试。常用标准有 GB/T 1447—2005《纤维增强塑料拉伸性能试验方法》、GB/T 3354—2014《定向纤维增强聚合物基复合材料拉伸性能试验方法》、FZ/T 75004—2014《涂层织物拉伸伸长和永久变形试验方法》、ISO 9073—3：1989、ISO 1421：2016、ASTM D3039/D3039M—2017 等。

（2）压缩性能。纺织结构柔性复合材料的压缩性能是指其抵抗压缩变形的能力。因纺织结构柔性复合材料的组织结构以及涂层结构的厚度不同，使其压缩性能也各有差异。当纺织结构柔性复合材料较薄时，仅施加压缩载荷很难让其完全失效，破坏形式主要是涂层结构的开裂或破碎，而纺织结构因具有一定回弹性而保持部分结构完整。当纺织结构柔性复合材料较厚时，其压缩变形现象明显，柔性复合材料会因压力而失效。图 6-2 所示为平板压缩试验的夹具示意图。

压缩性能的测试标准有：GB/T 33614—2017《三维编织物及其树脂基复合材料压缩性能试验方法》、GB/T 24442.1—2009《纺织品　压缩性能的测定　第1部分：恒定法》、GB/T 24442.2—2009《纺织品　压缩性能的测定　第2部分：等速法》、GB/T 8168—2008《包装用缓冲材料静态压缩试验方法》、GB/T 1448—2005《纤维增强塑料压缩性能试验方法》、GB/T 5258—2008《纤维增强塑料面内压缩性能试验方法》、ASTM D3410/D3410M—2016（Celanese，IITRI，Sandwich edgewise compression 法）等。

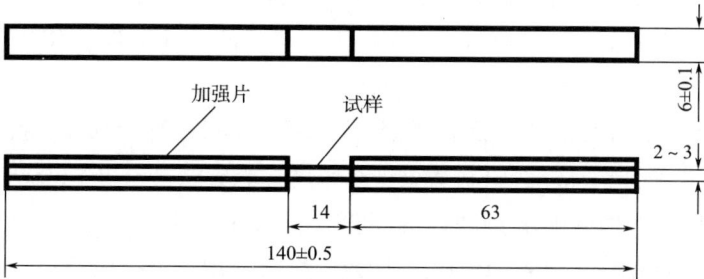

图 6-2　平板压缩试验夹具示意图

（3）弯曲性能。纺织结构柔性复合材料的弯曲性能是指其在经历弯曲载荷时的性能变化。常用测试方法有斜面法、心形法和三点弯曲法。使用三点弯曲法时，装置如图 6-3 所示，只需测出试样产生弯曲至弯曲应力开始减少时的最大弯曲应力。

测试指标有：GB/T 33621—2017《三维编织物及其树脂基复合材料弯曲性能试验方法》、GB/T 7689.4—2013《增强材料　机织物试验方法　第 4 部分：弯曲硬挺度的测定》、GB/T 9341—2000《塑料弯曲性能试验方法》、FZ/T 01052—1998《涂层织物　抗扭曲弯挠性能的测定》、ISO 13015—2013、ISO 22751—2020、ISO 7854—1995、ASTM D4032—2016 等。

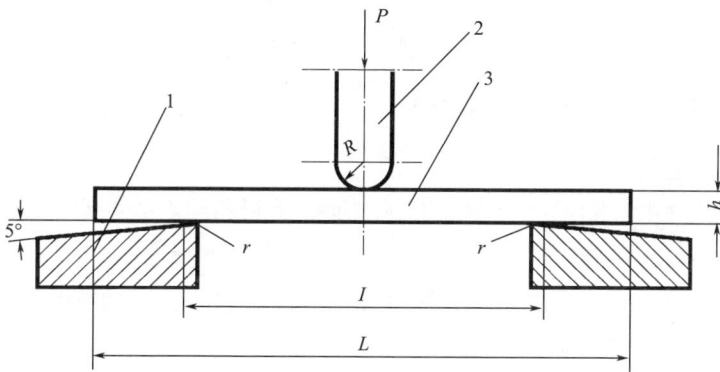

图 6-3　三点弯曲试验夹具示意图

1—试样支座　2—加载上压头　3—试样　l—跨距　P—载荷　L—试样长度
h—试样厚度　R—加载上压头圆角半径　r—支座圆角半径

（4）剪切性能。剪切试验方法有几十种，根据发展思路基本可以分为五类：拉伸类，如±45拉伸法、10°拉伸法；剪切类，如纯板剪切法、轨道法、Iosipescu法、V开口轨道法；扭转类，如薄壁圆管扭转法；梁弯曲类，如短梁剪切法、品字梁法；切口类，如双切口法、斜双切口法。图6-4为剪切试验加载装置示意图。

测试标准有：GB/T 3355—2014《聚合物基复合材料纵横剪切试验方法》、GB/T 30969—2014《聚合物基复合材料短梁剪切强度试验方法》、GB/T 30970—2014《聚合物基复合材料剪切性能V型缺口梁试验方法》、FZ/T 01113—2012《织物小变形剪切性能的试验方法》、FZ/T 01052—1998《涂层织物 抗扭曲弯挠性能的测定》、ISO 5981—2007、ISO 5981—2007、ASTM D5448/D5448M—2016、ASTM D7617/D7617M—2017、ASTM D4255/D4255M—2020、ASTM D3518/D3518M—2018等。

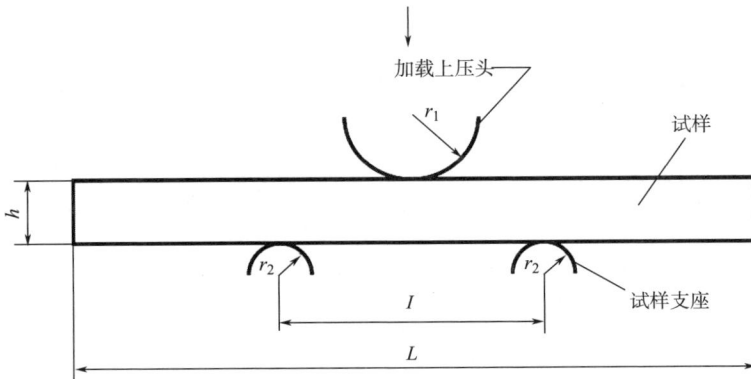

图6-4 剪切试验加载装置示意图

r_1—加载压头的圆角半径 r_2—支座的圆角半径 L—试样长度 I—跨距 h—试样厚度

6.2.2 抗撕裂、冲击和顶破性能

6.2.2.1 主要性能

抗撕裂和冲击性能指材料遭受破坏时抵抗撕裂和冲击的性能，是纺织结构柔性复合材料必备的性能。

撕裂常发生于尖锐物的钩挂、撕扯作用和涂层织物。织物抗撕裂能力为抗撕裂性能，是树脂整理、涂层浸渍织物耐用性的重要指标之一，尤其是对单兵装备、膜结构建筑、降落伞、蓬帆布等织物。材料的冲击性能表示其在冲击或冲击载荷下吸收和耗散能量的能力，纺织结构柔性复合材料具有优良的抗冲击性能，可以应用在涡轮机叶片、个体防护等冲击发生的场合。柔性复合材料中，纺织结构增强体和涂层结构的材料性能及其组合方式会影响柔性复合材料的抗冲击性能。

在柔性复合材料的使用中，常受到多方向力的同时作用，主要体现为顶破作用。材料在一个垂直于其平面的负荷作用下，顶起或鼓起扩张而破裂的现象称为顶破或胀破，常发生于降落伞、滤尘袋、消防水管等器材上。

6.2.2.2　测试方法

（1）抗撕裂性能。织物在使用中因剪切力作用，纱线逐根拉断而破坏的现象叫做撕裂或撕破。常用的测试方法有：舌形法（单缝法和双缝法）、梯形法、落锤法等。测试标准有：GB/T 3917.2—2009《纺织品　织物撕破性能　第 2 部分：裤形试样（单缝）撕破强力的测定》、GB/T 3917.4—2009《纺织品　织物撕破性能　第 4 部分：舌形试样（双缝）撕破强力的测定》、GB/T 3917.3—2009/ASTM 4851—2015《纺织品　织物撕破性能　第 3 部分：梯形试样撕破强力的测定、冲击摆锤法》、GB/T 3917.1—2009《纺织品　织物撕破性能　第 1 部分：冲击摆锤法撕破强力的测定》、FZ/T 75008—2018《涂层织物　缝孔撕破性能试验方法》、ISO 4674—1:2016、ASTM D4851—2015、ASTM D1424—2021 等。

（2）冲击性能。有多种标准冲击试验方法可用于金属（ASTM E23）和非增强聚合物（ASTM D256）的测试，这些测试方法中有些也已用于纤维增强复合材料，如弹道冲击试验、低速跌落冲击试验和落锤冲击试验法等。常用的测试标准有：GB/T 1451—2005《纤维增强塑料简支梁式冲击韧性　试验方法》、GB/T 1451—2005、ASTM E23—2018、ASTM D256—2018 等。

（3）顶破性能。纺织结构柔性复合材料的顶破性能要优于其织物的顶破性能，这是因为柔性复合材料中的涂层结构会固定经纬纱线，阻止经纬纱之间的滑动，避免尖锐部件对纱线的直接接触，均匀了原本的集中力作用。虽然和纺织结构相比，涂层结构的承载能力很小，但也可以显著提高柔性复合材料的顶破性能。在顶破过程中，增强体织物中的纱线解体后，由于纱线的抽拔作用，附近织物的结构形态也发生了变化。而对于柔性复合材料来说，只有和刺锥接触的部分被刺穿而失效，不和刺锥接触的部分因受到涂层的固结作用，在顶破过程中只发生形变，顶破过程结束后恢复为原状。因此，涂层不仅明显地增加了机织物顶破强力，也减少了顶破损伤区域。

不同刺破条件、不同材料、不同结构对柔性复合材料或其增强体顶破性能均有影响。一方面，纱线拉伸强力越大，在顶破最终阶段所能承载的载荷越大，因此，柔性复合材料的顶破强力也就越大；另一方面，纱线的拉伸断裂强力主要影响柔性复合材料的刺破位移，纱线断裂伸长越大，纱线失效时，刺锥前进的距离越大，即柔性复合材料的顶破位移越大。对于机织物，经密越大，接触刺锥的经纱根数越多，在其他条件相同的情况下，柔性复合材料的顶破强力也就越大。对于钝性头端的刺锥，刺锥越宽，同时接触刺锥的受力纱线根数越多，柔性复合材料的顶破强力也就越大。在其他条件相同的情况下，涂层的力学性能越好，相应的柔性复合材料的顶破强力也就越大。

顶破强力试验机有弹子式、液压式及气压式等，也可用万能材料试验机。测试标准可参考：GB/T 7742.1—2005《纺织品 织物胀破性能 第1部分：胀破强力和胀破扩张度的测定液压法》、GB/T 7742.2—2015《纺织品 织物胀破性能 第2部分：胀破强力和胀破扩张度的测定气压法》、GB/T 24218.5—2016《纺织品 非织造布试验方法 第5部分：耐机械穿透性的测定（钢球顶破法）》等。测试时，将试验样品用夹具固定并保持水平，夹具起固定和防止滑移的作用，使用刺锥对试样进行顶破作用。根据试验过程中的载荷—时间曲线分析材料、组织结构等因素对测试结果的影响。

6.2.3 剥离强度

6.2.3.1 主要性能

剥离强度是指粘贴在一起的材料，从接触面进行单位宽度剥离时所需要的最大力，它反映材料的黏结强度。剥离强度越高，材料越不容易被破坏。涂层织物剥离强度或黏着强力的测定很重要，因为涂层与基布之间不适当地黏着，可能导致涂层与基布的剥离，从而导致材料失效。黏着强力较低也可能是由于耐磨性能差所引起的。剥离强度是膜结构等复合材料的一项重要性能指标。

6.2.3.2 测试方法

剥离强度是指涂料与基布之间或层压织物的层与层之间的黏合力，是涂层织物重要的物理性能指标之一。剥离强度除了与复合材料中基体和增强体的种类、密度有关外，还会被剥离速度所影响，通常剥离速度越大，测试得到的剥离强度越低。

一些测试方法认为剥离时可能会发生多种模式的作用。模式Ⅰ为裂纹扩展的开放模式或拉伸模式，模式Ⅱ为裂纹扩展的滑动模式或面内剪切模式，模式Ⅲ为裂纹扩展的撕裂模式或反平面剪切模式，这些模式也可能会同时发生。具体方法包括双悬臂梁法 DCB、边缘分层张力法 EDT 和端部切口挠曲测试等。

使用等速伸长试验仪 CRE 或万能材料试验机测试，测试时在规定条件下，以恒定速度将试样涂层与基布剥离一段距离，记录试样剥离过程中的剥离曲线，以计算试样的剥离强力。可参考的标准：FZ/T 60039—2013《膜结构用涂层织物　剥离强力试验方法》、FZ/T 01010—2012《涂层织物　涂层剥离强力的测定》、GB/T 34444—2017《纸和纸板　层间剥离强度的测定》、FZ/T 01063—2008《涂层织物　抗粘连性的测定》、FZ/T 60036—2013《膜结构用涂层织物　接头强力试验方法》、ISO 4578—1997、ISO 2411—2017、AATCC 136—2013 等。

6.2.4　应力松弛、蠕变和疲劳性能

6.2.4.1　主要性能

应力松弛和蠕变都是影响尺寸稳定性的重要因素，应尽量减少或消除。

应力松弛是材料在总变形量不变的条件下，其弹性变形随时间的延长不断转变成非弹性变形，从而引起应力逐渐下降并趋于一个稳定值的现象。

蠕变是指材料在应力作用下，应力保持不变，其非弹性变形量随时间的延长而缓慢增加的现象。应力越大，温度越高，则蠕变越甚。纺织结构柔性复合材料属于非线性黏弹性材料，一般情况下其形变由三部分组成：急弹性形变、缓弹性形变和塑性形变，蠕变产生的非弹性形变就是塑性形变。

疲劳性能的好坏直接影响材料的使用时间。疲劳破坏是机械零部件早期失效的主要形式，高疲劳寿命可以保证在服役期内零部件不会发生疲劳失效，包括对称应力下的疲劳、非对称循环应力下的疲劳、应变疲劳（低周疲劳）、疲劳裂纹扩展速率、热疲劳、腐蚀疲劳、接触疲劳、高温疲劳、低温疲劳等情况下的疲劳性能。

6.2.4.2　测试方法

（1）应力松弛。应力松弛测试使用万能材料试验机将试样拉伸至设定的伸长率停止拉伸，记录松弛过程中的负荷变化，直至设定的时间结束测试。作应力—时间曲线，分析伸长率、起始应力和拉伸速率等因素对应力松弛的影响。通常起始应力或伸长率越大，松弛得越快。测试标准可参考 GB/T 1685—2008《硫化橡胶或热塑性橡胶　在常温和高温下压缩应力松弛的测定》。

（2）蠕变。对平纹涂层织物来说，拉伸速率和初始应力的不同对蠕变测试结果有较大影响。拉伸速率一定时，初始应力越大，蠕变初始阶段的应变值越大，在稳态蠕变阶段的应变保持值越高；纬向的蠕变量比经向大，因为经向纤维卷曲度小，具有较大的拉伸刚度，变形较小，而纬向的卷曲度大，抗拉刚度相对较小，拉伸变形较大，当纤维被拉伸到一定程度，纬向纤维被拉直，抗拉刚度增大，拉伸变形增长变慢。

测试蠕变的方法一般分为两种。一种是常温下使用万能拉伸仪的常规方法，通过测得样品的应力、应变随时间变化的曲线确定样品的蠕变情况，如标准：GB/T 17637—1998《土工布极其有关产品　拉伸蠕变和拉伸蠕变断裂性能的测定》、FZ/T 60037—2013《膜结构用涂层织物　拉伸蠕变性能试验方法》、ASTM D5262—2021。另一种是升温加速法，如 ASTM D2990—2017、ASTM D5262—2021，近年来在升温加速法的基础上开发出了逐步升温加速法。

（3）疲劳。复合材料在应用过程中，由于承受变动载荷或反复承受应力，即使应力低于屈服强度，也会导致裂纹的萌生和扩展，以致构件材料断裂而失效，或使其力学性质变坏。材料的耐疲劳性能越好，能经受的反复作用次数就越多。

对纤维增强复合材料的大多数疲劳测试都是通过单轴拉伸—拉伸循环进行的。另外，也可以进行弯曲疲劳，层间剪切疲劳和面内剪切疲劳试验。测试标准有：GB/T 35465.6—2020《聚合物基复合材料疲劳性能测试方法　第 6 部分：胶黏剂拉伸剪切疲劳》、GB/T 35465.5—2020《聚合物基复合材料疲劳性能测试方法　第 5 部分：弯曲疲劳》、GB/T 35465.4—2020《聚合物基复合材料疲劳性能测试方法　第 4 部分：拉—压和压—压疲劳》、GB/T 35465.3—2017《聚合物基复合材料疲劳性能测试方法　第 3 部分：拉—拉疲劳》、GB/T 35465.2—2017《聚合物基复合材料疲劳性能测试方法　第 2 部分：线性或线性化应力寿命（S—N）和应变寿命（ε—N）疲劳数据的统计分析》、ASTM D3479/D3479M—2019 等。

6.3　界面性能

6.3.1　主要性能

纺织结构柔性复合材料的界面是指纺织结构中纤维与涂层树脂材料相互黏结时的接触面，是复合材料的基体与增强材料之间化学成分有显著变化的、构成彼此结合的、能起载荷等传递作用的微小区域。增强体和基体互相接触时，在一定条件的影响下，可能发生化学反应或物理化学作用，如两相间的元素互相扩散、溶解，会产生不同于原来两相的新相；即使不发生反应、扩散、溶解，也会由于基体的固化、凝固所产生的内应力，或者由于组织结构的诱导效应，导致接近增强体的基体发生结构上的变化或堆砌密度上的变化，从而使这个局部基体的性能不同于基体的本体性能，形成界面相。界面相也包括在增强体表面预先涂覆的表面处理剂层和增强体经表面处理工艺而发生反应生成的表面层。

柔性复合材料中纤维作为增强体是主要承受载荷的结构，涂层材料是连接纤维并传递载荷的结构，纤维与涂层材料间的界面是评价柔性复合材料可以承受载荷能力的决定性因素。优异的界面黏结性能可以在涂层结构与纤维之间有效传递载荷并充分发挥纤维的载荷承受能力，最终提高柔性复合材料的整体性能。

6.3.2　测试方法

目前，复合材料的界面结合强度一般采用宏观和微观两种方法表征。宏观方法是表征材料的力学性能来评价界面结合强度，如拉伸强度、层间剪切强度、弯曲强度等。微观方法是通过特定测试手段分析材料的界面结合强度，如单丝拉出试验、微滴黏结测试法和单纤维断裂法等。

6.3.2.1　宏观方法

评价界面结合强度的宏观测试方法有三点弯曲法、横向拉伸法、层间剪切法、圆筒剪切法、导槽剪切法及 Iosipescu 剪切法等（见 6.2.1.2）。其中，层间剪切法的样品制备和测试操作较简单，该方法已被广泛用来测试样品在受到平行于纤维方向的应力作用时的最大强度，以此来表征界面结合强度；横向拉伸法对界面结合力的强弱感应较灵敏，是目前表征界面拉伸性能的最有效方法。此外，导槽剪切法在航空航天领域应用较广泛。

6.3.2.2　微观方法

界面黏结强度决定了材料的界面性能，包括层间剪切强度（ILSS）和界面剪切强度（IFSS），前者可用剥离强度、剪切、弯曲等性能表征，后者的测试方法主要有单纤维抽拔法、微滴黏结测试法、单纤维断裂法和压出法，如图 6-5 所示。测试标准可参考 GB/T 14337—2008 和 ISO 20263—2017。

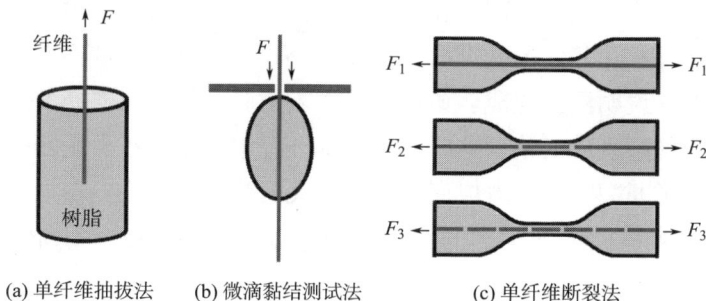

(a) 单纤维抽拔法　　(b) 微滴黏结测试法　　(c) 单纤维断裂法

图 6-5　IFSS 测试方法

（1）单纤维抽拔法。单纤维抽拔试验是评价纤维/基体界面黏结性能的常用方法，将纤维的一端埋入树脂基体中，另一端处于自由状态，采用拉伸试验机的下夹头固定住有基体包覆的试样一端，上夹头夹持纤维的自由端，采用较低的拉伸速度使上夹头向上移动进行测试。根据测试中得到的拉伸载荷，纤维/基体间IFSS 的计算公式如式（6-1）所示：

$$\tau = \frac{F_{max}}{d_f \pi l_e} \qquad (6\text{-}1)$$

式中：τ 为 IFSS；F_{max} 为纤维抽拔过程中受到的最大载荷；d_f 为纤维直径；l_e 为纤维在基体中的嵌入长度。

单纤维抽拔试验试样在拉伸过程中，纤维的自由端非常容易被拉断，导致试验失败，为保证纤维被完全拔出而不是破坏，试验要求纤维从基体中抽出来所需的拉伸应力应小于纤维的拉伸断裂强度。通常，纤维轴向应力随界面层厚度、纤维嵌入长度和体积分数的增大而增大，IFSS 随界面层厚度、纤维嵌入长度和体积分数的增加而减小。

（2）微滴黏结测试法。微滴黏结测试法是单纤维抽拔法的改进，将带有微滴状基体的纤维穿过刀口，微滴状基体发生脱粘，根据微滴状基体脱粘所需的力计算 IFSS，计算公式如式（6-2）所示：

$$\tau = \frac{F_{max}}{d_f \pi l_c} \qquad (6\text{-}2)$$

式中：τ 为 IFSS；F_{max} 为纤维和微滴状基体分离时所需的力；d_f 为纤维直径；l_c 为微滴状基体与纤维的接触长度。

（3）单纤维断裂法。单纤维断裂法目前已广泛用于表征纤维增强树脂基复合材料的界面性能。一般来说，单纤维断裂法需要一台拉伸试验机和偏振光显微镜配合使用，将试样两端分别固定在拉伸试验机的上下夹头上，对试样施加一定的应变增量，使纤维在基体中断裂成一个个的小碎片，直到纤维不再发生断裂，则到达饱和状态，说明测试完成。该项技术要求树脂基体的拉伸断裂应变值要远远大于纤维的拉伸断裂应变值，这样才可以保证纤维在基体中发生断裂达到饱和状态。通常，纤维断裂长度随着应变速率的增大而减小。

根据偏振光显微镜观察到的纤维断裂点数和断裂长度，对纤维/基体间的IFSS 进行计算，计算公式如式（6-3）所示：

$$\tau = \frac{\sigma_f d_f}{2l_c} \qquad (6\text{-}3)$$

式中：τ 为 IFSS；l_c 为临界纤维断裂长度；σ_f 为临界纤维断裂长度下的纤维拉伸断裂强度；d_f 为纤维直径。

（4）压出法。这种方法主要用于树脂基和陶瓷基复合材料界面剪切强度测试中，其原理如图 6-6 所示，须充分保证复合材料试样的截面与纤维轴方向垂直。在纤维的末端用一非常尖的金刚石锥将纤维从树脂中压出脱粘，记录纤维的脱粘力大小 F_d，求出脱粘时界面剪切应力 τ。这种方法的一个显著优点是它可以直接从复合材料部件上切下一小片进行试验，得出与实际相接近的值，且操作简单。

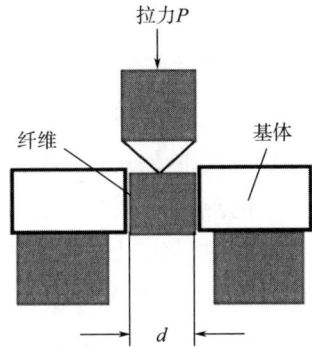

图 6-6　压出法测试方法

6.4　热学性能

由于纺织结构柔性复合材料及其制品都是在一定的温度环境下使用的，在使用过程中，将对不同的温度作出反映，表现出不同的热学性能。材料的组织结构发生变化时常伴随一定的热效应，因此，在研究热熔与温度的关系中可以确定热容和潜热的变化。热性能分析已成为材料科学研究中的重要手段之一，特别是对于确定临界点并判断材料的相变特征时有重要意义。材料的热学性能主要有热容、热膨胀、热传导、热稳定性等。

6.4.1　热机械性能

6.4.1.1　主要性能

当材料从环境中吸收热量时，材料的分子运动状态便会发生改变或复合材料中的相组分发生形态转变，材料的温度会升高。在较小的恒定的外部荷载作用下，往往表现为变形或尺寸随温度的升高而发生变化。材料的变形或尺寸随温度变化而发生改变的现象即为材料的热机械性能。

6.4.1.2　测试方法

材料的热机械性能是指在一定温度条件下材料的力学性能，对于纺织结构柔性复合材料，常常使用动态机械分析仪 DMA 和静态机械分析仪 TMA 测试其热机械性能。动态热机械分析仪被广泛用于材料的黏弹性研究，可获得材料的动态储能模量、损耗模量和损耗角正切等指标。让试样在一定温度、时间、频率、应力或应变、气氛和湿度等综合条件下测试蠕变、应力松弛和热机械等动态力学性能。测试力学性能的方式为单双悬臂梁法、三点弯曲法等。静态热机械分析仪主要用于对无机材料、金属材料、复合材料及高分子材料（塑料、橡胶等）的热膨胀系数、玻璃化转变温度、熔点、软化点、负荷热变形温度、蠕变等性能进行测试。配有膨胀夹具、拉伸夹具、三点弯夹具等测试装置，测试温度为 –100 ~ 1000℃。测试时需要设置合适的升、降温速率以及温度范围。测试标准有：ASTM E2918—2013《热机械分析仪性能验证的标准试验方法》，ASTM E2769—2016《采用三点弯曲和控制装载率进行热机械分析弹性模量的标准试验方法》、ASTM E1824—2013《拉力下热机械分析的玻璃转变温度分配的标准试验方法：拉伸法》等。

6.4.2 热导性能

6.4.2.1 主要性能

比热容是使材料温度升高 1K 所需的能量，它反映材料从周围环境中吸收热量的能力，不同温度下，热容不同。当材料一端的温度比另一端高时，热量从热端自动地传向冷端的现象称为热传导，通过导热系数 λ（也称热导率）的大小体现，导热系数越大，热传导越强。

6.4.2.2 测试方法

（1）比热容。比热容是热力学中常用的一个物理量，用来表示物质吸热或散热能力。比热容越大，物质的吸热或散热能力越强。它指单位质量的某种物质升高（或下降）单位温度所吸收（或放出）的热量，单位是焦耳每千克开尔文［J/（kg·K）］，即令 1kg 物质的温度上升 1K 所需的热量。

比热容的测定方法有直接法和间接法（比例法）两种。直接法就是在差示扫描量热仪（DSC）获得的曲线上，直接读取纵坐标热流率 dH/dt 数值和升温速率 β，根据比热容公式计算出比热容 c，但是这种方法往往有很大的误差，因此一般采用间接法测定。间接法是用试样和标准物质在其他条件相同下进行扫描，然后量出二者的纵坐标进行计算。具体做法是在 DSC 仪器上，先用两个空样品皿，以一定的升温速度作一条基线，然后放入标准物样品，用同样条件作一条 DSC 曲线，再用同样条件，作未知试样的 DSC 曲线，根据两条曲线、两个试样的质量和标准物的比热容计算出所测试样的比热容。比热容计算公式如式（6-4）所示：

$$c = \frac{Q}{m(t-t_0)} \tag{6-4}$$

式中：c 为比热容 ［J/（kg·℃）］；Q 为吸收或放出的热量（J）；m 为物体的质量（kg）；t_0、t 分别为物体的始末温度（℃）。

测试标准有：GB/T 19466.4—2016《塑料　差示扫描量热法（DSC）　第 4 部分：比热容的测定》、NB/SH/T 0632—2014《比热容的测定　差示扫描量热法》、GB/T 3140—2005《纤维增强塑料平均比热容试验方法》等。

（2）导热系数。材料的导热系数表示其导热能力，柔性复合材料通常具有较低的热导率，因此可以作为热绝缘材料使用。虽然国际上已经建立了分别适用于不同温度和状态以及不同物质的各种测量方法和装置，但由于纺织材料复杂的形态结构和特性，对其热传递参数测量技术方面的研究和相关应用较少。对于纺织材料，目前采用的测试方法有稳态的双平板法和保护热板法，有非稳态的平面热源法、热线法、激光脉冲法和 3ω"T"形法。不同的测试方法适用于不同的测试对象，见表 6-2。

表 6-2　纺织材料热传递参数测试方法比较

测试方法	测试指标（热传递参数）	适用对象
双平板法	导热系数	不含湿的厚型织物
保护热板法	导热系数	不含湿的厚型织物
平面热源法	导热系数、热扩散系数	纤维束、厚型织物
热线法	导热系数、热扩散系数	纤维束、织物
激光脉冲法	热扩散系数	薄型、传热性能较好的材料
3ω"T"形法	导热系数、热扩散系数	单根纤维

双平板法是基于一维稳态导热原理，在热板和冷板之间插入待测样品，在冷板和样品之间放置校正过的热流传感器，然后沿样品垂直方向通入单向的恒定热流。当两个平板的温度稳定后，测量样品的厚度，记录样品上下表面的温度和通过样品的热流量，根据傅立叶定律计算样品的导热系数。

保护热板法是目前应用最多的一种测试方法。保护热板法的原理与双平板相似，不同之处是在样品周围包上护板，降低侧面热量损失，提高了测量精度，但是存在与双平板法一样的缺点，稳定时间长，且样品需预干燥，以至于无法得到初始回潮率下的导热系数。

平面热源法是采用半无限大平板热传导原理，具有快速准确、可获得多参数的特点。

热线法适用于测量各向异性或者各向同性的材料，材料可以是均质的也可以是非均质的，已广泛地应用在气体、薄膜、低密度固体、粉末、含湿多孔介质等均质材料上。

激光脉冲法的测量原理是在薄片状待测样品的正面加上一个具有一定脉冲宽度的激光，吸收脉冲能量使背面温度升高，用热电偶测量其温度的变化。

3ω"T"形法是将变长度"T"形法和3ω测试技术相结合，能同时测量单根纤维沿轴向的导热系数、热扩散系数和热容，这种方法对测试装置及样品制备的技术要求高，设备较复杂，样品制作较费时。导热系数的计算公式如式（6-5）所示：

$$\lambda = \frac{\phi d}{A(t_1 - t_2)} \tag{6-5}$$

式中：λ 为导热系数 [W/（m·K）]；ϕ 为主加热板稳定时的功率（W）；d 为试样厚度（m）；A 为主加热板的计算面积（mm^2）；t_1、t_2 分别为试样的高、低温温度（℃）。

测量标准有：GB/T 10297—2015《非金属固体材料导热系数的测定　热线法》、GB/T 3139—2005《纤维增强塑料导热系数试验方法》等。

6.4.3　热稳定性

6.4.3.1　主要性能

热稳定性是指材料承受温度急剧变化而不致破坏的能力，又称为抗热震性。不同的应用场合对材料热稳定性的要求不同。材料的热稳定性与热分解温度、热导率、热膨胀系数等因素有关，因此热分解温度高、热导率高、热膨胀系数小的材料热稳定性好。

材料的热膨胀是指物体的体积或长度随温度的升高而增大的现象，不同物质的热膨胀特性是不同的，有的物质随温度变化体积变化较大，而另一些物质则相反。即使是同一种物质，由于晶体结构不同，也将有不同的热膨胀性能。在一些特殊环境中，材料需要面对超低温环境的考验。然而，纺织结构柔性复合材料通常在低温环境下都会变得质脆、韧性差且耐冲击性差，因此，应用于相关低温环境的材料需要通过耐低温性能测试。

6.4.3.2　测试方法

（1）热稳定性。材料的热稳定性取决于很多因素，如热分解温度、导热系数、热膨胀系数、材料模量等。其中通过热分解温度判断热稳定性的方法最常用，可以用差热分析仪 DTA、差示扫描量热仪 DSC 和热重分析仪 TGA 进行测试。

对于大多数固液和浆状物质在一定压力下的惰性或反应性气氛中的热稳定性，一般采用 DTA 或 DSC 测量物质的熔变温度（起始放热温度、外推起始放热温度和峰温）和反应熔的值来评价物质的热稳定性。根据测得的温差和温度曲线绘制 DTA 或 DSC 曲线，分析材料的热稳定性。测试时，不同的升温速率、试验温度范围和试验压力可能会影响测试结果。

测试标准有：GB/T 13464—2008《物质热稳定性的热分析试验方法》、GB/T 17391—1998《聚乙烯管材与管件热稳定性试验方法》、GB/T 9349—2002《聚氯乙烯、相关含氯均聚物和共聚物及其共混物热稳定性的测定　变色法》、HG/T 3311—2009《聚氯乙烯树脂热稳定性的测定　氯化氢水吸收法》、GB/T 15595—2008《聚氯乙烯树脂　热稳定性试验方法　白度法》等。

（2）热膨胀系数。热膨胀系数（CTE）是反应材料尺寸稳定性的重要指标，包括线热膨胀系数和体热膨胀系数，以线性热膨胀系数为主。线热膨胀系数是指固态物质当温度改变 1℃时，其某一方向上的长度的变化和它在 20℃（即标准实验室环境）时的长度的比值，它能反应材料的尺寸变化以及热应力大小，将纤维添加到聚合物基质中通常会降低其 CTE。通常情况下，物体的 CTE 很小，体热膨胀系数约等于三倍的线热膨胀系数。

热膨胀系数的计算公式如式（6–6）、式（6–7）：

$$\alpha = \frac{\Delta L}{L_0 \Delta T} \tag{6–6}$$

$$\beta = \frac{\Delta V}{V_0 \Delta T} \tag{6–7}$$

式中：α、β 分别为线、体热膨胀系数（1/℃）；L、L_0 分别为长度、初始长度；V、V_0 分别为体积、初始体积；T 为温度（℃）。

热膨胀系数的测试方法有干涉仪法、光杠杆法、应变计法、电容测微计法和热机械分析法，其中热机械分析法有静态热机械分析法和热膨胀测试仪法。热机械分析法（TMA）是以一定的加热速率加热试样，使试样在恒定的较小负荷下随温度升高发生形变，测量试样温度—形变曲线的方法，测试过程中，应控制升温速率不变，若材料有玻璃化转变温度，还要分别计算玻璃化转变前后的线热膨胀系数。热膨胀测试仪是在一定的温度程序、负载力接近于零的情况下，测量样品的尺寸变化随温度或时间的函数关系。测试标准可参考 GB/T 36800.2—2018《塑料　热机械分析法（TMA）第 2 部分：线性热膨胀系数和玻璃化转变温度的测定》。

（3）耐低温性。材料的耐低温性能通过极限脆化温度体现，即涂层织物在低温下受到一定的冲击力后，涂层产生破坏（开裂 50%）时的温度。脆化温度越低，材料的耐低温性能越好。测试仪器为低温冲击仪，有两种测试方法。一种是测试时将试样折成环形并放在低温室内，每次降低 5℃后使用落锤法对试样进行冲击测试，直至试样破坏；另一种是在预定低温下使用落锤法对试样进行冲击测试，观察材料是否产生破坏。测试标准可参考：GB/T 18426—2021《橡胶或塑料涂覆织物　低温弯曲试验》、FZ/T 01007—2008《涂层织物　耐低温性的测定》、FZ/T 01143—2018《涂层织物　低温耐折性能试验方法》、ISO 4675—2017、ASTM D751—2019。

6.5　光学性能

材料的光学性能是指材料对电磁波辐射、特别是对可见光的反应，主要是用材料对电磁波的吸收，反射和透射特性来衡量，在对材料性能机理进行分析时，还经常会提到光的折射和散射。如当一束光入射到玻璃中时，在材料的表面会发生光的反射，另外光也会透过玻璃，一般透过光的强度小于入射强度，这是因为玻璃会吸收一部分光。

6.5.1　透光率

6.5.1.1　主要性能

透光率是反映材料透光性的指标，透光性是表示光线透过介质的能力，是透过透明或半透明体的光通量与其入射光通量的百分比。值得注意的是，透光率很高的材料不一定是透明的。一些绝缘体的透光性与材料内部产生的散射有关。所谓散射，指的是光在传播中遇到不均匀结构时偏离原来的方向，主要是由反射、折射引起的。

6.5.1.2　测试方法

透光率是评价窗帘等遮光材料或聚合物复合材料显示屏等透光材料性能的重要指标。通常材料种类、本身的色彩、织物密度、厚度对透光率的影响较大。透光率的指标包括光通量、单色光谱透射比、总光通量透射比、相对光谱功率分布和光谱光视效率。

测试时，使光透过试样并用紫外（红外）光谱仪测定一定波长间隔的单色光谱透射比，然后计算总光通量透射比。光通量为某一波段的光谱能量和该波段的光谱光视效率的乘积。测试仪器可使用紫外—可见（UV—Vis）分光光度计等。测试标准有：FZ/T 01009—2008《纺织品　织物透光性的测定》、JC/T 782—2017《玻璃纤维增强塑料可见光透射比试验方法》等。

6.5.2　光反射 / 吸收性

6.5.2.1　主要性能

吸收率是指投射到物体上而被吸收的热辐射能与投射到物体上的总热辐射能之比，反射率是指物体反射的辐射能量占总辐射能量的百分比。反射率的大小主要取决于物体本身的性质（表面状况）以及入射电磁波的波长和入射角度，反射率总是小于或等于 1。

6.5.2.2　测试方法

当热辐射投射到物体上时，会发生光的反射、吸收和透过现象，其中入射光为反射光、分散光、吸收光和透过光之和。光的反射性能通过光的反射率体现，吸收性能的指标为光的吸收率。

一般反射率的测量可分为两种方法：绝对测量法（直接测量法）和相对测量法（比较测量法）。当被测反射功率与入射功率相比，则为绝对测量；先测出被测目标的反射功率和已知反射率的标准反射板的反射功率，再用其比乘以已知标准反射板的反射率，就可以得到被测目标的反射率，这种测量方法称为相对测量。测试仪器有反射率测定仪、光谱测试分析仪等。光谱测试分析仪根据波段不同可分为紫外—可见光分光光度计和红外分光光度计，根据测试原理不同可分为单色仪分光光度计和干涉型光谱测试系统。

光的吸收率是指投射到物体上而被吸收的热辐射能与投射到物体上的总热辐射能之比，可用光谱测试分析仪进行测试。

测量标准有：GB/T 25274—2010《液晶显示器（LCD）用薄膜　紫外吸收率测定方法》、JJF 1232—2009《反射率测定仪校准规范》、ASTM F1252—2016《透明材料光反射率的标准试验方法》、GB/T 21186—2007《傅立叶变换红外光谱仪》、GB/T 26798—2011《单光束紫外可见分光光度计》等。

6.6 电磁性能

纺织结构柔性复合材料的电磁性能包括抗静电性、导电性和电磁屏蔽性等。随着纺织材料在航空、航天、通信、家电、军事等领域的广泛应用，其电磁性能也越来越受到人们的重视。

6.6.1 抗静电性

6.6.1.1 主要性能

纺织材料是电的不良导体，它们具有很高的比电阻。纤维及其制品（特别是具有高绝缘性和疏水性的高分子聚合物）在生产加工和使用过程中，由于摩擦、牵伸、压缩、剥离及电场感应和热风干燥等因素的作用而产生静电。如果材料不具有抗静电性能，静电荷会在材料和加工机械上逐渐累积，引发各种障碍和危害。抗静电性能通常通过抗静电树脂整理、抗静电纤维、嵌入导电纤维实现。

6.6.1.2 测试方法

抗静电纺织材料可以减少或消除静电的产生，避免静电带来的安全问题和质量问题。纺织品的抗静电性能评定有静电压半衰期、电荷面密度、电荷量、电阻率、摩擦带电电压等指标，测试方法有电晕充电法、旋转机械摩擦法、手动摩擦法、极间等效电阻法等，这些方法的特点使用范围和标准如下。

（1）电晕充电法。适用于各类纺织织物，不适用于涉及个体安全及静电放电敏感装置防护的服装和服装材料的评价。使用电晕充电法测试半衰期法测试时，让试样在高静电场中带电稳定后，测定电压衰减一半所需时间，该方法操作简便，数据重现性好，是非破坏性测量，但衰减不符合指数规律，与测试电压密切相关。

（2）旋转机械摩擦法。适用于能够承受摩擦起电操作的各种成分和结构的织物，不适用于涉及个体安全及静电放电敏感装置防护的服装和服装材料的评价。旋转机械摩擦法是在一定张力下，将试样与标准布进行摩擦，测试其最高电压与平均电压，所用试样小，接触不充分，误差较大。

（3）手动摩擦法。适用于能够承受摩擦起电操作的各种成分和结构的织物，不适用于涉及个体安全及静电放电敏感装置防护的服装和服装材料的评价。手动摩擦法电荷面密度法将试样经过摩擦后投入法拉第筒，测试电荷面密度。该方法能较好反应实际的穿着特点和织物起电时的电晕放电能力，适于加入导电丝的抗静电织物的测试，但易受人为因素及其在静电电位序列中位置影响。

（4）极间等效电阻法。适用于电子、半导体、医药、食品等行业的洁净室及相关受控环境，用以制成洁净室服装、帽子、手套、鞋套等产品的织物。极间等效电阻法将织物试样与接地导电胶板良好接触，按规定间距和压力将专门的电极夹持于试样，经短路放电后施加电压，据电流值求得极间等效电阻（Ω）。在定电压下测出流过样品的电流，从而求得极间等效电阻。对静电性能均匀的静电泄漏型织物测量效果好。

（5）电荷量。适用于各类服装及其他纺织制品。

现现行的测试标准有：GB/T 12703.1—2021《纺织品　静电性能试验方法　第 1 部分：电晕充电法》、GB/T 12703.5—2020《纺织品　静电性能试验方法　第 5 部分：旋转机械摩擦法》、GB/T 12703.2—2021《纺织品　静电性能试验方法　第 2 部分：手动摩擦法》、GB/T 24249—2009《防静电洁净织物》、GB/T 12703.3—2009《纺织品　静电性能的评定　第 3 部分：电荷量》、工作服防静电性能的要求及试验方法 GB/T 23316—2009《工作服　防静电性能的要求及试验方法》、GB 12014—2019《防护服装　防静电服》、CNS 18080—2—2018、ISO 18080—2：2018 等。

6.6.2　导电性

6.6.2.1　主要性能

物体传导电流的能力叫做导电性，在纺织材料中经常添加导电物质来实现抗静电和导电的目的。电磁波会与电子元件作用产生干扰现象，影响电子器件的正常工作。

6.6.2.2　测试方法

材料的导电性能通过其电导率和电阻来体现，其中电导率是电阻的倒数，电阻由测试仪器两个电极之间的电压降除以电极之间的直流电流得出。通常，同种材料的长度越大、横截面面积越小、温度越高，电阻越大。电阻 R 和电阻率 ρ 计算公式如式（6-8）、式（6-9）：

$$R = \frac{\Delta U}{I} \tag{6-8}$$

$$\rho = \frac{RA}{l} \qquad (6-9)$$

式中：R 为电阻值（Ω）；ΔU 为电位电极之间的电压降（V）；I 为通过试样的电流（A）；ρ 为电阻率（Ω·m）；A 为垂直于电流方向的试样横截面面积（m^2）；l 为电位电极之间的距离（m）。

测试仪器可使用多功能万用表、电化学工作站、双电测数字式四探针测试仪等，测试标准有：GB/T 15738—2008《导电和抗静电纤维增强塑料电阻率试验方法》、FZ/T 50035—2016《合成纤维 长丝电阻试验方法》等。

6.6.3 电磁屏蔽性

6.6.3.1 主要性能

在日常生活中，很多办公设备和电子产品都会产生电磁波，当电磁波达到一定强度时，会引发人体病变。因此，防止电磁波辐射，以保障信息、武器系统安全以及人体健康成为迫切任务。纺织材料的导电性能对织物的抗静电性、电磁屏蔽等性能都有很大的影响，通常导电性能越好，抗静电性、电磁屏蔽性能就越好。通常，导电材料的含量高、织物紧度大、选用平纹组织时，电磁屏蔽效果更好。

电磁屏蔽效能指的是用导电或导磁材料制成的屏蔽体将电磁干扰能量限制在一定范围内的能力，用屏蔽效能 SE 表示，屏蔽效能 SE 数值越大，表示屏蔽效果越好。屏蔽效能以分贝（dB）表示，分贝值越大，表示屏蔽效果越好。屏蔽效能为 0，无屏蔽效果；屏蔽效能为 10dB 以下，屏蔽效果差；屏蔽效能为 10～30dB，屏蔽效果较差；屏蔽效能为 30～60dB，屏蔽效果中等；屏蔽效能为 60～90dB，屏蔽效果良好；屏蔽效能为 90dB 以上，屏蔽效果优。

6.6.3.2 测试方法

屏蔽效能为吸收损耗、反射损耗和多次反射损耗之和，通过有/无屏蔽材料时的电场强度（E_0/E_1）、磁场强度（H_0/H_1）或功率之比计算得出，计算公式如式（6-10）：

$$SE = 20\lg\frac{E_0}{E_1} = 20\lg\frac{H_0}{H_1} \qquad (6-10)$$

电磁屏蔽性能通常使用矢量网络分析仪（VNA）进行测试。材料屏蔽效能的测量方法如下：

（1）法兰同轴腔法。法兰同轴腔的测试频率在 30MHz～1.5GHz 范围内。该测试方法是由美国国家标准局推荐的一种测量材料屏蔽效能的方法，腔体由内导体和外导体构成，且两部分导体是分离的，样品放置在两个腔体的对接处，通过法兰和尼龙螺钉将腔体的两部分连接起来，依照 GJB 6190—2008《电磁屏蔽材料屏蔽效能测试方法》。常见的法兰同轴腔结构如图 6-7 所示。

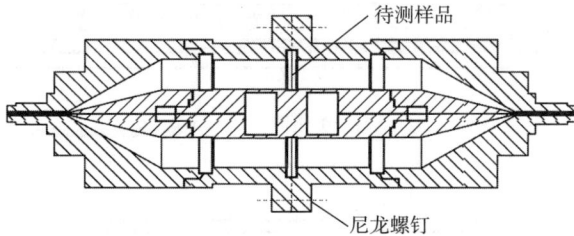

图 6-7　法兰同轴腔结构示意图

（2）屏蔽室法。屏蔽室法是美国电气和电子工程协会在 1969 年推出的一种测试方法，后来分别在 1991 年和 1997 年对这种测试方法进行了两次修正，在此基础上提出了关于屏蔽室测量材料屏蔽效能的 IEEE STD299—1997 标准，这种测试方法可以在相对较宽的频带内进行测量。在实际的测试过程中，由于会产生谐振，因此需要在标准文件中指出谐振公式。但是在不产生谐振的情况下，采用屏蔽室法测量材料屏蔽效能的结果是比较精确的，不足之处是屏蔽室的造价相对较高。常见的屏蔽室法结构如图 6-8 所示。

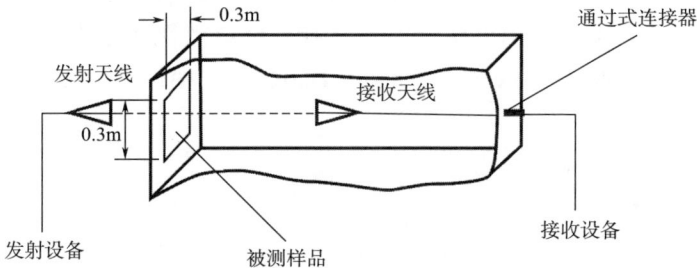

图 6-8　屏蔽室法结构示意图

（3）双盒法。双盒法是 1983 年美国材料试验协会推出的关于材料屏蔽效能测试方法，主要优点为测量相对简单、快速，不足之处是测试过程中会产生干扰主模工作的谐振频率，对测试结果有一定的影响，测量的重复性也容易受到支撑衬垫的影响，这对测试人员的操作提出了较高的要求，操作不当就会引起较大的测试误差。常见的双盒法结构如图 6-9 所示。

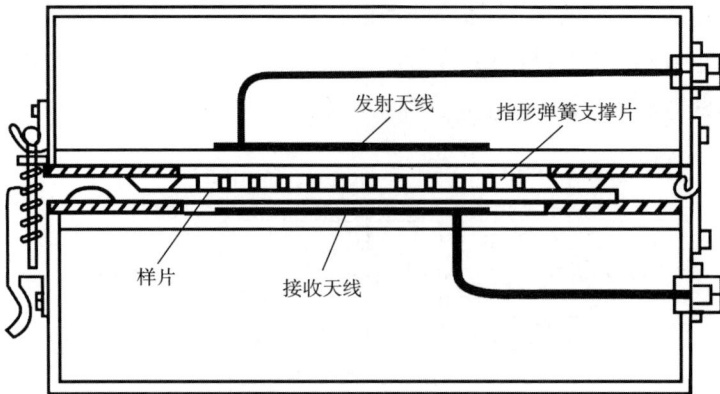

图 6-9　双盒法结构示意图

（4）波导管法。波导管法是将试样装入波导管中，测量电磁波通过样品区反射波和透射波获得散射参数，推算出材料的反射系数和传输系数，从而评价材料的屏蔽性能。

测试标准有：GJB 8820—2015《电磁屏蔽材料屏蔽效能测量方法》、GJB 6190—2008《电磁屏蔽材料屏蔽效能测量方法》、GB/T 30142—2013《平面型电磁屏蔽材料屏蔽效能测量方法》、GB/T 25471—2010《电磁屏蔽涂料的屏蔽效能测量方法》、GB/T 30140—2013《磁性材料在低频磁场中屏蔽效能的测量方法》、GB/T 33615—2017《服装　电磁屏蔽效能测试方法》、GB/T 27582—2011《光学功能薄膜　等离子电视用电磁波　屏蔽膜　屏蔽效能测定方法》、SJ 20524—1995《材料屏蔽效能的测量方法》、ASTM D4935—2010。

6.7　其他性能

纺织结构柔性复合材料的化学性能指的是材料受到外界条件（温度、压力、气氛等）变化的影响，或与某些侵蚀性介质接触时产生化学反应而引起的材料内部成分、结构和性能改变的现象。化学性能的好坏直接影响材料的使用寿命，研究材料的化学性能对于材料的实际应用有较高的指导作用。材料的自清洁性能、表面抗湿及抗渗水性、耐非水液体性对其实际应用也具有一定的促进作用。自清洁性能降低了清洁成本，表面抗湿及抗渗水性使材料具有防水性，这些特性在一定程度上扩大了材料的应用范围。

6.7.1　阻燃性

6.7.1.1　主要性能

纺织品的阻燃性能是指织物在接触火焰或炽热物体后，能防止本身被点燃或可减缓并终止燃烧的能力，适用于有明火、散发火花、熔融金属、易燃物质、易爆物质和有着火危险的环境。抑烟是指降低材料的着火性、火焰的传播速度、抑制大量发烟的阻燃技术。在发生火灾时，燃烧产生的烟雾往往对人体的伤害更大，因此对阻燃材料常常还有抑烟性能的要求。

复合材料由纤维和树脂组成，在火灾中，这两种聚合物阻燃性与各自的热稳定性有很大关联。复合材料的结构通常是分层的，因此倾向于分层燃烧。当受热时，第一层的树脂降解并且形成的可燃产物被点燃，热量会渗透到相邻的纤维层中，如果使用无机纤维，它将融化或软化；如果使用有机纤维，则将根据其热稳定性降解成较小的产物。然后，热量进一步渗透到下面的树脂中，导致其降解，并且纤维状（在某些情况下为树脂状）的降解产物将移动到燃烧区。通常，复合材料的厚度会影响其可燃性。

6.7.1.2　测试方法

目前评价阻燃性的方法很多，传统的方法有：氧指数测定法、垂直/水平燃烧试验法等，新的测试手段有锥形量热法。

氧指数测定法是指一定尺寸的材料装入试验装置中，在规定条件下，通入氧与氮的混合气体，将试样用点火器点燃，测定保持如蜡状持续燃烧所必需的最低氧浓度。氧指数高表示材料不易燃烧，即阻燃性能好。

垂直/水平燃烧试验法是指以上端被夹持的规定尺寸和形状的棒状试样处于垂直/水平位置且自由端暴露在规定气体火焰上的方式，测定试样有焰燃烧和无焰燃烧的时间及燃烧状态的试验方法。

锥形量热法使用锥形量热仪测试阻燃性能，它是当前能够表征材料燃烧性能的最理想的试验仪器，它的试验环境同火灾材料的真实燃烧环境接近，所得试验数据能够评价材料在火灾中的燃烧行为。锥形量热仪的主要工作原理是耗氧原理，当样品在锥形电加热器的热辐射下燃烧时，火焰就会消耗掉空气中一定浓度的氧气，并释放出一定的燃烧热值。根据材料在燃烧时，消耗氧气量的计算、测量在燃烧过程中的热释放速率、质量损失速率等参数，用来分析判断材料的燃烧性能。

测试标准有：GB/T 8924—2005《纤维增强塑料燃烧性能试验方法　氧指数法》、GB/T 5455—2014《纺织品　燃烧性能　垂直方向损毁长度、阴燃和续燃时间的测定》、GB/T 16172—2007《建筑材料热释放速率试验方法》、ISO 5660-1：

2015《对火的反应试验　热释放率、发烟率和质量损失率　第 1 部分：热释放率（锥形热量计法）》等。

6.7.2　耐酸碱性、耐氧化性和耐老化性

6.7.2.1　主要性能

纺织结构柔性复合材料往往需要长期暴露在外界环境中，有时会因为环境的酸碱性或氧化作用而受到侵蚀，导致使用寿命大大降低，因此需要更高的耐酸碱性能和抗氧化性能。耐老化性能指在低温、高温或大温差大气压变化作用下，长期抵抗破坏和疲劳作用的能力，能直接反映纺织结构柔性复合材料使用寿命的长短。耐酸碱性、抗氧化性和耐老化性能都反应了材料抵抗外界作用的能力。

耐酸碱性是指物体对酸液或碱水浸泡的耐力，在浸泡后性能下降的越少则抗酸碱性能越好。耐氧化性是指材料在高温时抵抗氧化性气氛腐蚀作用的能力。耐酸碱性和抗氧化性一般通过材料在耐酸碱性和抗氧化性测试下的质量损失率来体现，测试时以酸碱液和氧化剂溶液代替自然作用的效果。

6.7.2.2　测试方法

（1）耐酸碱性。进行耐酸碱性测试时，需要将试样置于电热型恒温水浴锅中，用酸（碱）溶液进行浸泡处理，浸泡完毕后用万能材料试验机测试其拉伸、撕裂、剥离等力学性能，使用电子天平测试质量损失率等指标。在使用酸（碱）溶液浸泡试样时，需要控制溶液的温度和处理的时间这两个重要因素。通常，随着温度或处理时间的增长，试样的断裂强度会下降，而断裂伸长率会上升。另外，酸（碱）的强度也对性能有很大影响，试样的质量损失率会随着强度增加下降，应根据试样材料的不同而选用不同的浸泡液。

测试标准有：FZ/T 50026—2014《聚苯硫醚纤维耐酸、耐碱、耐高温性能试验方法》等。

（2）耐氧化性。测试方法主要有两种。第一种方法与测试材料耐酸碱性能类似，将试样在双氧水溶液中处理后，测试试样的力学性能并绘制纤维断裂强度的变化曲线，一般来说，处理温度和溶液浓度对试样的影响较大。第二种方法是使用热重分析仪在恒温条件下将试样氧化一段时间，利用热重法测量物质的质量随温度（或时间）的变化关系。根据失重与时间的关系曲线可知复合材料被氧化的过程，从而比较它们的耐氧化性能。（测试标准有：ISO 13438—2018《土工织物和土工织物相关产品　测定耐氧化性的筛选试验方法》）。

（3）耐老化性。材料的耐老化性能测试主要有光加速老化法、热空气加速老化法和湿热环境加速老化法。

光加速老化法用氙弧灯（以 GB/T 8427—2009 为标准）模拟强化的光、热等老化环境，曝晒一段时间后，测试材料的力学性能、耐磨性、质量等指标的变化程度。

热空气加速老化试验主要有烘箱法和氧压法，试验过程中将试样暴露在较高温度的大气中，加速增塑剂的挥发，随后测定试样力学性能和质量的损失，由此评价产品的耐老化性能。

测试标准有：FZ/T 75002—2014《涂层织物　光加速老化试验方法　氙弧法》、FZ/T 01008—2008《涂层织物　耐热空气老化性的测定》、GB/T 16259—2008《建筑材料人工气候加速老化试验方法》、GB/T 24135—2009《橡胶或塑料涂覆织物　加速老化试验》、ISO 1419：2019、ASTM D751—2019 等。

6.7.3　自清洁性、表面抗湿性、抗渗水性、耐非水液体性

6.7.3.1　主要性能

拥有自清洁性的材料能够利用阳光、空气、雨水，自动保持材料表面的清洁。纺织结构柔性复合材料获得自清洁性后，不仅可以大大降低清洁的成本，也能减少灰尘、积水对材料的腐蚀，从而延长使用寿命。在涂料业，拒水性的涂膜不易附着污迹是主流认识，但自清洁 FEVE 氟碳涂料具有亲水表面，使沉降在涂膜表面的砂土等亲水性污染物很容易被雨水冲走，而亲油性污染物由于在亲水性表面无法很好地吸附，一旦受到雨水冲刷，很容易从涂膜表面被清除，从而起到利用雨水这一天然资源进行自我清洁的作用，使被涂物长期保持整洁美观的状态，同时还具有 FEVE 氟碳涂料原有的超强耐候性能。

表面抗湿性测试是拒水度测定——喷淋试验，常用于评价防水整理的效果，该方法与渗透性有一定关系，但通常只测定产品表面亲水或憎水性能，而不测定渗水的情况。沾水性试验是帐篷布、篷盖类材料防水性能指标中不可缺少的。表面抗湿性测试测定的沾水等级与抗静水压等级、水渗透量等指标共同反映了材料抵抗被水润湿和渗透的性能，即防水性。

织物抗渗水性（即耐静水压指标）是防水织物的重要指标之一，织物能承受的静水压越大，防水性就越好。抗渗水性能是邮袋布、雨衣布等织物的重要性能指标。耐非水液体性是复合材料的重要性能之一，因为复合材料中的基质材料往往含有易被有机溶剂所萃取的一些增塑剂，它们遇到有机溶剂后被萃取，致使涂

层膜发硬、发脆或变形，使涂层产品发生卷曲。另外有些涂层膜也会在有机溶剂中膨化变形，或部分溶解，导致材料失效。

6.7.3.2 测试方法

（1）自清洁性。自清洁性测试的是材料在雨水、阳光等自然因素的作用下，无须人工擦洗，就能将表面灰尘、油污等污染物去除的能力。测试方法主要有耐粘污性测试对比，材料的耐粘污指数 D_c。

测试标准有：GB/T 31815—2015《建筑外表面用自清洁涂料》、FZ/T 60038—2013《膜结构用涂层织物　防污性能试验方法》。

（2）表面抗湿性。表面抗湿性测试是将试样安装在环形夹持器上，保持夹持器与水平成 45° 角，并使试样中心位置与喷嘴下端有一定距离。测试时，用蒸馏水或去离子水喷淋试样，通过观察试样的外观和沾水现象（湿润面积占比）评价材料的沾水等级。

测试标准有：GB/T 4745—2012《纺织品　防水性能的检测和评价　沾水法》、ISO 1420：2016、AATCC 22—2017 等。

（3）抗渗水性。纺织结构柔性复合材料的防水性能主要通过静水压、沾水试验这两项试验方法的检测结果来表示。静水压表示水通过复合产品时所遇到的阻力，即在标准大气条件下，产品接触水面，承受持续上升的水压，直到织物背面有三处渗出水珠时为止，此时测得的水的压力值表示产品的抗渗水性能。静水压越大，表示材料的抗渗水性越好。

抗渗水性测试仪器由一个带试样夹持装置的敞口容器组成。容器的底部有一个进水口，与充有室温水的进水管相连。测试时使用压力计或压力标尺记录水压值和。测试时，在规定条件下，待涂层织物试样的一面受到持续上升的水压作用，直到达到规定的水压值。在规定的时间内观察是否有渗透发生或持续加压直到渗透发生为止。

测试标准有：FZ/T 01004—2008《涂层织物　抗渗水性的测定》、GB/T 33732—2017《纺织品　抗渗水性的测定　冲击渗透试验》、GB/T 24218.16—2017《纺织品　非织造布试验方法　第 16 部分：抗渗水性的测定（静水压法）》、FZ/T 01038—1994《纺织品防水性能　淋雨渗透性试验方法》、ISO 811：2018、ISO 1420：2016、ASTM D751—2019、AATCC 35—2018、AATCC 42—2013、ASTM D3393—2014 等。

（4）耐非水液体性。测定方法是将被检产品浸没在非水液体中，在室温下经过一定时间后，取出试样，观察试样变化情况与评定变色用灰色样卡对比并评级。具体方法有静态法和动态法两种，动态法测试时试样还会与若干不锈钢片产生摩擦作用。测试时，处理时间和非水液体的种类等实验条件应保持一致。

测试标准有：FZ/T 01065—2008《涂层及涂料染色和印花织物　耐有机溶剂性的测定》。

6.8　本章小结

纺织结构柔性复合材料在不同领域具有不同的性能要求，本章就几种应用领域的性能要求作了介绍，同时还总结了常用的测试方法和指标，包括拉伸、压缩、弯曲、剪切、疲劳等性能测试方法，为纺织结构柔性复合材料的性能测试提供参考。

列举了纺织结构柔性复合材料对基本物理性能、力学性能、界面性能、热学性能、光学性能、电学性能和其他性能的一般要求。

列举了基本物理性能、力学性能和其他性能的测试方法，分别介绍了测试原理及方法、测试仪器、影响因素、性能指标和测试标准。

参考文献

［1］MALLICK P K. Fiber-reinforced composites materials, manufacturing, and design［M］. Michigan : Taylor & Francis Group, 2007: 248-391.

［2］LONG A C. Design and manufacture of textile composites［M］. Cambridge : Woodhead Publishing Limited, 2005: 307-245.

［3］WALTER FUNG. Coated and laminated textiles［M］. Cambridge : Woodhead Publishing Limited, 2002: 266-270.

［4］于健. 聚合物锥形量热法的测试操作与分析［J］. 橡塑技术与装备, 2009, 35（11）: 16-21.

［5］王浩, 闫畅, 赵博研, 等. 机织物撕裂强力测试方法比较与分析［J］. 纺织检测与标准, 2018, 4（3）: 17-21.

［6］张浩. 纤维增强复合材料剪切试验方法综述［J］. 科技创新导报, 2015, 12（21）: 65-66.

［7］伏广伟, 贺显伟, 陈颖. 导电纤维与纺织品及其抗静电性能测试［J］. 纺织导报, 2007（6）: 112-114.

［8］陈洁, 易长海, 王罗新, 等. 水性环氧树脂基复合材料的耐酸碱性能［J］. 合成树脂及塑

料，2009，26（6）：62–65.

［9］尹洪基. 树脂及石墨含量对 MgO–C 砖密度及氧化性的影响［J］. 耐火与石灰，2007（3）：29–33.

［10］陈烈民，沃西源. 航天器结构材料的应用和发展［J］. 航天返回与遥感，2007（1）：58–61.

［11］顾正铭. 平流层飞艇蒙皮材料的研究［J］. 航天返回与遥感，2007（1）：62–66.

［12］戴义方. 高空气球球膜性能的改进［C］// 中国空间科学学会空间探测专业委员会. 空间探测的今天和未来——中国空间科学学会空间探测专业委员会第七次学术会议论文集：下册. 中国空间科学学会空间探测专业委员会：中国空间科学学会空间探测专业委员会，1994：42–48.

［13］田莉莉，方贤德. NASA 高空气球的研究及其进展［J］. 航天返回与遥感，2012，33（1）：81–87.

［14］朱怡俊，陈南梁. 篷盖类柔性复合材料的现状和发展［J］. 产业用纺织品，2004（4）：7–10.

［15］邱红娟，徐燕娜. 经编防护网的产品开发及性能探讨［J］. 针织工业，2005（9）：1–4.

［16］李楠，蒋金华，邵光伟，等. 经编网格织物的性能研究［J］. 针织工业，2016（1）：23–27.

［17］陈南梁. 经编网眼织物在高科技纺织品中的应用［J］. 纺织导报，2013（9）：68–70.

［18］李婕，储才元. 汽车用安全气囊及其织物（下）——性能要求与生产技术［J］. 纺织科学研究，1998（4）：39–43.

［19］葛振余，吴丽莉，俞建勇，等. 聚氨酯涂层织物撕裂强力的研究［J］. 东华大学学报（自然科学版），2004（4）：66–71.

［20］陈思，龙海如. 经编间隔织物增强聚氨酯基复合材料的压缩性能［J］. 东华大学学报（自然科学版），2015，41（3）：282–287.

［21］苗亚敏. 间隔织物增强有机 / 无机复合材料的压缩性能研究［D］. 天津：天津工业大学，2017.

［22］王祥兴，何如榕. 涂层织物性能测试概述［J］. 印染助剂，1987（3）：32–36.

［23］田亮，罗宇，梁嫄，等. 纤维 / 织物增强复合材料层压板弯曲性能及破坏机理实验研究［J］. 实验技术与管理，2013，30（10）：38–43.

［24］吴斌峰，孙清，李亮，等. E 玻璃纤维增强环氧树脂基复合材料剪切性能［J］. 电力建设，2014，35（11）：79–84.

［25］赵德方，阳玉球，张志远，等. 玻璃纤维毡增强复合材料的低周拉伸疲劳性能研究［J］. 玻璃钢 / 复合材料，2016（5）：41–47.

［26］侯利民，王盛楠. 柔性复合材料及其增强体顶破形态和机理的研究［J］. 纤维复合材料，2012，29（1）：33–36.

［27］童元建. 低速冲击损伤对玻璃纤维复合材料应力松弛行为影响（英文）［C］// 中国硅酸盐学会玻璃钢分会. 第十九届玻璃钢 / 复合材料学术交流会论文集. 中国硅酸盐学会玻璃钢分会：中国硅酸盐学会，2012：106–110.

［28］肖俐. 热线法测试纺织纤维导热系数的方法研究［D］. 上海：上海工程技术大学，2016.

［29］王祥兴，何如榕. 涂层织物性能测试概述［J］. 印染助剂，1987（3）：32-36.

［30］中远关西推出国内首款自清洁氟碳涂料［J］. 电力技术，2010，19（10）：82.

［31］刘平，吴刚，唐柏鉴，等. PVDF涂层织物拉伸力学性能试验研究［J］. 东南大学学报（自然科学版），2017，47（6）：1195-1200.

［32］卓道新. 涂层织物的拉伸性能［J］. 天津纺织工学院学报，1990（1）：8-10.

［33］鲁亚稳，赵晓明. 电磁屏蔽织物的研究现状及影响因素［J］. 成都纺织高等专科学校学报，2016，33（3）：206-210.

［34］王健华. 低热膨胀系数聚酰亚胺薄膜的制备及性能研究［D］. 北京：北京化工大学，2018.

［35］MAROTZKE C . The elastic stress field arising in the single-fiber pull-out test［J］. Composites Science & Technology，1994，50（3）：393-405.

［36］ZHU D S，GU B Q. Micromechanical analysis of single-fiber pull-out test of fiber-reinforced viscoelastic matrix composites［J］. Advanced Materials Research，2012，399-401：556-560.

［37］KANG S K，LEE D B，CHOI N S . Fiber/epoxy interfacial shear strength measured by the microdroplet test［J］. Composites Science & Technology，2009，69（2）：245-251.

［38］FEIH S，WONSYLD K，MINZARI D，et al. Establishing a testing procedure for the single fiber fragmentation test［J］. Forskningscenter Riso，2004.

［39］GONG X J，ARTHUR J A，PENN L S，Strain rate effect in the single - fiber - fragmentation test［J］. Polymer Composites，2001，22（3）：349-360.

［40］王恒武，王继辉，朱京杨，等. 纤维增强树脂基复合材料界面粘结强度测试方法探讨［J］. 玻璃钢/复合材料，2003（3）：42-45.

第7章 有限元分析方法

材料的性能参数其结构设计以及应用服役都有重要的指导意义。相比单向复合材料，纺织结构复合材料细观结构更加复杂，增强体纱线呈现周期性屈曲以及相互交织的状态，表现出更为复杂的形态以及空间取向。纺织结构复合材料的宏观力学行为由增强体、基体以及界面相共同决定，丰富的纺织结构极大地提高了增强体结构设计的灵活性，为设计各种不同性能的复合材料提供了选择，但也为复合材料宏观力学性能的预测带来了挑战。纺织结构复合材料是在单向纤维复合材料的基础上，改变了增强纤维的空间形态，使其由原来的单向铺丝变化成为周期性循环组织，因此可以通过代表性体积单元（RVE）结合单向复合材料的计算方法来模拟预测纺织结构的力学行为。

有限元分析方法通过将复合材料进行建模计算可以模拟预测材料的力学行为，详细地预报材料内部结构的应力场以及损伤积累等状态，为材料的设计优化以及工程应用提供参考。多尺度分析方法是在代表性体积单元以及单向复合材料的计算方法基础上，将纺织结构复合材料分为多个尺度（微观尺度、细观尺度和宏观尺度），由微观尺度预报细观尺度的材料性能，再由细观尺度预报宏观尺度的材料性能。多尺度方法可采用多步均匀化或结合有限元方法进行计算，由于考虑了纺织结构复合材料的多尺度特点，该方法计算精度较高，同时弱化了纺织复合材料结构的复杂性，从而减少了计算量，提高了计算效率。

从复合材料力学理论的角度来看，纺织结构柔性复合材料在外力作用下容易发生大变形，使其力学性质呈现非线性，这就导致原本刚性复合材料分析中使用的线弹性假设条件不能应用于柔性复合材料中，使柔性复合材料的细观结构发生变形、破坏等，有限元研究变得困难。纺织结构柔性复合材料建模和有限元分析的常用软件包括 ABAQUS、ANSYS、LMC–SAMTECH、MSC、HYPERMESH 等，这些软件可以解决复杂的非线性问题。

7.1　纤维束力学性能预报

7.1.1　纤维束力学有效性能预报

从细观尺度分析编织复合材料的力学性能时，首先需要确定纤维束的基本力学性能。根据纤维束的形态不同，可以分为笔直、扭曲和弯曲的纤维束。笔直的纤维束可以认为是单向复合材料，通过对纤维束有效性能和强度性能的预报，可以为进一步从细观尺度分析纺织复合材料的力学性能奠定基础。

三维编织复合材料单胞由纤维束和基体组成，纤维束由纤维和基体组成，为横观各向同性材料，具有 5 个材料常数，如图 7-1 所示。单胞中基体位于纤维束交织空隙处，为各向同性材料。

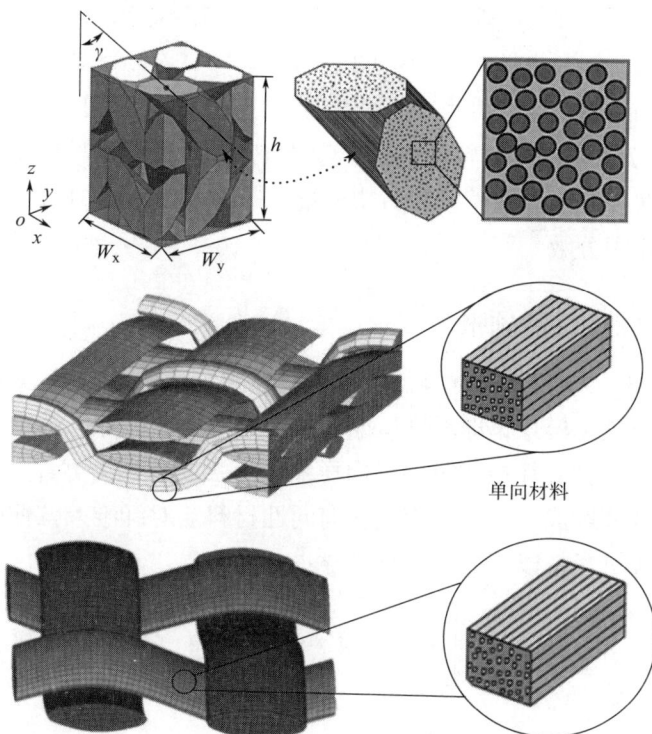

单向材料

图 7-1　三维编织、三维机织以及平纹机织单胞纱线束示意图

通过简单的混合率方法可以很好地得到纤维增强复合材料纵向的弹性模量和泊松比，纤维束的弹性模量可以由以下公式进行推导：

$$E_{11} = E_{f1}V_1 + E_m V_m$$

$$E_{22} = E_{33} = \frac{E_m}{\left(1 - \sqrt{V_1}\right)\left(1 - \dfrac{E_m}{E_{f2}}\right)}$$

$$G_{12} = G_{13} = \frac{G_m}{\left[1 - \sqrt{V_f}\left(1 - \dfrac{G_m}{G_{f12}}\right)\right]}$$

$$G_{23} = \frac{G_m}{\left[1 - \sqrt{V_f}\left(1 - \dfrac{G_m}{G_{f23}}\right)\right]}$$

$$v_{12} = v_{13} = v_{f12}V_f + v_m V_m$$

$$v_{23} = \frac{E_{22}}{2G_{23} - 1}$$

（7-1）

式中：E_{11}，E_{22}，E_{33} 分别为纤维束在空间坐标在 x，y，z 三个方向的杨氏模量；G_{12}，G_{23}，G_{13} 分别为纤维束在空间坐标在 x，y，z 三个方向的杨氏模量剪切模量；v_{12}，v_{23}，v_{13} 分别为纤维束在空间坐标 x，y，z 三个方向的杨氏模量泊松比；E_m，v_m，G_m 为分别为基体材料的弹性模量、泊松比和剪切模量；E_{f1}，E_{f2}，G_{f12}，G_{f23} 为纤维的纵、横向弹性模量和剪切模量，v_{f12} 纤维横向泊松比；V_f，V_m 分别为纤维和基体的体积分数。

7.1.2 纱线束强度性能预报

Chamis 给出了基于组分材料预报单向复合材料强度的细观模型公式，假设纵向压缩有三个破坏模式，即纤维压缩断裂、纤维扭曲破坏、纤维基体界面脱粘的压缩破坏，在三种破坏模式下的纵向压缩破坏强度分别为 F_{1C1}，F_{1C2}，F_{1C3}。纤维束由纤维和基体组成，可看作横观各向同性材料。对纤维束拉伸强度、压缩强度和剪切强度等可通过以下公式进行推导：

$$F_{1T} = S_{fT}\left[V_f + \left(1 - V_f\right)\frac{E_m}{E_{f11}}\right]$$

$$F_{1C1} = S_{fC}\left[V_f + \left(1 - V_f\right)\frac{E_m}{E_{f11}}\right]$$

$$F_{1C2} = \frac{G_m}{1 - V_f\left(1 - \dfrac{G_m}{G_{f12}}\right)}$$

（7-2）

$$F_{1C3} = 13\beta\left(\alpha - 1 + \frac{G_m}{G_{f12}}\right)\frac{G_{12}}{\alpha G_m}S_{mS} + S_{mC}$$

$$F_{2T} = \beta\left(1 - \sqrt{V_f}\right)\frac{E_{f22}}{E_m}\frac{E_{22}}{E_{f22} - \sqrt{V_f}E_{22}}S_{mT}$$

$$F_{2C} = \beta\left(1 - \sqrt{V_f}\right)\frac{E_{f22}}{E_m}\frac{E_{22}}{E_{f22} - \sqrt{V_f}E_{22}}S_{mC}$$

$$F_S = \beta\left(1 - \sqrt{V_s}\right)\frac{G_{f12}}{G_m}\frac{G_{12}}{G_{f12} - \sqrt{V_f}G_{12}}S_{mS}$$

（7-2）

式中：F_{1T}，F_{1Ci}（$i=1$，2，3），F_{2T}，F_{2C}，F_S 分别为纤维束纵向拉伸、压缩、横向拉伸、压缩和剪切强度；V_f 为纤维体积比；E_m，G_m 为基体材料的弹性模量和剪切模量；E_{f11}，E_{f22}，G_{f12} 分别为纤维束中纤维纵向模量、横向模量和剪切模量；E_{22}，G_{12} 为纤维束中纤维横向模量和剪切模量；S_{fT}，S_{fc} 为纤维拉伸和压缩强度；S_{mT}，S_{mC}，S_{mS} 为基体拉伸强度、压缩强度和剪切强度。

α 和 β 这两个系数的计算分别为：

$$\alpha = \sqrt{\frac{\pi}{4V_F}}, \quad \beta = \frac{1}{\alpha - 1}\left(\alpha \frac{E_M}{E_{F22}\left[1 - V_F\left(1 - \frac{E_M}{E_{F22}}\right)\right]}\right)$$

（7-3）

7.2　纺织复合材料有效性能分析方法

7.2.1　均匀化方法基本理论

数学上的均匀化理论是 Babuska、lions、Oleinik、Kesavan 等在 20 世纪 70 年代中期提出的，是一套严格的数学理论。针对复合材料的多尺度建模与计算，很多力学和材料学者基于双尺度渐进分析方法开展了大量的研究工作。由于均匀化理论可以详尽地考虑材料的细观结构，因此在复合材料的力学性能研究中发挥着重要作用。用摄动技术把原问题转化为一个细观问题与一个宏观均匀化问题。通过分析其中一个细观单胞的组成，进而平均整个材料的宏观性能。

7.2.2 平纹机织单胞预测结果

图 7-2 所示为平纹机织单胞有限元预测流程和结果。

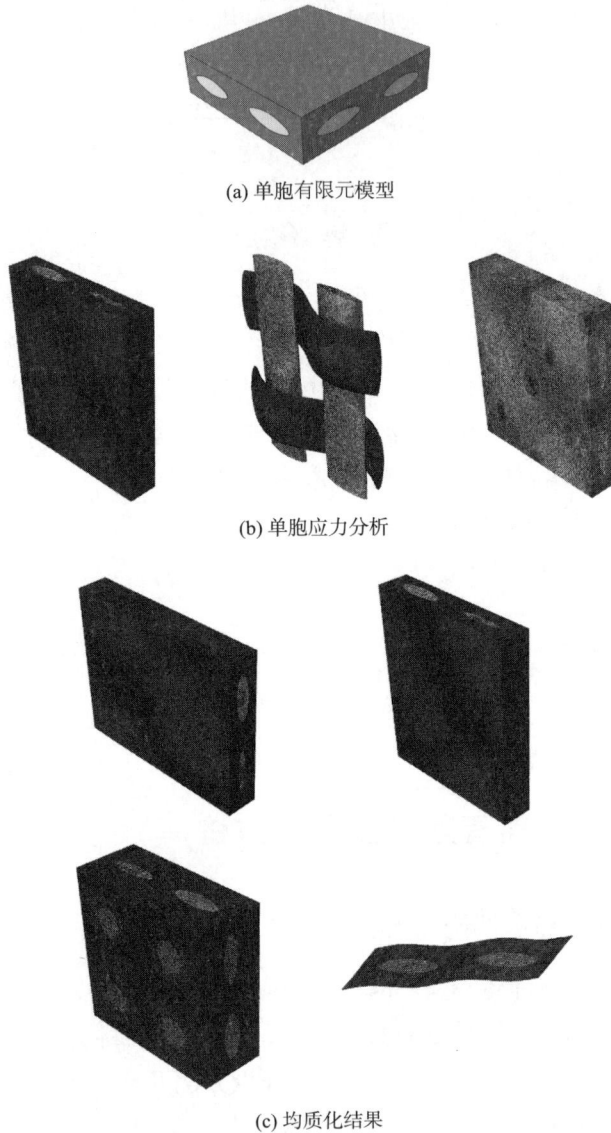

(a) 单胞有限元模型

(b) 单胞应力分析

(c) 均质化结果

图 7-2 平纹机织单胞有限元预测流程和结果

7.2.3 周期性边界条件

三维编织复合材料的编织结构虽然复杂，但是呈现周期性结构规律，可以选取三维编织材料内部单胞来进行力学性能分析，而对周期性单胞或者体积代表单元进行分析时，需要施加周期性边界条件。

　　纺织复合材料纤维束的空间结构比较复杂，但其细观结构呈现良好的周期性。结构内部存在只通过平移不需要旋转就能形成整个宏观结构的细观单元。基于单胞模型的细观有限元分析，合理施加边界条件是准确获得细观力学响应的重要保证。对于周期性细观结构的连续材料，相邻单胞边界处应同时满足两个条件：变形协调和应力连续。如对单胞施加均匀应变边界条件，将得到材料弹性常数的上限，同时，相邻单胞边界通常难以满足应力连续条件。如对单胞边界施加均匀应力边界条件，将得到材料弹性常数的下限，同时，相邻单胞边界通常难以满足变形协调条件。Whitcomb、Xia、Li 等给出了周期性边界条件的数学表达，并应用于纺织复合材料单胞模型的有限元分析中。

　　在纺织复合材料细观力学分析中，代表体积单胞（RUC）和代表体积单元（RVE）是两个最常见的概念，在许多文献中它们是相通的，并没有特别地加以区别，其实 RVE 是比单胞更为宽泛的一个概念。RVE 可以是一个单胞，也可以是 1/4 单胞或者 1/8 单胞，如图 7-3 所示。只需要对图中的代表体积单胞进行平移变换就能形成整个宏观结构材料，而图中的代表体积单元是在代表体积单胞的基础上，利用镜面对称和旋转对称得到的比代表体积单胞尺度进一步缩小的模型，从而使有限元分析的计算成本大幅下降。单从最后提取的代表性模型可以看出，代表体积单元可能与代表体积单胞相同，但不同之处在于其所施加的边界条件，具体的周期边界条件形成依赖于材料的结构形式、RVE 的选取及所施加的载荷。利用最小的 RVE 细观模型可以有效地降低计算量，但极大增加了周期性边界条件的施加难度。随着计算机硬件水平的提升，对于计算成本的考虑已经比较淡化（除非在极其复杂的非线性问题中），因此没有必要提高施加边界条件的复杂程度而降低结构模型的计算量，目前在计算具有周期性细观单胞结

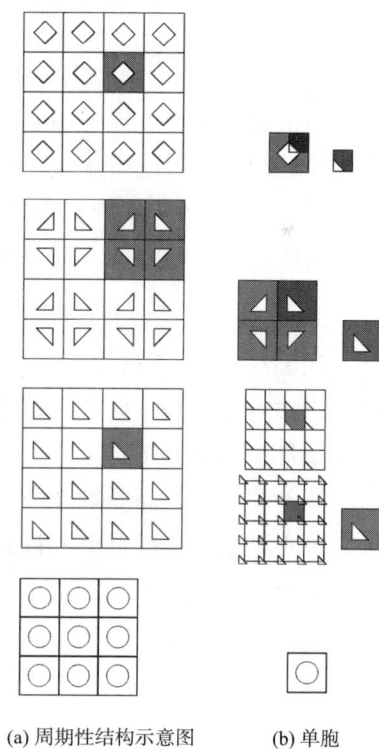

(a) 周期性结构示意图　　　(b) 单胞

图 7-3　复合材料周期性结构

构材料的宏观性能时，一般采用满足平移对称的代表体积单胞。

三维纺织复合材料为周期性结构，如图 7-3 所示，可视为单胞周期性重复构造而成。对于周期性单胞，Suquet 等提出了周期性位移场为：

$$\mu_i = \overline{\varepsilon}_{ik} x_k + \mu_i^* \tag{7-4}$$

式中：$\overline{\varepsilon}_{ik}$ 为单胞整体应变；x_k 为单胞内任意点的坐标；μ_i^* 为周期性位移修正量。

该位移场满足周期性形变约束条件，但参数 μ_i^* 为未知量，不易在实际有限元分析中用来对单胞进行周期性约束。三维编织复合材料内部单胞为正六面体，具有三对平行相对面，针对该种形式的单胞模型统一的周期性位移场为：

$$\mu_i^{j+} = \overline{\varepsilon}_{ik} x_k^{j+} + \mu_i^* \tag{7-5}$$

$$\mu_i^{j-} = \overline{\varepsilon}_{ik} x_k^{j-} + \mu_i^* \tag{7-6}$$

式中：上标 $j+$ 和 $j-$ 分别表示沿 x_j 轴的正方向和负方向。

μ_i^* 在周期性单胞平行相对面上的值是相同的，对上述两式相减可得：

$$\mu_i^{j+} - \mu_i^{j-} = \overline{\varepsilon}_{ik}(x_k^{j+} - x_k^{j-}) = \overline{\varepsilon}_{ik} \Delta x_k^j \tag{7-7}$$

Δx_k^j 在单胞的平行相对面上是常数。一旦给定 $\overline{\varepsilon}_{ik}$，式（7-7）等号右边 $\overline{\varepsilon}_{ik} \Delta x_k^j$ 将变为常值，因为该式不用考虑位移修正量 μ_i^*，同时，在约束上能够实现相邻单胞边界上的应力为连续分布，故该位移场得到了广泛应用。

因此，对于每组平行相对面来说，Δx_k^j 为常数。一旦给定 $\overline{\varepsilon}_{ik}$，式（7-7）等号右边的位移差为常值，则式（7-7）可改写为：

$$\mu_i^{j+}(x, y, z) - \mu_i^{j-}(x, y, z) = c_i^j (i, j, =1, 2, 3) \tag{7-8}$$

式（7-8）中不含周期性位移修正量 μ_i^*，在有限元分析中可以方便地通过施加多点约束方程来实现。在基于位移元的有限元分析中，应力边界条件（第二类边界条件）为自然边界条件，所以只需要施加周期性位移边界条件就可以保证所得结果的唯一性。而周期性位移边界条件的施加，都是通过在单胞边界面上相应网格节点处建立线性约束方程来实现的。

垂直于 x 平面：

$$\begin{cases} \mu|_{x=W_x} - \mu|_{x=0} = W_x \varepsilon_x^0 \\ v|_{x=W_x} - v|_{x=0} = 0 \\ \omega|_{x=W_x} - \omega|_{x=0} = 0 \end{cases} \tag{7-9}$$

垂直于 y 平面：

$$\begin{cases} \mu\big|_{y=W_y} - \mu\big|_{y=0} = W_x\gamma_{xy}^0 \\ v\big|_{y=W_y} - v\big|_{y=0} = W_y\varepsilon_y^0 \\ \omega\big|_{y=W_y} - \omega\big|_{y=0} = 0 \end{cases} \tag{7-10}$$

垂直于 z 平面：

$$\begin{cases} \mu\big|_{z=h} - \mu\big|_{z=0} = h\gamma_{xz}^0 \\ v\big|_{z=h} - v\big|_{z=0} = h\gamma_{yz}^0 \\ \omega\big|_{z=h} - \omega\big|_{z=0} = h\varepsilon_z^0 \end{cases} \tag{7-11}$$

式中：$\varepsilon_x^0,\varepsilon_y^0,\varepsilon_z^0,\gamma_{xy}^0,\gamma_{xz}^0,\gamma_{yz}^0$ 为材料的宏观应变；$x=W_x$、$y=W_y$、$z=W_z$ 的 3 个平面称为主平面，与主平面平行相对的平面为从面。

图 7-4 所示为立方体单胞，长为 W_x，宽为 W_y，高为 h。$A\sim H$ 点为单胞体的 8 个节点，单胞体的 12 条边用数字 1～12 表示，设其参考点为 A。x^-、x^+ 表示沿 x 轴方向，y^-、y^+ 表示沿 y 轴方向，z^-、z^+ 表示沿 z 轴方向，则载荷应变 ε_x^0、ε_y^0、ε_z^0、γ_{xy}^0、γ_{xz}^0、γ_{yz}^0 或者组合形式，可以通过下面的约束方式来实现周期性边界条件下的应变加载。图 7-5 所示为纺织复合材料单胞周期性约束结果。

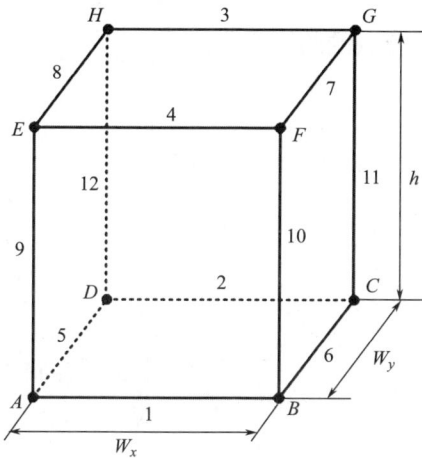

图 7-4　立方体单胞

图 7-5　纺织复合材料单胞
周期性约束结果

（1）面节点间约束方程。在垂直于 x 轴方向、y 轴方向和 z 轴方向的三个对称面上，节点约束可以分别通过以下三个方程组实现。

垂直于 x 轴方向：

$$\begin{cases} u^{x+} - u^{x-} = W_x\varepsilon_x^0 \\ v^{x+} - v^{x-} = 0 \\ w^{x+} - w^{x-} = 0 \end{cases}$$ （7-12）

垂直于 y 轴方向：

$$\begin{cases} u^{y+} - u^{y-} = W_x\gamma_{xy}^0 \\ v^{y+} - v^{y-} = W_y\varepsilon_y^0 \\ w^{y+} - w^{y-} = 0 \end{cases}$$ （7-13）

垂直于 z 轴方向：

$$\begin{cases} u^{z+} - u^{z-} = h\gamma_{xz}^0 \\ v^{z+} - v^{z-} = h\gamma_{yz}^0 \\ w^{z+} - w^{z-} = h\varepsilon_z^0 \end{cases}$$ （7-14）

式中：$x = W_x, y = W_y, z = h$ 这 3 个平面均为主平面，与该 3 个主平面相平行的面为从面。

（2）棱边节点间约束方程。单胞模型的棱边节点处于两个平面的交线处，六面体单胞模型有 12 条棱边，可将其分成三组：平行于 x 轴的 1、2、3、4 棱边；平行于 y 轴的 5、6、7、8 棱边；平行于 z 轴的 9、10、11、12 棱边。

下面给出这三组棱边的约束方程。方程组（7-15）、方程组（7-16）、方程组（7-17）分别为平行于 x、y、z 轴三组棱边上节点的约束方程。

平行于 x 轴的棱边上节点：

$$\begin{cases} u^2 - u^1 = W_y\gamma_{xy}^0 \\ v^2 - v^1 = W_y\varepsilon_y^0 \\ w^2 - w^1 = 0 \end{cases} \quad \begin{cases} u^3 - u^1 = W_y\gamma_{xy}^0 + h\gamma_{xz}^0 \\ v^3 - v^1 = W_y\varepsilon_y^0 + h\gamma_{yz}^0 \\ w^3 - w^1 = h\varepsilon_z^0 \end{cases} \quad \begin{cases} u^4 - u^1 = h\gamma_{xz}^0 \\ v^4 - v^1 = h\gamma_{yz}^0 \\ w^4 - w^1 = h\varepsilon_z^0 \end{cases}$$ （7-15）

平行于 y 轴的棱边上节点：

$$\begin{cases} u^6 - u^5 = W_x\varepsilon_x^0 \\ v^6 - v^5 = 0 \\ w^6 - w^5 = 0 \end{cases} \quad \begin{cases} u^7 - u^5 = W_x\varepsilon_x^0 + h\gamma_{xz}^0 \\ v^7 - v^5 = h\gamma_{yz}^0 \\ w^7 - w^5 = h\varepsilon_z^0 \end{cases} \quad \begin{cases} u^8 - u^5 = h\gamma_{xz}^0 \\ v^8 - v^5 = h\gamma_{yz}^0 \\ w^8 - w^5 = h\varepsilon_z^0 \end{cases}$$ （7-16）

平行于 z 轴的棱边上节点：

$$\begin{cases} u^{10} - u^9 = W_x\varepsilon_x^0 \\ v^{10} - v^9 = 0 \\ w^{10} - w^9 = 0 \end{cases} \quad \begin{cases} u^{11} - u^9 = W_x\varepsilon_x^0 + W_y\gamma_{xy}^0 \\ v^{11} - v^9 = W_y\varepsilon_y^0 \\ w^{11} - w^9 = 0 \end{cases} \quad \begin{cases} u^{12} - u^9 = W_y\gamma_{xy}^0 \\ v^{12} - v^9 = W_y\varepsilon_y^0 \\ w^{12} - w^9 = 0 \end{cases}$$ （7-17）

（3）角节点间约束方程。六面体单胞模型共有 8 个角节点，应注意其约束方程的施加。以角节点 A 为基准点，分别给出 $B \sim H$ 角节点与基准点 A 之间的约束方程：

角节点 B ：

$$\begin{cases} u^B - u^A = W_x \varepsilon_x^0 \\ v^B - v^A = 0 \\ w^B - w^A = 0 \end{cases}$$

角节点 C ：

$$\begin{cases} u^C - u^A = W_x \varepsilon_x^0 + W_y \gamma_{xy}^0 \\ v^C - v^A = W_y \varepsilon_y^0 \\ w^C - w^A = 0 \end{cases}$$

角节点 D ：

$$\begin{cases} u^D - u^A = W_y \gamma_{xy}^0 \\ v^D - v^A = W_y \varepsilon_y^0 \\ w^D - w^A = 0 \end{cases}$$

角节点 E ：

$$\begin{cases} u^E - u^A = h \gamma_{xz}^0 \\ v^E - v^A = h \gamma_{yz}^0 \\ w^E - w^A = h \varepsilon_z^0 \end{cases}$$

角节点 F ：

$$\begin{cases} u^F - u^A = W_x \varepsilon_x^0 + h \gamma_{xz}^0 \\ v^F - v^A = h \gamma_{yz}^0 \\ w^F - w^A = h \varepsilon_z^0 \end{cases}$$

角节点 G ：

$$\begin{cases} u^G - u^A = W_x \varepsilon_x^0 + W_y \gamma_{xy}^0 + h \gamma_{xz}^0 \\ v^G - v^A = W_y \varepsilon_y^0 + h \gamma_{yz}^0 \\ w^G - w^A = h \varepsilon_z^0 \end{cases}$$

角节点 H ：

$$\begin{cases} u^H - u^A = W_y \gamma_{xy}^0 + h \gamma_{xz}^0 \\ v^H - v^A = W_y \varepsilon_y^0 + h \gamma_{yz}^0 \\ w^H - w^A = h \varepsilon_z^0 \end{cases}$$

7.3 纺织复合材料积累损伤模拟方法

纺织复合材料是多向非均匀各向异性材料，有多种损伤模式，如基体开裂、纤维断裂、纤维与基体界面脱粘和分层等，目前普遍利用微细与宏观方法相结合的方式对复合材料的损伤状态进行分析。由于纺织复合材料内部损伤状态复杂，利用宏观试验很难观察到内部的损伤过程，也很难把混合在一起的损伤模式剥离出来，从而采用数值模拟方法，在特定的载荷下模拟材料破坏的过程，能够进一步认识纺织复合材料损伤演化的过程。由于纺织复合材料的构型具有周期性，可以利用代表体积单元进行分析，得到代表体积单元内部详尽的局部应力应变场，通过引入细观组分材料的局部破坏准则判断材料是否破坏，然后引入细观损伤演化模型，对材料的损伤过程进行模拟，并且充分认识材料的破坏过程。

7.3.1　内聚力模型

目前许多学者基于内聚力模型来模拟界面和断裂问题，大量研究表明，内聚力模型可以准确模拟复合材料界面损伤及其断裂过程，但通过定义界面模量和刚度来表征界面的性能、损伤起始及扩展，须通过试验选择恰当的参数。内聚力模型通过牵引—分离过程来定义界面的失效。当界面牵引力为 0 时，界面破坏失效。界面在载荷下往往有三种失效形式，即形式 I 、形式 II 和形式 III，如图 7-6 所示。

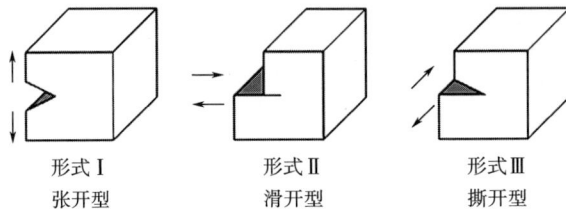

形式 I　　　　　　　形式 II　　　　　　　形式 III
张开型　　　　　　　滑开型　　　　　　　撕开型

图 7-6　界面的三种失效形式

在三维编织复合材料中，纤维束交织处基体的界面问题可以采用内聚力模型进行建模仿真。下面介绍内聚力模型、界面损伤失效和损伤演化模型。

内聚力模型假设界面有三种失效形式，即法向和两个面内切应力，如图 7-6 所示的形式 I 、形式 II 和形式 III 形式，其本构关系为：

$$\begin{Bmatrix} T_n \\ T_s \\ T_t \end{Bmatrix} = \begin{bmatrix} E_{nn} & & \\ & E_{ss} & \\ & & E_{tt} \end{bmatrix} \begin{Bmatrix} \varepsilon_n \\ \varepsilon_s \\ \varepsilon_t \end{Bmatrix} = \begin{bmatrix} K_{nn} & & \\ & K_{ss} & \\ & & K_{tt} \end{bmatrix} \begin{Bmatrix} \delta_n \\ \delta_s \\ \delta_t \end{Bmatrix} \qquad (7-18)$$

式中：T_n、T_s、T_t 为法向应力和两个面内切向应力；δ_n、δ_s、δ_t 为法向和两个面内切向位移；K_{nn}、K_{ss}、K_{tt} 为法向和两个切向刚度。

7.3.2　界面损伤演化和失效准则

界面单元的损伤需通过界面损伤起始准则和界面完全失效准则进行判定。界面单元采用双线性损伤演化准则，如图 7-7 所示，在 A 点时界面单元承受应力最大，其对应的位移为 δ^0，此时界面开始发生损伤；在 B 点时界面单元完全失效，其对应的相对位移为 δ_f^f。当界面单元相对位移小于 δ^0 时，无损伤，单元刚度不变；当界面单元相对位移大于 δ^0 时，相对位移由 A 向 B 增加，界面单元的刚度性能开始降解，此时 OC 段的斜率为界面性能降解后的刚度；当界面单元相对位移达到 δ_f^f 位置时，此时可判定界面单元完全失效，界面刚度降为 0。

（1）单一模式下失效模型。如图 7-7 所示，T_{max} 为拉伸峰值强度；δ_n^0 为损伤起始时对应的相对位移；δ_n^f 为单元彻底失效时的相对位移。

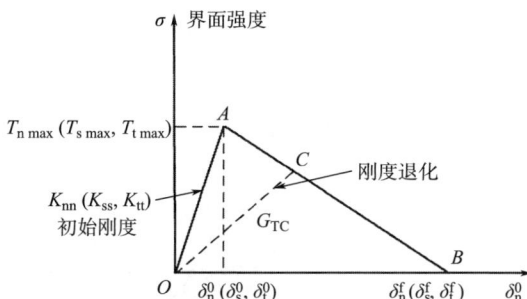

图 7-7　单一模式下内聚力双线性失效模型

由 O、A、B 三点组成的三角形面积即为三种失效模式下界面单元破坏过程中的应变能释放率：

$$\int_0^{\delta_n^f} \tau_n \mathrm{d}\delta_n = G_{IC} \quad \int_0^{\delta_s^f} \tau_s \mathrm{d}\delta_s = G_{IIC} \quad \int_0^{\delta_t^f} \tau_t \mathrm{d}\delta_t = G_{IIIC} \tag{7-19}$$

达到完全失效位置时，界面的相对位移 $\delta_n^f, \delta_s^f, \delta_t^f$ 可由下式求得：

$$\delta_n^f = \frac{2G_{IC}}{N}, \delta_s^f = \frac{2G_{IIC}}{S}, \delta_t^f = \frac{2G_{IIIC}}{T} \tag{7-20}$$

式中：G_{IC}，G_{IIC}，G_{IIIC} 分别为 I 、II 、III 型断裂的临界应变能释放率。

单一损伤模式下，损伤起始处界面的相对位移为：

$$\delta_n^f = \frac{T_{n\,max}}{K_{nn}}, \delta_s^f = \frac{T_{s\,max}}{K_{ss}}, \delta_t^f = \frac{T_{t\,max}}{K_{tt}} \tag{7-21}$$

式中：$T_{n\,max}$，$T_{s\,max}$，$T_{t\,max}$ 分别为界面法向强度和两个面内剪切强度。

结合以上公式，单一损伤模式下，损伤起始后的应力更新为：

$$T_i = \begin{cases} K_i \delta_i & \delta_i \leqslant \delta_i^0 \\ (1-D)K_i \delta_i & \delta_i^0 < \delta_i < \delta_i^f \quad i = \mathrm{n}\ \text{或者}\ i = \mathrm{s,t}\ \delta_i \geqslant 0 \\ 0 & \delta_i > \delta_i^f \end{cases} \tag{7-22}$$

$$D_i = \frac{\delta_i^f (\delta_i^{max} - \delta_i^0)}{\delta_i^{max}(\delta_i^f - \delta_i^0)} \quad i = \mathrm{n,s,t}\ \ D_i \in [0,1] \tag{7-23}$$

式中：K_i 为界面单元对应模式下的初始刚度。

（2）混合模式。界面的失效往往是多种损伤形式混合引起的，因此需要考虑不同模式混合时界面的损伤行为，混合模式下界面损伤双线性本构关系如图7-8所示。

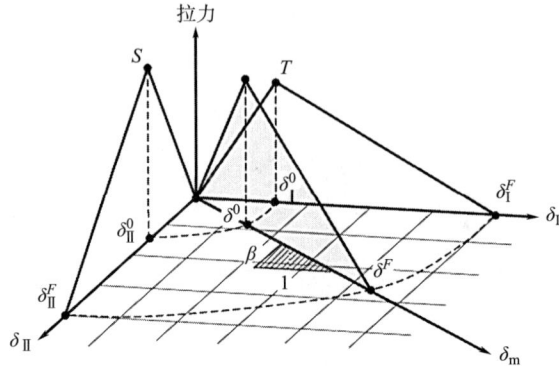

图7-8　混合模式下界面单元双线本构关系

界面混合模式下的损伤起始判据采用的是二次应力准则，二次应力准则表达式为：

$$\left(\frac{\langle T_n\rangle}{T_{n\,max}}\right)^2+\left(\frac{T_s}{T_{s\,max}}\right)^2+\left(\frac{T_t}{T_{t\,max}}\right)^2=1 \tag{7-24}$$

$$\langle T_n\rangle=\begin{cases}0 & T_n\leqslant 0\\ T_n & T_n>0\end{cases}$$

混合模式下复合位移为：

$$\delta_m=\sqrt{\langle\delta_n\rangle^2+(\delta_s)^2+(\delta_t)^2}=\sqrt{\langle\delta_n\rangle^2+\delta_{shear}^2} \tag{7-25}$$

式中：δ_{shear} 为界面单元切向相对位移；定义参数 $\beta=\dfrac{\delta_{shear}}{\delta_n}$。

因此，混合模式下的界面损伤起始位移 δ_m^0 为：

$$\delta_m^0=\begin{cases}\delta_n^0\delta_{shear}^0\sqrt{\dfrac{1+\beta^2}{\left(\delta_{shear}^0\right)^2+\left(\beta\delta_n^0\right)^2}} & \delta_n>0\\[3mm]\delta_{shear}^0 & \delta_n\leqslant 0\end{cases} \tag{7-26}$$

式中：当 $\beta=0$ 时，可以退化为纯形式Ⅰ型单一失效模式，此时 $\delta_m^0=\delta_n^0$；当 $\beta\to\infty$ 时，则退化为纯面内剪切模式，此时 $\delta_m^0=\delta_{shear}^0=\delta_s^0$。

在混合模式下，界面单元损伤演化判据采用 Power-law 准则，表达式为：

$$\left(\frac{G_{\mathrm{I}}}{G_{\mathrm{IC}}}\right)^{\alpha}+\left(\frac{G_{\mathrm{II}}}{G_{\mathrm{IIC}}}\right)^{\alpha}+\left(\frac{G_{\mathrm{III}}}{G_{\mathrm{IIIC}}}\right)^{\alpha}=1 \qquad (7-27)$$

$\alpha=2$ 时，为最常见的二次指数准则。假设 $G_{\mathrm{IIC}}=G_{\mathrm{IIIC}}$，此时混合模式下界面的完全损伤相对位移 $\delta_{\mathrm{m}}^{\mathrm{f}}$ 为：

$$\delta_{\mathrm{m}}^{\mathrm{f}}=\begin{cases}\dfrac{2\left(1+\beta^{2}\right)}{K\delta_{\mathrm{m}}^{0}}\left[\left(\dfrac{1}{G_{\mathrm{IC}}}\right)^{2}+\left(\dfrac{\beta}{G_{\mathrm{IIC}}}\right)^{2}\right]^{-\frac{1}{2}} & \delta_{\mathrm{n}}>0 \\[4mm] \sqrt{\left(\delta_{\mathrm{s}}^{\mathrm{f}}\right)^{2}+\left(\delta_{\mathrm{t}}^{\mathrm{f}}\right)^{2}} & \delta_{\mathrm{n}}\leqslant 0\end{cases} \qquad (7-28)$$

式中：当 $\beta=0$ 时，则界面失效模式退化为纯形式 I 型裂纹模式，此时 $\delta_{\mathrm{m}}^{\mathrm{f}}=\delta_{\mathrm{n}}^{\mathrm{f}}$；当 $\beta\rightarrow\infty$ 时，则退化为纯剪切模式，此时：

$$\delta_{\mathrm{m}}^{\mathrm{f}}=\delta_{\mathrm{shear}}^{\mathrm{f}}=\sqrt{\left(\delta_{\mathrm{s}}^{\mathrm{f}}\right)^{2}+\left(\delta_{\mathrm{t}}^{\mathrm{f}}\right)^{2}}$$

常用的损伤演化准则还有 B-K 准则：

$$G_{\mathrm{C}}=G_{\mathrm{IC}}+\left(G_{\mathrm{IIC}}-G_{\mathrm{IC}}\right)\left(\frac{G_{\mathrm{shear}}}{G_{\mathrm{T}}}\right)^{\eta} \qquad (7-29)$$

其中：

$$G_{\mathrm{shear}}=G_{\mathrm{II}}+G_{\mathrm{III}}$$

$$G_{\mathrm{T}}=G_{\mathrm{I}}+G_{\mathrm{shear}}$$

参数 η 通过 MMB（混合模式弯曲测试）试验获得，此时混合模式下界面单元完全失效的相对位移为：

$$\delta_{\mathrm{m}}^{\mathrm{f}}=\begin{cases}\dfrac{2}{K\delta_{\mathrm{m}}^{0}}\left[G_{\mathrm{IC}}+\left(G_{\mathrm{IIC}}-G_{\mathrm{IIIC}}\right)\left(\dfrac{\beta^{2}}{1+\beta^{2}}\right)^{\eta}\right] & \delta_{\mathrm{n}}>0 \\[4mm] \sqrt{\left(\delta_{\mathrm{s}}^{\mathrm{f}}\right)^{2}+\left(\delta_{\mathrm{t}}^{\mathrm{f}}\right)^{2}} & \delta_{\mathrm{n}}\leqslant 0\end{cases} \qquad (7-30)$$

同样，当 $\beta=0$ 时，则界面失效模式退化为纯形式 I 型裂纹模式，此时 $\delta_{\mathrm{m}}^{\mathrm{f}}=\delta_{\mathrm{n}}^{\mathrm{f}}$；$\beta\rightarrow\infty$ 时，则退化为纯剪切模式，$\delta_{\mathrm{n}}=0$，此时：

$$\delta_{\mathrm{m}}^{\mathrm{f}}=\delta_{\mathrm{shear}}^{\mathrm{f}}=\sqrt{\left(\delta_{\mathrm{s}}^{\mathrm{f}}\right)^{2}+\left(\delta_{\mathrm{t}}^{\mathrm{f}}\right)^{2}}$$

混合模式下界面的损伤变量 D 表达式为：

$$D=\begin{cases}0 & \delta_{\mathrm{m}}\leqslant\delta_{\mathrm{m}}^{0} \\[3mm] \dfrac{\delta_{\mathrm{m}}^{\mathrm{f}}\left(\delta_{\mathrm{m}}-\delta_{\mathrm{m}}^{0}\right)}{\delta_{\mathrm{m}}\left(\delta_{\mathrm{m}}^{\mathrm{f}}-\delta_{\mathrm{m}}^{0}\right)} & \delta_{\mathrm{m}}^{0}\leqslant\delta_{\mathrm{m}}\leqslant\delta_{\mathrm{m}}^{\mathrm{f}} \\[3mm] 1 & \delta_{\mathrm{m}}^{\mathrm{f}}\leqslant\delta_{\mathrm{m}}\end{cases} \qquad (7-31)$$

当模型中有界面单元参与有限元计算时，数值结果往往不收敛。在进行有限元分析计算时，往往需要增加黏性系数来提高数值计算收敛性。Gao 等讨论了零厚度界面单元在仿真过程中的收敛问题，分析了不同黏性系数对考虑界面影响时模型的预测强度和模型收敛情况的影响，认为有限元模型中应适当选取黏性系数，本书中黏性系数取 0.002。

针对复合材料基体为各向同性的材料，采用 Mise 强度准则作为基体材料失效判断依据。须注意的是，此处的基体为完全基体，位于纤维束交织空隙处，而 Hashin 准则中所述的基体是纤维束内部固定纤维的基体。Mise 准则的具体形式为：

$$(\sigma_1 - \sigma_2)^2 + (\sigma_1 - \sigma_3)^2 + (\sigma_3 - \sigma_2)^2 + 6(\tau_{12}^2 + \tau_{12}^2 + \tau_{12}^2) = 2\sigma_m^2 \quad (7-32)$$

式中：σ_m 为基体破坏强度。

针对组分的判定准则已经详细介绍，单胞内组分单元失效可进行判断，除此之外，还需要失效判据来判定单胞整体是否发生失效。三维编织复合材料在静态载荷作用下，当损伤积累到一定程度时，单胞失去继续承载的能力，此时单胞整体失效。因此，在单胞渐进损伤模拟分析中，可以通过应力—应变曲线出现的拐点来判定单胞最终失效。

7.3.3 宏观失效分析强度准则

在复合材料强度分析中，常用的失效准则有 Hashin 三维失效准则、蔡－吴失效准则、Chang-Chang 准则和 LaRCO2 准则等，下面介绍蔡－吴失效准则。

蔡－吴失效准则认为破坏准则为高阶张量多向式准则，其定义为：

$$F_i\sigma_i + F_{ij}\sigma_i\sigma_j + F_{ijk}\sigma_i\sigma_j\sigma_k + \cdots = 1 \quad (i, j, k = 1, 2, \cdots, 6) \quad (7-33)$$

式中：σ_i，σ_j 和 σ_k 为应力向量；F_i，F_{ij} 和 F_{ijk} 为表征材料的强度张量，均为对称张量。一般来说，式（7-33）中多项式项数越多，所预测精度越高，但需大量的试验来确定张量系数，难度较大，实际应用中一般取到二阶张量。

在三维应力状态下，当式（7-33）等于 1 时，单元失效。

$$F_{11}\sigma_1^2 + F_{22}(\sigma_2^2 + \sigma_3^2) + (2F_{22} - F_{44})\sigma_2\sigma_3 + 2F_{12}\sigma_1(\sigma_3 + \sigma_2)$$
$$+ F_1\sigma_1 + F_2\sigma_2 + F_3\sigma_3 + F_{44}\tau_{23}^2 + F_{66}\tau_{13}^2 + F_{66}\tau_{12}^2 = 1 \quad (7-34)$$

式（7-33）中参数可以通过下面公式确定：

$$F_{11} = \frac{1}{\sigma_{1t}^* \sigma_{1c}^*}, \quad F_{22} = \frac{1}{\sigma_{2t}^* \sigma_{2c}^*}$$

$$F_1 = \frac{1}{\sigma_{1t}^*} - \frac{1}{\sigma_{1c}^*}, \quad F_2 = \frac{1}{\sigma_{2t}^*} - \frac{1}{\sigma_{2c}^*} \qquad (7-35)$$

$$F_{44} = \frac{1}{\left(\tau_{23}^*\right)^2}, \quad F_{44} = \frac{1}{\left(\tau_{12}^*\right)^2}$$

式中：σ_{1t}^*，σ_{1c}^* 为三维编织复合材料纵向拉伸强度和压缩强度；σ_{2t}^*，σ_{2c}^* 为材料横向拉伸强度和压缩强度；τ_{12}^*，τ_{23}^* 为宏观材料横向和纵向的剪切强度。这些材料参数可通过单胞均质化和失效分析获得。

在平面应力状态时，式（7-33）可简化为：

$$F_{11}\sigma_1^2 + 2F_{12}\sigma_1\sigma_2 + F_{22}\sigma_2^2 + F_{66}\tau_{12}^2 + F_1\sigma_1 + F_2\sigma_2 = 1 \qquad (7-36)$$

关于参数 F_{12}，不同学者给出不同意见。Li 等给出的参数 F_{12} 推导公式为：

$$F_{12} = -\frac{1}{2}\sqrt{4 - \frac{\sigma_{2t}^* \sigma_{2c}^*}{\left(\tau_t^*\right)^2}} \sqrt{\frac{1}{\sigma_{1t}^* \sigma_{1c}^* \sigma_{2t}^* \sigma_{2c}^*}} \qquad (7-37)$$

7.3.4　损伤演化模型

当单胞中组分材料树脂基体和纤维束单元满足其对应损伤破坏准则时，需要对其单元材料属性进行降解。

（1）三维应力状态下损伤演化模型。假设主要材料方向损伤坐标轴与纤维方向局部坐标轴相一致，采用 Murakami 损伤张量来表征材料三个方向的损伤状态。3 个主损伤值分别为 D_L，D_T，D_Z，对于单向纤维增强复合材料，用 3 个主轴 L，T，Z 方向有效面积的减少来表示损伤状态，即：

$$D = \sum_i D_i n_i \otimes n_i \quad (i = L, T, Z) \qquad (7-38)$$

式中：D_i 和 n_i 分别为主要方向的损伤张量和单位矢量，其矩阵形式为：

$$[D] = \begin{bmatrix} D_L & 0 & 0 \\ 0 & D_T & 0 \\ 0 & 0 & D_Z \end{bmatrix}$$

$$D_i = \frac{A_i - A_i^*}{A_i}$$

式中：A_i 为初始组分材料的单元面积；A_i^* 为材料损伤后组分材料的有效承载单元面积。

纤维束和基体损伤形式及损伤张量见表 7-1。

表 7-1　纤维束和基体损伤形式及损伤张量

损伤形式	纤维束各向异性损伤形式				矩阵的各向同性损伤形式
	形式 L	形式 T&LT	形式 Z&ZL	形式 TZ	
最大应力—强度比	$\dfrac{\sigma_L^2}{F_L^t F_L^c}$	$\dfrac{\sigma_T^2}{F_T^t F_T^c}$ 或 $\left(\dfrac{\tau_{LT}}{F_{LT}^s}\right)^2$	$\dfrac{\sigma_Z^2}{F_Z^t F_Z^c}$ 或 $\left(\dfrac{\tau_{ZL}}{F_{ZL}^s}\right)^2$	$\left(\dfrac{\tau_{TZ}}{F_{TZ}^s}\right)^2$	
损伤张量 $\begin{bmatrix} D_L & 0 & 0 \\ 0 & D_T & 0 \\ 0 & 0 & D_Z \end{bmatrix}$	$\begin{bmatrix} 1 & 0 & 0 \\ 0 & 0 & 0 \\ 0 & 0 & 0 \end{bmatrix}$	$\begin{bmatrix} 0 & 0 & 0 \\ 0 & 1 & 0 \\ 0 & 0 & 0 \end{bmatrix}$	$\begin{bmatrix} 0 & 0 & 0 \\ 0 & 0 & 0 \\ 0 & 0 & 1 \end{bmatrix}$	$\begin{bmatrix} 0 & 0 & 0 \\ 0 & 1 & 0 \\ 0 & 0 & 1 \end{bmatrix}$	$\begin{bmatrix} 1 & 0 & 0 \\ 0 & 1 & 0 \\ 0 & 0 & 1 \end{bmatrix}$

利用 $\boldsymbol{\sigma}^* = \dfrac{1}{2}\left[(1-\boldsymbol{D})^{-1}\boldsymbol{\sigma} + \boldsymbol{\sigma}(1-\boldsymbol{D})^{-1}\right] = M(\boldsymbol{D})\boldsymbol{\sigma}$，可获得单元对称有效应力张量。其中，$\boldsymbol{\sigma}^*$ 为损伤更新后的应力张量，$\boldsymbol{\sigma}$ 为未损伤的应力张量。损伤后的实际应变矢量 $\boldsymbol{\varepsilon} = \boldsymbol{C}(\boldsymbol{D})\boldsymbol{\sigma}$。

基于 Cordebos 和 Sidoroff 提出的能量假设，通过刚度或者柔度矩阵引入损伤变量，以此来定义损伤的演化，也就是材料的刚度减小，柔度变大，即：

$$\boldsymbol{C}(\boldsymbol{D}) = \left[M(\boldsymbol{D})\right]^{\mathrm{T}} \cdot \boldsymbol{C}_0 \cdot M(\boldsymbol{D}) \tag{7-39}$$

式中：$\boldsymbol{C}_0$ 为材料未损伤时柔度矩阵；$\boldsymbol{C}(\boldsymbol{D})$ 为材料损伤后的柔度矩阵。

材料损伤后的应力—应变关系为：

$$\begin{Bmatrix} \boldsymbol{\sigma}_L \\ \boldsymbol{\sigma}_T \\ \boldsymbol{\sigma}_Z \\ \boldsymbol{\sigma}_{TZ} \\ \boldsymbol{\sigma}_{ZL} \\ \boldsymbol{\sigma}_{LT} \end{Bmatrix} = \begin{bmatrix} d_L^2 C_{11} & d_L d_T C_{12} & d_Z d_T C_{13} & 0 & 0 & 0 \\ & d_T^2 C_{22} & d_Z d_T C_{23} & 0 & 0 & 0 \\ & & d_Z^2 C_{33} & 0 & 0 & 0 \\ & & & d_{TZ} C_{44} & 0 & 0 \\ & sym. & & & d_{ZL} C_{55} & 0 \\ & & & & & d_{LT} C_{66} \end{bmatrix} \begin{Bmatrix} \boldsymbol{\varepsilon}_L \\ \boldsymbol{\varepsilon}_T \\ \boldsymbol{\varepsilon}_Z \\ \gamma_{TZ} \\ \gamma_{ZL} \\ \gamma_{LT} \end{Bmatrix} \tag{7-40}$$

参数 d_i 定义如下：

$$d_L = 1 - D_L, \quad d_T = 1 - D_T, \quad d_Z = 1 - D_Z,$$

$$d_{TZ} = \left(\frac{2d_T d_Z}{d_T + d_Z}\right), \quad d_{ZL} = \left(\frac{2d_Z d_L}{d_Z + d_L}\right), \quad d_{LT} = \left(\frac{2d_L d_T}{d_L + d_T}\right)$$

（2）纤维束二维应力状态损伤演化模型。如果纤维束在二维应力状态下，则其损伤演化将会简化许多，使用双线性材料逐渐失效模型来模拟纤维束损伤变量的演化行为，该材料失效模型与界面失效模型较为相似。

二维平面应力状态（柔度矩阵）为：

$$\begin{Bmatrix} \varepsilon_1 \\ \varepsilon_2 \\ \gamma_{12} \end{Bmatrix} = \begin{bmatrix} 1/E_1 & -v_{12}/E_1 & 0 \\ -v_{12}/E_1 & 1/E_2 & 0 \\ 0 & 0 & 1/G_{12} \end{bmatrix} \begin{Bmatrix} \sigma_{11} \\ \sigma_{12} \\ \tau_{12} \end{Bmatrix} \tag{7-41}$$

$$E_1, E_2, G_{12}, G_{13}, G_{23} > 0$$

$$|v_{12}| < (E_1/E_2)^{1/2}$$

二维平面应力状态（刚度矩阵）为：

$$\begin{Bmatrix} \sigma_{11} \\ \sigma_{12} \\ \tau_{12} \end{Bmatrix} = \begin{bmatrix} E_1 & v_{12}/E_1 & 0 \\ v_{12}/E_1 & E_2 & 0 \\ 0 & 0 & G_{12} \end{bmatrix} \begin{Bmatrix} \varepsilon_1 \\ \varepsilon_2 \\ \gamma_{12} \end{Bmatrix} \tag{7-42}$$

损伤发生以后，纤维束刚度将会退化，此时开始进入损伤扩展过程，材料的刚度降解损伤状态用变量 D 来量化。

无损伤时，应力—应变关系为：$\sigma = C_0 \varepsilon$

损伤后，应力—应变关系为：$\sigma = C(d)\varepsilon$

$$C(d) = \frac{1}{D} \begin{bmatrix} (1-d_f)E_1 & (1-d_f)(1-d_m)v_{21}E_1 & 0 \\ (1-d_f)(1-d_m)v_{12}E_2 & (1-d_m)E_2 & 0 \\ 0 & 0 & D(1-d_s)G \end{bmatrix} \tag{7-43}$$

式中：$D = 1 - (1-d_f)(1-d_m)v_{12}v_{21} > 0$；$d_s = 1 - (1-d_{ft})(1-d_{fc})(1-d_{mt})(1-d_{mc})$；$d_f$ 为纤维损伤状态变量；d_m 为基体损伤状态变量；d_s 为剪切状态变量。损伤状态变量数值介于 0 与 1 之间，0 代表材料完好，1 代表材料彻底损伤。

针对纤维拉伸、纤维压缩、基体拉伸、基体压缩四种独立的失效模式，损伤状态变量为：

$$d = \frac{\delta_{eq}^f (\delta_{eq} - \delta_{eq}^0)}{\delta_{eq}(\delta_{eq}^f - \delta_{eq}^0)} \tag{7-44}$$

双线性材料退化模型如图 7-9 所示，O、A、B 三点组成的三角形面积即为材料的断裂韧性。

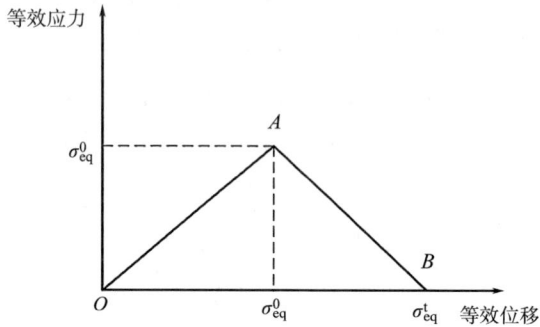

图 7-9 双线性材料性能退化模型

7.4 有限元分析流程

纺织结构柔性复合材料有限元建模步骤和分析如下：

（1）几何模型。对纺织结构柔性复合材料的三维空间结构进行分析，建立纺织结构增强体的细观结构模型，一般对机织物中的纱线有如下假设：

① 表面均匀光滑。

② 横截面为椭圆形的均质体。

③ 忽略纱线中单根纤维或单根长丝之间的空隙。

④ 初始条件下，经纬纱之间紧密接触，交织点处无空隙。

根据经纬纱线实际参数，确定细度、密度、长度、横截面长短轴比等纱线几何模型的详细参数，如图 7-10 所示。然后分析织物经纬密、组织结构，确定经纬纱线的相对位置，在有限元软件或其他建模软件（如 TexGen、SolidWorks 等）中，根据经纬纱路径进行建模，如图 7-11（a）所示。随后，在纺织结构增强体几何模型的基础上添加涂层结构，如图 7-11（b）所示。

（2）材料属性。纺织结构柔性复合材料由纺织结构增强体和涂层结构组成，其材料属性一般由实验测试得到的材料力学性能参数分别赋予。众所周知，纱线属于各向异性材料，其性质呈现为非线性。在有限元计算时，非线性材料会导致非常大的计算量，因此，为减少计算成本，一般需要对其做出合理的假设。对纺

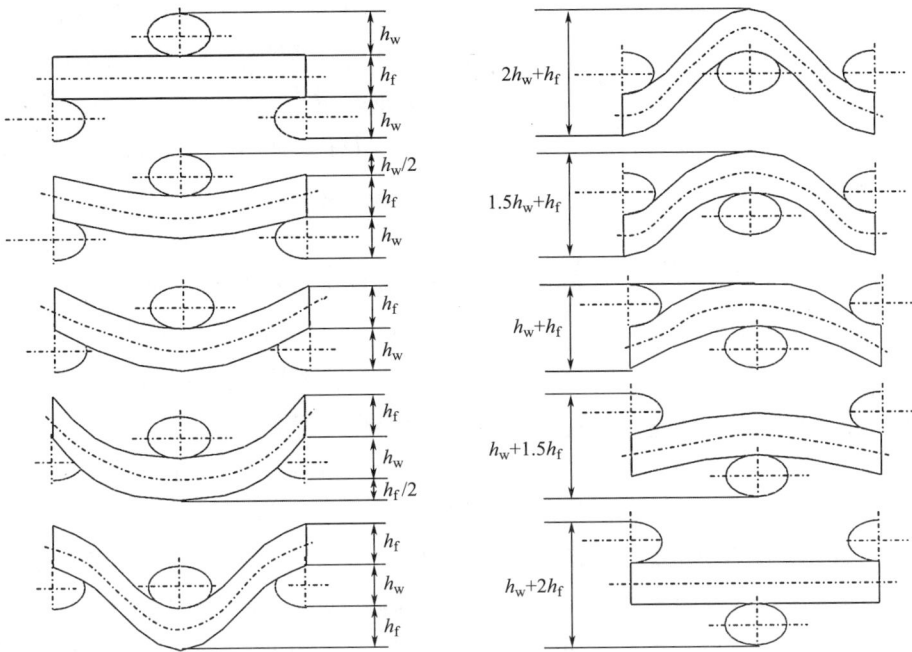

图 7-10　经纬纱几何结构

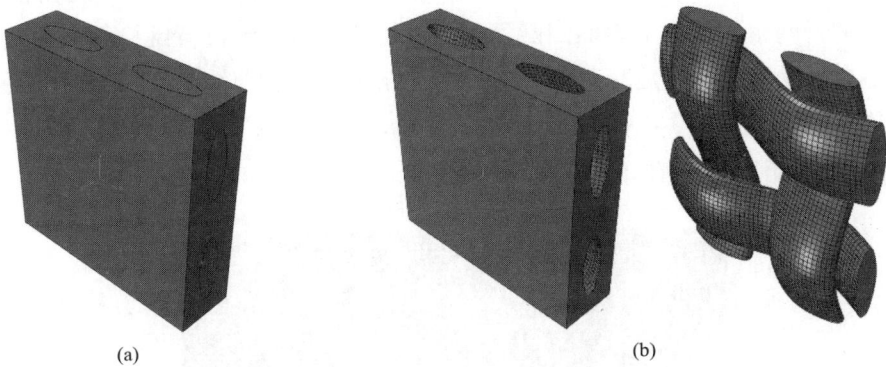

(a)　　　　　　　　　　　　　　　(b)

图 7-11　平纹机织物复合材料的几何模型

织结构柔性复合材料而言，当其受到外力作用时，织物会产生大变形，但对于单根纱线来讲，其局部应变很小。因此，在有限元模型中，通常把纱线定义为各向同性的弹塑性材料。图 7-12 为简化后的弹塑性纱线的应力—应变曲线，图中，σ_y 为屈服应力，σ_y 为最大弹性应变，σ_p 为最大应力，ε_p 为最大应力对应的最大应变，ε_f 为失效应变，ε_{pl}^0 为最大塑性应变。

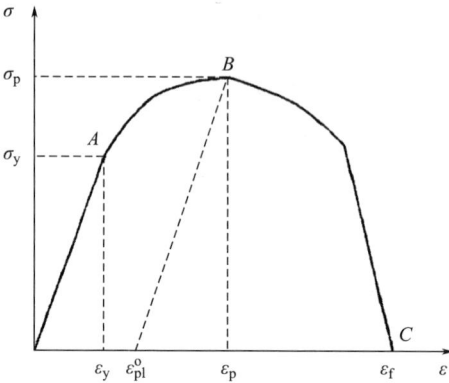

图 7-12 弹塑性纱线应力—应变曲线

从中可以看出，在低载荷作用下，纱线呈现线弹性变形，随着载荷的增大，到达屈服应力时，纱线开始进入塑性变形阶段（*A* 点之后），当载荷增加到材料可以承受的最大应力时（*B* 点），损伤开始，纱线解体，应力减小至零。涂层结构也选择弹塑性材料模型，根据其弹塑性参数，对其属性进行定义。一般来说，和纱线材料相比，涂层材料具有模量低、伸长率高等特点。

（3）网格划分。网格划分是有限元分析中至关重要的一步，高质量的网格划分可以保证有限元模型计算结果的精确性。以 ABAQUS 为例，对于纺织结构增强体模型的最佳单元，一般是一阶四边形或六面体，这是因为该单元计算成本低且精确度高。而当几何模型复杂且存在非线性或接触问题时，在不能使用一阶四边形或六面体时，应考虑使用修正的二阶三角形或四面体。涂层结构因与纺织结构紧密接触，上下表面凹凸不平，因此常需要将其分成两部分，再分别进行网格划分。上表面结构规整，一般采用六面体单元进行网格划分；下表面凹凸不平，采用四面体单元进行网格划分。此外，为避免有限元模型中单元发生畸变，一般将纺织结构增强体和涂层结构接触的区域设置为共节点。图 7-13 所示为平纹机织物增强柔性复合材料有限元模型在选择六面体单元时的网格生成结果。

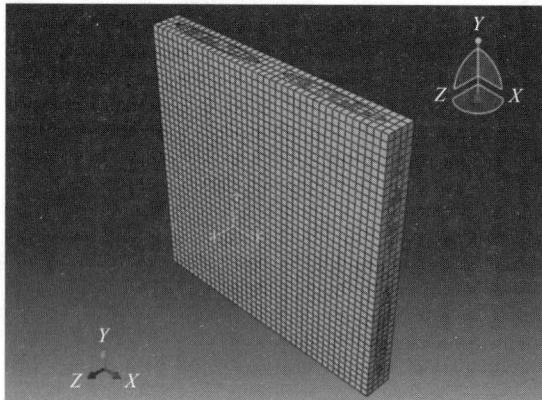

图 7-13 平纹机织物增强柔性复合材料有限元模型的网格划分

（4）分析步和输出。为了模拟纺织结构柔性复合材料的性能，有限元模型中将一个分析历程细化成多个分析步进行分析，为描述模拟历程提供了方便的途径。因此，分析步的定义应根据实际模拟历程进行设置。以模拟机织物撕裂为例，有限元模型中定义了两个分析步，第一个分析步将机织物设置为拱形，第二个分析步则开始对织物进行撕裂。此外，ABAQUS 分析步类型包括通用分析步和线性摄动分析步两种。通用分析步定义的是一个接一个顺序地分析流程，即前一个通用分析步的结束状态是后一个通用分析步的初始状态，这些分析步是相关的。线性摄动分析步是分析在"基础状态"上的线性响应，"基础状态"是指前面的通用分析步，而这些分析步间没有关系。

在有限元模型中，需要对模型模拟的相关变量进行输出定义，在此基础上对结果进行分析。需要注意的是，当在第一个分析步中定义变量的输出后，其输出请求会传递到后面的分析步中。输出主要包括场变量输出和历程变量输出两种，场变量输出用于模型绘图，如模型变形图、云图等；历程变量输出用于绘制 X–Y 图形。对于场变量和历程变量输出，其参数都是可选的，一般有限元软件会将常用的力学性能变量（如应力、应变、位移等）默认写入模型计算的输出数据库中。

（5）载荷和边界条件。对纺织结构柔性复合材料模型进行有限元分析时，需根据其在实际应用中受到的外力情况施加合理的载荷和边界条件。载荷可以根据与时间相关的幅值变化，其类型主要有集中力、均布力、力矩、压力、体力和重力等。指定边界条件可以随着时间相关的幅值定义变化，其类型主要有完全固定、指定方向固定位移或速度、指定方向固定平移和转动、指定角速度等。特别地，可以利用解析表达式定义载荷，在几何模型上添加一个载荷或在独立的网格节点上添加多个单独载荷。

（6）接触定义。在纺织结构柔性复合材料使用中，纺织结构增强体和涂层结构不可避免地会发生接触，载荷将通过它们的接触面进行传递。在某些情况下，接触面只传递垂直于接触表面的力，如果存在摩擦，则沿接触面的切向传递切向力。接触是一种严重不连续的非线性行为，是一类特殊的不连续约束。在纺织结构柔性复合材料有限元模型中，应根据纺织结构增强体和涂层结构的接触面积和传递的应力定义其接触属性。对于纺织结构柔性复合材料有限元模型而言，其接触包括两部分，分别是纱线与纱线之间的接触以及纱线与涂层之间的接触。以 ABAQUS 为例，一般来说，纺织结构增强体织物中经纬纱交织点的接触性质使用通用接触算法中"All with self"来定义，通过设置摩擦系数来定义经纬纱之间的摩擦性质；纱线与涂层之间接触采用"Tie"连接，进而限制纱线和涂层之间的滑动。

7.5 有限元分析上机案例

以柔性复合材料宏观尺度单向拉伸的 ABAQUS 有限元分析为例，进行上机练习，熟悉有限元分析软件的基本分析操作流程。单向拉伸采用条样法测试，被测样品的有效尺寸长度为 200 mm，宽度为 30 mm，拉伸速度为 50 mm/min（图 7-14）。基于柔性机织物复合材料通常具有的弹塑性，建立柔性复合材料宏观结构几何模型，计算应力传递过程。

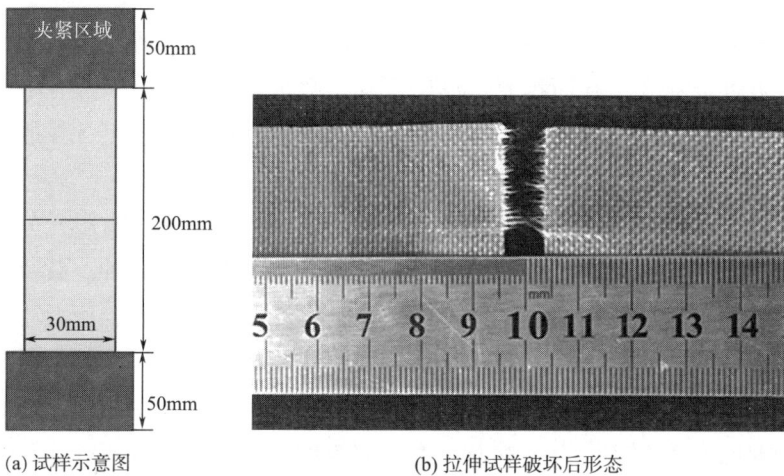

| (a) 试样示意图 | (b) 拉伸试样破坏后形态 |

图 7-14 柔性复合材料的单向拉伸

7.5.1 几何模型建立

利用软件建立试样的几何模型，图 7-15（a）为试样模型，图 7-15（b）为刚体部件。在进行构建部件几何模型的时，先根据模拟试样，绘制截面草图，然后通过拉伸、旋转、扫略等建模方法得到完整的 2D 或 3D 部件。为便于提取仿真拉伸曲线，可以建立一个 1D 的刚体部件，并在刚体上设置参考点，刚体部件和条样右边缘重合，并在定义接触的部分对刚体部件和条样右边缘设置 TIE 约束，通过这种方法可以将条样拉伸过程中受到的力和位移从刚体参考点导出，进而得到力—位移曲线。

(a) 拉伸试样几何模型

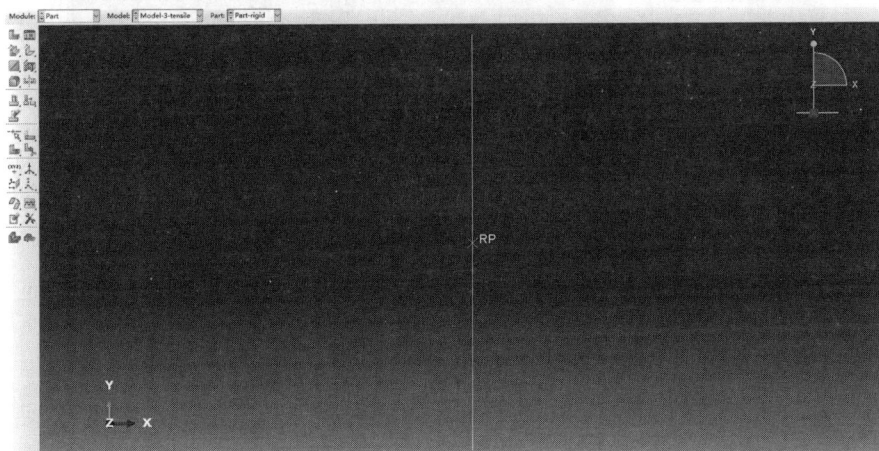

(b) 刚体零件及其参考点

图 7-15　几何模型的建立

7.5.2　材料属性定义

采用弹塑性模型柔性复合材料，在材料属性部分可以定义材料的弹性、塑性以及损伤等性能。为简化计算，本例只模拟了材料的弹性力学，需定义材料的弹性和塑性属性。弹性属性如图 7-16 所示，柔性复合材料采用二维 Lamina 进行模拟，输入弹性模量、泊松比以及剪切模量，材料厚度在定义截面部分输入（图 7-17），塑性性能设置如图 7-18 所示。

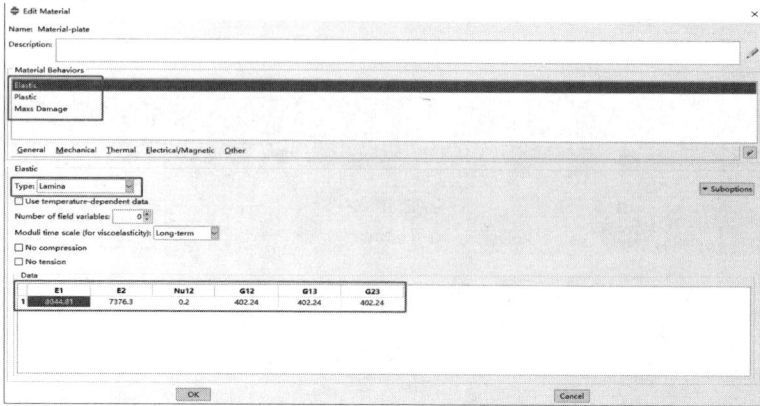

图 7-16　材料弹性参数定义（Edit Material：Elastic）

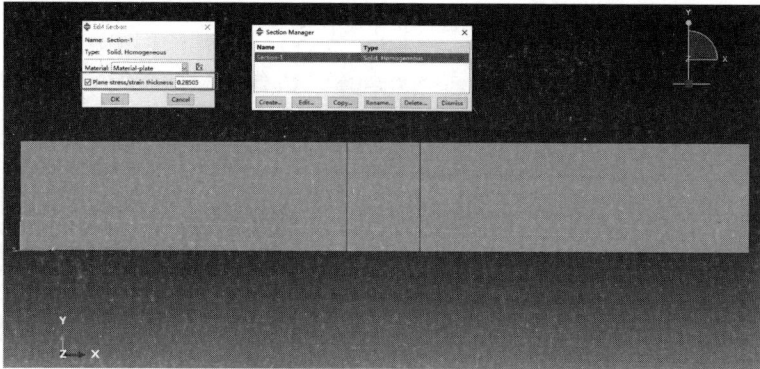

图 7-17　材料厚度参数定义（Edit Material：thinckness）

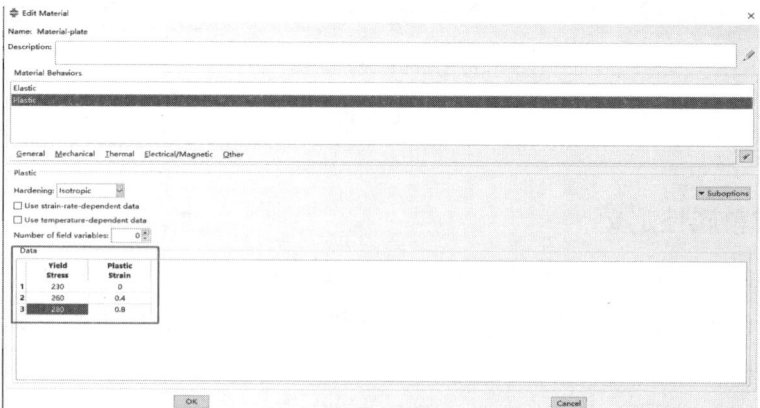

图 7-18　材料塑性参数定义（Edit Material：Plastic）

7.5.3　分析步

采用静态分析建立一个分析步，如图 7-19 所示。

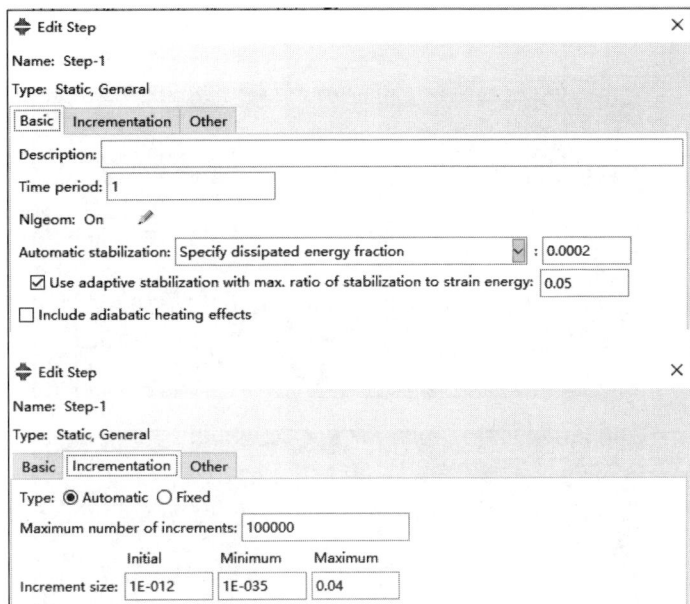

图 7-19　创建分析步（Create Step）

7.5.4　接触定义

定义接触，将刚体部件与条样右边缘（即拉伸端）用 TIE 约束，如图 7-20 所示。

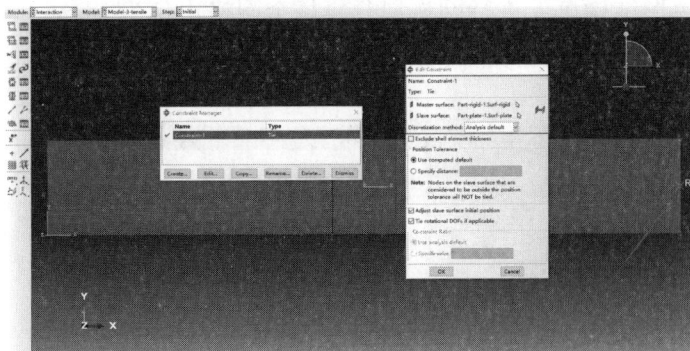

图 7-20　定义接触（Create Interaction）

7.5.5 载荷和边界条件设定

条样拉伸有限元模型中的边界条件如图 7-21 所示，将条样左边缘固定，右边缘设置拉伸位移 10mm。

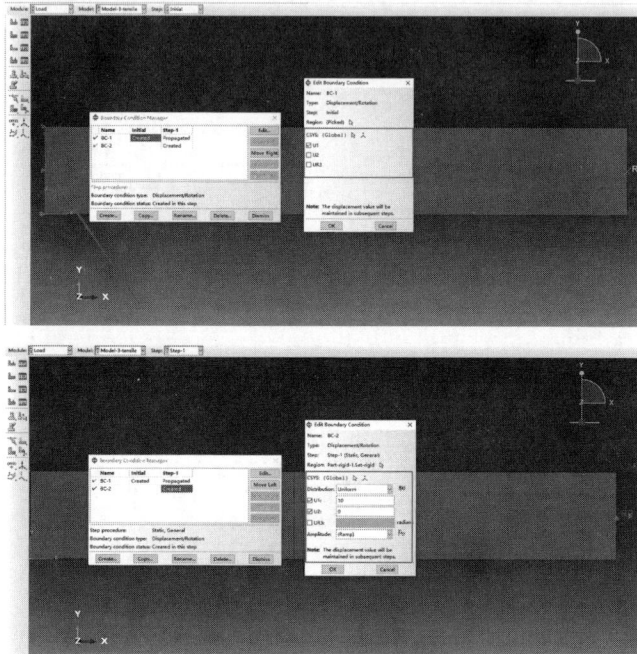

图 7-21　边界条件（Edit Boundary Condition）

7.5.6 网格划分

采用四边形结构单元进行网格划分，每个网格边长为 3mm，单元类型为平面应力线性减缩积分，如图 7-22 所示。

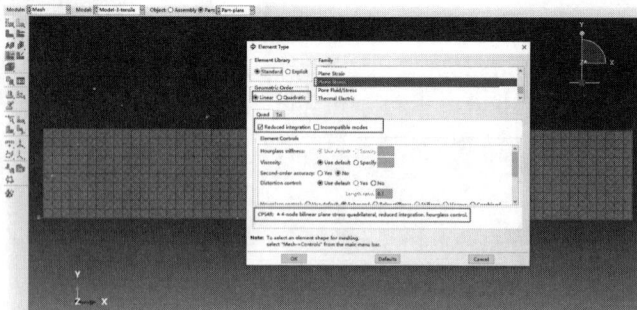

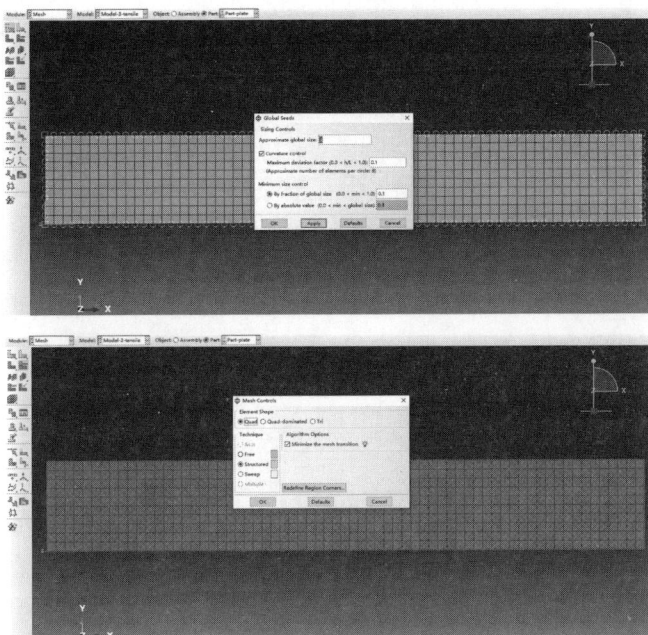

图 7-22　网格划分（Mesh）

7.5.7　参数输出定义

在有限元模型中，RP-1 在 x 轴方向的反作用力（RF1）和位移随时间的变化是模型输出的主要参数。这主要是由于 RP 为模型左边缘刚性参考点，其在 x 轴方向的反作用力即是拉伸模型中的拉伸强力，即为强力—位移曲线。此外，为方便观察模型应力应变场，在场输出中设置输出材料的应力、应变和位移，如图 7-23 所示。

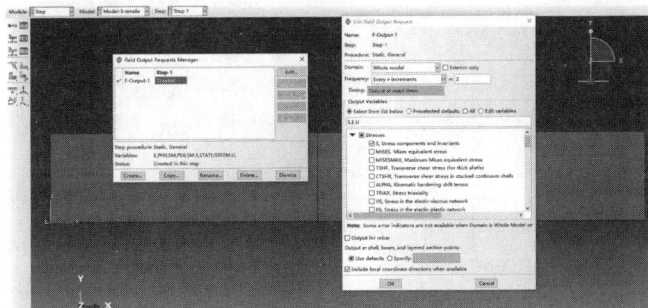

图 7-23

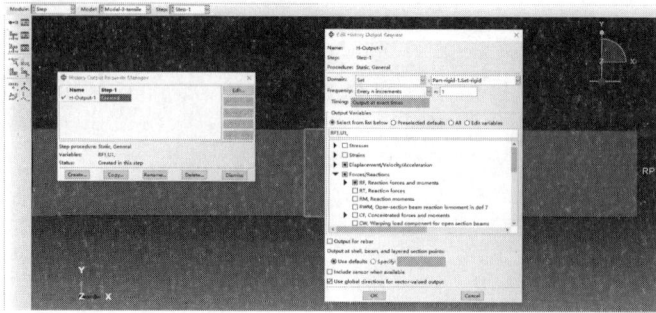

图 7-23　参数输出

7.5.8　结果与讨论

从单向拉伸的有限元模拟结果（图 7-24）可以看出，材料先发生弹性拉伸而后产生塑性变形，与柔性复合材料拉伸行为相似。图 7-25 为柔性复合材料拉伸过程的应力场变化，弹塑性模型可以仿真出拉伸条样拉伸过程中的颈缩现象。

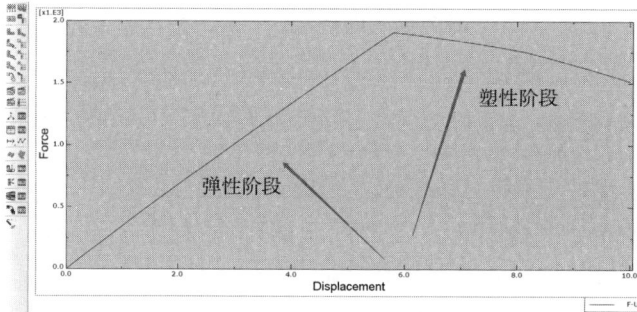

图 7-24　柔性复合材料有限元模拟拉伸曲线

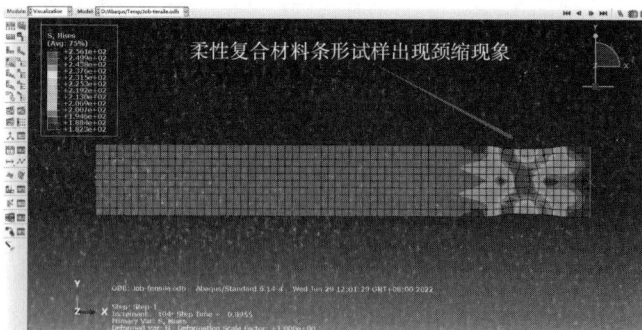

图 7-25　弹塑性柔性复合材料拉伸过程应力云图

7.6　本章小结

纺织结构柔性复合材料的细观结构参数建模主要是基于纺织结构的织物组织结构参数，结合纤维束、纱线以及涂层材料的力学性能进行的。主要建模步骤括：几何模型建立、材料属性定义、分析步、接触定义载荷和边界条件、网格划分、参数输出定义等。本章对复合材料力学基础理论进行了介绍，包括弹性力学、损伤力学以及断裂力学等，以 ABAQUS 有限元分析软件为例，演示了柔性复合材料单向拉伸的有限元分析操作基本步骤。

参考文献

［1］梁军，方国东. 三维编织复合材料力学性能分析方法［M］. 哈尔滨：哈尔滨工业大学出版社，2014.

［2］WANG R Q, ZHANG L, HU D Y, et al. A novel approach to impose periodic boundary condition on braided composite RVE model based on RPIM［J］. Composite Structures，2017，163：77–88.

［3］王萍. 柔性机织复合材料撕裂和顶破损伤机制的有限元分析［D］. 上海：东华大学，2012.

［4］梁双强. 开孔三维编织复合材料力学性能研究［D］. 上海：东华大学，2020.

［5］孟军辉，张艳博，吕明云. 平流层飞艇蒙皮材料织物纤维拔出过程分析［J］. 北京航空航天大学学报，2014，40（8）：1149–1153.

［6］卢子兴. 复合材料界面的内聚力模型及其应用［J］. 固体力学学报，2015，（S1）：85–94.

［7］季晨. 基于非局部理论的复合材料层合板损伤演化研究［D］. 哈尔滨：哈尔滨工业大学，2016.

［8］WANG P, SUN B, GU B. Comparisons of trapezoid tearing behaviors of uncoated and coated woven fabrics from experimental and finite element analysis［J］. International Journal of Damage Mechanics，2013，22（4）：464–489.

［9］ZHANG W, GU B, SUN B. Thermal–mechanical coupling modeling of 3D braided composite under impact compression loading and high temperature field［J］. Composites Science and Technology，2017，140：73–88.

［10］黄雄，谭焕成，刘璐璐，等. 编织角和承载方向对三维四向编织复合材料动态压缩性能的影响［J］. 复合材料学报，2018，35（4）：11.

［11］JIANG L L, XU G D, SU C, et al. Finite Element Analysis of Thermo–Mechanical Properties of 3D Braided Composites［J］. Applied Composite Materials，2014，21（2）：325–340.

［12］ZHAI J，CHENG S，ZENG T，et al．Thermo−mechanical behavior analysis of 3D braided composites by multiscale finite element method［J］．Composite Structures，2017，176（sep）：664−672.

［13］GOU J J，FANG W Z，DAI Y J，et al．Multi−size unit cells to predict effective thermal conductivities of 3D four−directional braided composites［J］．Composite Structures，2017，163（mar）：152−167.

［14］KO F K．Tensile strength and modulus of a three−dimensional braid composite［C］．In Composites Materials：Testing and Design（Seventh Conference）．ASTM International，Philadelphia，1986.

第8章 应用服役性能

不同纺织结构柔性复合材料的长期使用性能及其在循环载荷下的服役性能不同。随着纺织结构柔性复合材料产品的开发，对其长期服役性能的研究及设计变得十分紧迫。本章对纺织结构柔性复合材料服役性能的实验室测试、基于细观模型的理论和有限元数值模拟进行研究。从纺织结构柔性复合材料的蠕变与应力松弛、耐疲劳性能、耐老化性能等方面进行详细分析，总结材料寿命预测模型，以期用于优化纺织结构柔性复合材料的设计并为工程师提供参考。

8.1 蠕变与松弛

8.1.1 蠕变

蠕变是指材料在恒定应力作用下，变形随时间逐渐增加的现象。蠕变行为是揭示材料应力—应变—时间关系的一种基本方法。如图 8-1 所示，在恒定应力 σ_0 作用下，任意时刻的总应变 $\varepsilon(t)$ 是瞬时弹性应变 ε_0 与蠕变应变 ε_C 之和：

$$\varepsilon(t) = \varepsilon_0 + \varepsilon_C \tag{8-1}$$

蠕变柔量 $D(t)$ 定义为任意时刻的总应变 $\varepsilon(t)$ 与恒定应力 σ_0 的比值：

$$D(t) = \frac{\varepsilon(t)}{\sigma_0} \tag{8-2}$$

任意时刻的蠕变柔量 $D(t)$ 还可以定义为瞬时蠕变柔量 D_0 和与时间有关的柔量 $\Delta D(t)$ 之和。

$$D(t) = D_0 + \Delta D(t) = D(0) + \Delta D(t) \tag{8-3}$$

其中，瞬时蠕变柔量 D_0 反映黏弹性材料的线弹性变形，单位是 MPa^{-1}，柔量分量 $\Delta D(t)$ 反映黏弹性材料与时间相关的黏性变形，单位是 MPa^{-1}。

如图 8-2 所示，材料的蠕变过程可分为三个阶段：第 I 阶段是指材料刚受到应力作用时瞬间产生的伸长变形，此时的应力与应变关系基本符合胡克定律，故又称为急弹性变形阶段；第 II 阶段是指材料在应力作用下，产生的变形随时间延

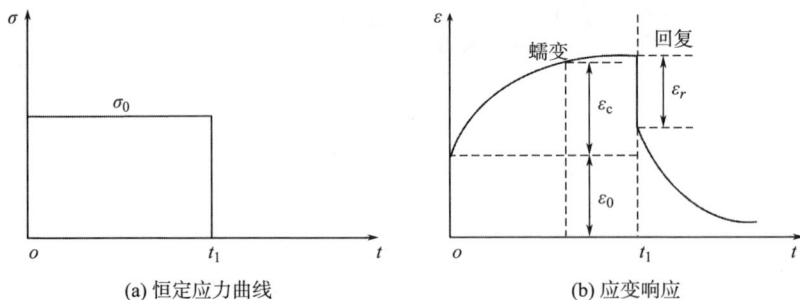

(a) 恒定应力曲线　　　　　　　　(b) 应变响应

图 8-1　蠕变曲线

长而增大的过程，又称为缓弹性变形阶段；第Ⅲ阶段是指材料在应力作用下，产生的变形随时间延长突然增大的过程，又称为塑性变形阶段。第Ⅰ阶段和第Ⅱ阶段产生的变形都是可回复的，而第Ⅲ阶段产生的变形不可恢复。应力作用大小不

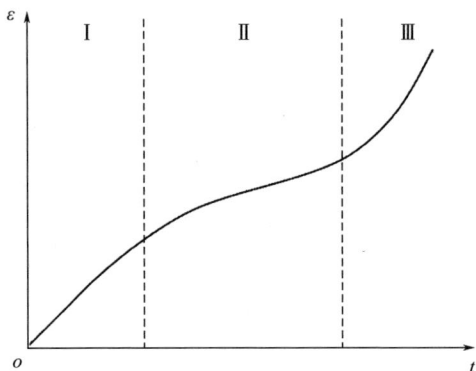

图 8-2　材料的蠕变阶段过程

同，材料中三个阶段产生的变形所占比例也不同。因此，蠕变试验中恒定载荷的大小及作用时间决定了材料的变形程度和形式。

纺织结构柔性复合材料的蠕变是一种非常复杂的行为，它取决于涂层材料和纺织结构增强体的许多相关参数，如涂层材料的蠕变行为、纺织结构中纤维的弹性和断裂行为、纤维的几何形状和排列以及纤维与涂层材料间的界面作用等。综合考虑以上因素，纺织结构柔性复合材料的蠕变应变率可用以下定性方程来表示：

$$\dot{\varepsilon}=f(\sigma_0,\ T,\ \dot{\varepsilon}_m,\ V_f,\ \lambda_f,\ \theta,\ E_f,\ \sigma_{uf},\ E_m,\ E_i,\ t_i) \qquad (8\text{-}4)$$

式中：σ_0 为应力载荷；T 为测试温度；$\dot{\varepsilon}_m$ 为涂层基体的应变率；V_f 为纤维体积分数；λ_f 为纤维的几何参数；θ 为纤维相对于施加载荷方向的取向角；E_f 为纤维模量；σ_{uf} 为纤维极限强度；E_m 为涂层基体模量；E_i 为纤维/基体界面模量；t_i 为界面厚度。

8.1.2　蠕变回复

蠕变回复指当恒定应力去除之后，材料会在蠕变应变后立即产生反向的弹性

应变，且应变率随时间延长而逐渐减小的过程。金属的可回复弹性应变量一般只占蠕变应变量的很小一部分，而聚合物复合材料的可回复应变量可能会占蠕变应变量的很大一部分，在足够长的时间内，线弹性聚合物材料甚至可完全回复到初始状态。

8.1.3　应力松弛

应力松弛过程如图 8-3 所示，指材料在恒定应变的作用下，应力随时间增加而逐渐减小的过程。

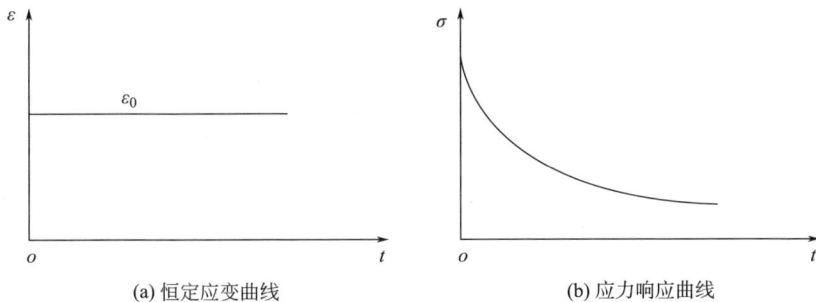

(a) 恒定应变曲线　　　　　　　　(b) 应力响应曲线

图 8-3　应力松弛曲线

8.1.4　黏弹性材料的蠕变与应力松弛

黏弹性行为是指材料在变形过程中表现出黏性和弹性的特性。黏性材料在恒定载荷作用下表现出随时间变化以恒定的速度发生变形，当去除载荷时，材料无法回复到原始状态，仍然保持变形后的状态。弹性材料在载荷作用下会发生瞬间变形，当卸载负荷后，材料可以立即回复到原始状态。黏弹性材料则同时具有黏性材料和弹性材料这两种特征，表现出随时间变化的应变行为，这种行为可以是线性的，也可以是非线性的。纺织结构柔性复合材料中涂层材料和纺织结构增强体均是黏弹性材料，故纺织结构柔性复合材料的应力松弛与蠕变性能与材料的黏弹性行为有很大关系。涂层材料和纤维等聚合物材料的特点是：即使在室温条件下，它们所承受的载荷或变形行为在很大程度上也依赖于时间，聚合物材料所承受的荷载或变形还取决于材料之前所经历的荷载、变形或温度。

8.1.4.1　线性黏弹性材料

线性黏弹性材料需满足以下两个条件：

（1）任一时刻的应力与应变成正比。如图 8-4 所示，关系式为式（8-5）：

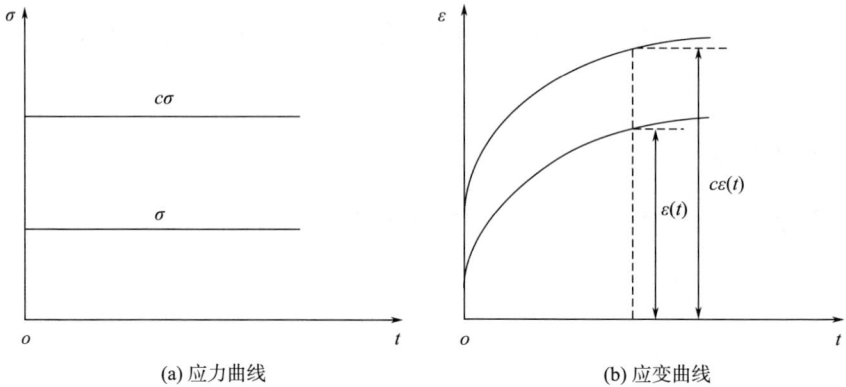

(a) 应力曲线　　　　　　　　(b) 应变曲线

图 8-4　线性黏弹性行为

$$\varepsilon\left[c\sigma\left(t\right)\right] = c\varepsilon\left[\sigma\left(t\right)\right] \tag{8-5}$$

（2）满足线性叠加原理。如图 8-5 所示，关系式为式（8-6）：

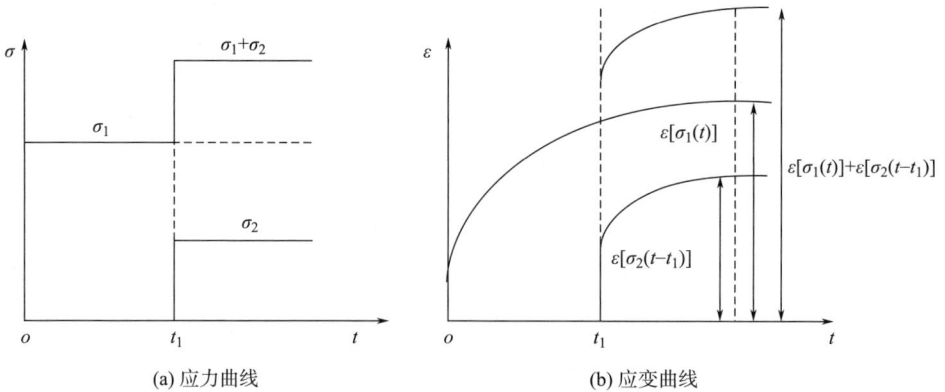

(a) 应力曲线　　　　　　　　(b) 应变曲线

图 8-5　玻尔兹曼叠加原理

$$\varepsilon\left[\sigma_1\left(t\right) + \sigma_2\left(t-t_1\right)\right] = \varepsilon[\sigma_1\left(t\right)] + \varepsilon[\sigma_2\left(t-t_1\right)] \tag{8-6}$$

由条件（1）可知，对于线性黏弹性材料来说，蠕变柔量与应力大小无关，即不同应力水平下的蠕变柔量—时间曲线应重合。由条件（2）可知，每个应力加载步骤对线性黏弹性材料的最终变形都是独立作用的，可以通过这些步骤产生的变形之和得到材料的最终变形，这个原理也叫玻尔兹曼叠加原理。

由式（8-6）可推导出材料在受到多步应力加载时的变形，即在时间为 t_1、t_2、t_3、…时施加应力载荷 σ_1、σ_2、σ_3、…，则在任意 t 时刻材料的应变表达应为式（8-7），其中 $D\,(t-t_i)$ 是与时间有关的蠕变柔量。

$$\varepsilon\,(t) = \sigma_1\,D\,(t-t_1) + \sigma_2\,D\,(t-t_2) + \sigma_3\,D\,(t-t_3) + \cdots \tag{8-7}$$

多步应力加载的线性黏弹性响应也可以推广为积分形式，又称为玻尔兹曼叠加积分：

$$\varepsilon\,(t) = D_0\sigma + \int_0^t \Delta D\,(t-t_i)\,\frac{\mathrm{d}\sigma}{\mathrm{d}t}\,\mathrm{d}t_i \tag{8-8}$$

式中：D_0 为瞬时蠕变柔量；$\Delta D\,(t-t_i)$ 为与时间相关的蠕变柔量；σ 为外加应力；t_i 为为了考虑材料所承受的历史应力在积分中引入的变量。

通常，为了确定材料的线性黏弹性行为，需要进行蠕变和回复试验。利用试验得到的蠕变行为建立蠕变柔量模型，并利用该模型对回复应变进行预测。如果模型预测得到的回复应变与试验得到的回复应变一致，则表明线性叠加原理成立，材料行为属于线性黏弹性。由玻尔兹曼叠加积分可知，蠕变柔量可以分为瞬时蠕变柔量 D_0 和与时间有关的蠕变柔量 $\Delta D\,(t)$。在黏弹性材料建模中，与时间有关的蠕变柔量 $\Delta D(t)$ 常以幂次定律和 Prony 级数的形式给出，分别见式（8-9）和式（8-10）。

$$\Delta D(t) = D_1\,t^n \tag{8-9}$$

$$\Delta D\,(t) = \sum_{i=1}^{N} D_i\,(1-\mathrm{e}^{-t/t_i}) \tag{8-10}$$

以幂次定律形式给出的 $\Delta D\,(t)$ 函数简单，适用于预测材料在短时间内的蠕变行为。以 Prony 级数形式给出的 $\Delta D\,(t)$ 函数适用于有限元方法建模。

同理，线弹性材料的应力松弛响应关系由式（8-11）给出：

$$\sigma\,(t) = E_0\,\varepsilon + \int_0^t \Delta E\,(t-t_i)\,\frac{\mathrm{d}\varepsilon}{\mathrm{d}t_i}\,\mathrm{d}t_i \tag{8-11}$$

式中：E_0 和 $\Delta E\,(t-t_i)$ 分别是初始松弛模量和与时间相关的松弛模量。

该方程有时也被称作线性黏弹性材料函数，如果在应力载荷作用下线性黏弹性材料的蠕变行为已知，则不需要进行额外试验，利用此函数关系就可以确定材料的应力松弛行为，反之亦然。

对于线性黏弹性材料，其松弛模量与蠕变柔量之间的关系由式（8-12）或式（8-13）给出。

$$\int_0^t D\,(t-t_i)\,E\,(t_i)\,\mathrm{d}t_i = t \tag{8-12}$$

或

$$\int_0^t E\,(t-t_i)\,D\,(t_i)\,\mathrm{d}t_i = t \qquad (8\text{-}13)$$

需要注意的是，式（8-12）和式（8-13）只有在蠕变柔量的简单形式下才有可能对其进行解析积分。例如，如果蠕变柔量可以用幂次定律的形式给出，即式（8-10），则松弛模量可表示为式（8-14）。

$$E\,(t) = \frac{1}{D_1\,\Gamma\,(1+n)\,\Gamma\,(1-n)}\,t^{-n} \qquad (8\text{-}14)$$

其中，$\Gamma\,(x) = \int e^{-t} t^{x-1}\,\mathrm{d}t$。

8.1.4.2 线性黏弹性模型

线性黏弹性材料的蠕变与应力松弛行为常用线性弹簧和线性阻尼器元件组成的模型进行描述。

线性弹簧在恒定应力载荷下的应变响应如图8-6所示，其中 E 是线性弹簧常数或杨氏模量。弹簧元件表现出瞬时弹性和瞬时回复行为，其应力—应变关系由式（8-15）表示：

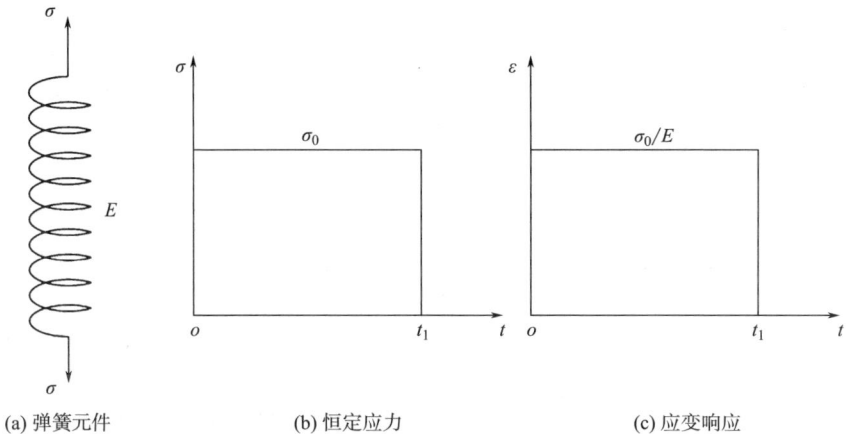

(a) 弹簧元件   (b) 恒定应力   (c) 应变响应

图 8-6 线性弹簧元件在恒定应力下的应变响应

$$\sigma = E\varepsilon \qquad (8\text{-}15)$$

线性阻尼器元件在恒定应力载荷下的应变响应如图8-7所示，其中常数 η 为黏度系数。阻尼器元件在恒定应力作用下表现为以恒定速率进行变形，其应力—应变关系由式（8-16）表示：

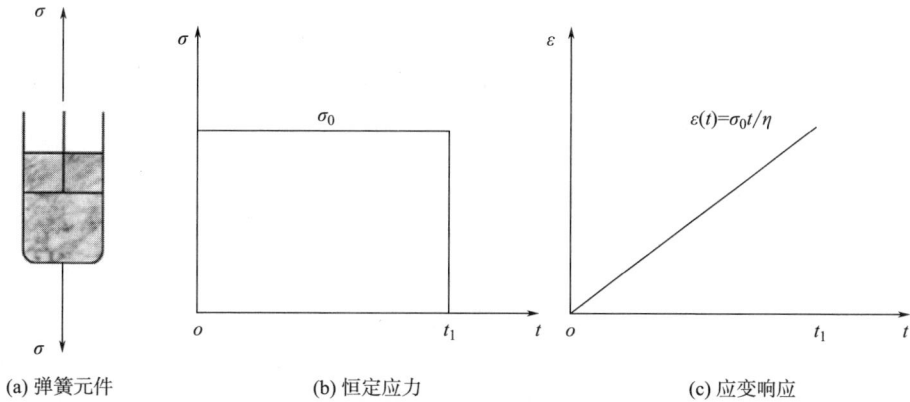

(a) 弹簧元件　　　　　(b) 恒定应力　　　　　(c) 应变响应

图 8-7　线性阻尼器元件在恒定应力下的应变响应

$$\sigma = \eta \frac{\mathrm{d}\varepsilon}{\mathrm{d}t} \qquad\qquad （8-16）$$

此外，当对线性阻尼器元件施加恒定应变作用时，其内部应力会随时间的延长而迅速减小，当 $t=0^+$ 时，其内部应力值为零，如图 8-8 所示。线性阻尼器元件在恒定应变作用下的应力响应关系可由式（8-17）表示：其中 $\delta(t)$ 为狄拉克函数，当 $t \neq 0$ 时，$\delta(t)=0$；当 $t=0$ 时，$\delta(t)=\infty$。

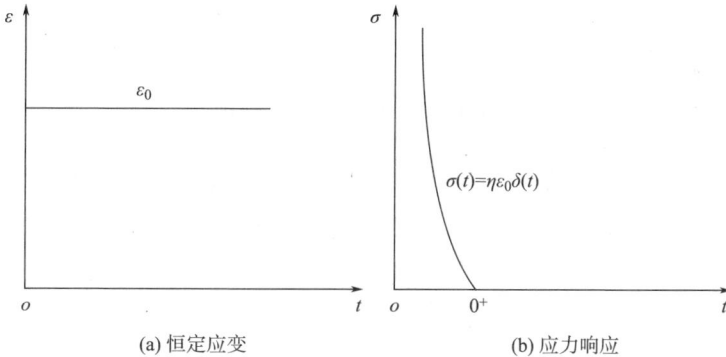

(a) 恒定应变　　　　　(b) 应力响应

图 8-8　线性阻尼器元件在恒定应变下的应力响应

$$\sigma(t) = \eta \varepsilon_0 \delta(t) \qquad\qquad （8-17）$$

（1）Maxwell 模型。Maxwell 模型是由线性弹簧和线性阻尼器元件串联而成的二元件模型，如图 8-9 所示。线性弹簧和线性阻尼器的应力—应变关系可分别由式（8-18）和式（8-19）给出。

$$\sigma = E\varepsilon_2 \qquad (8\text{-}18)$$

$$\sigma = \eta \frac{\mathrm{d}\varepsilon_1}{\mathrm{d}t} \qquad (8\text{-}19)$$

由于两个元件串联，故总应变为：

$$\varepsilon = \varepsilon_1 + \varepsilon_2 \qquad (8\text{-}20)$$

消除 ε_1 和 ε_2，对式（8-20）进行求导整理得：

$$\frac{\mathrm{d}\varepsilon}{\mathrm{d}t} = \frac{1}{E}\frac{\mathrm{d}\sigma}{\mathrm{d}t} + \frac{\sigma}{\eta} \qquad (8\text{-}21)$$

将积分法与适当的初始条件相结合，可以得到 Maxwell 模型对不同应力或应变条件的响应。

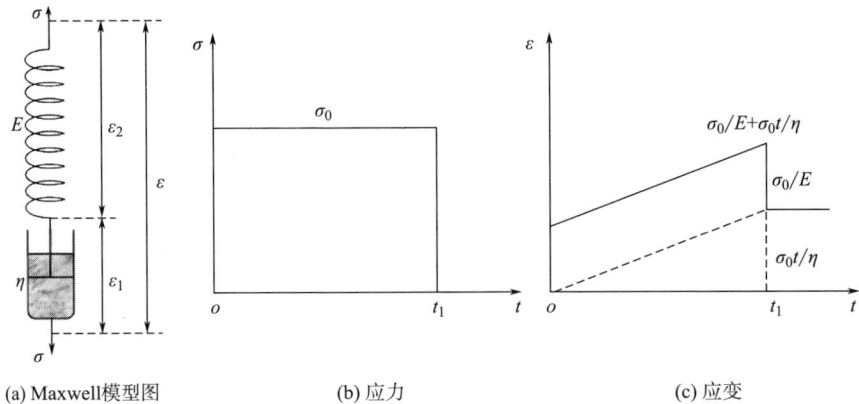

(a) Maxwell模型图   (b) 应力   (c) 应变

图 8-9　Maxwell 模型蠕变响应

① 蠕变。如图 8-9 所示，如果 Maxwell 模型在 $t=0$ 时受到恒定应力 $\sigma=\sigma_0$ 的作用，则其蠕变响应见式（8-22），该式表明在恒定应力作用下，变形将永无止境，而且不能回复。

$$\varepsilon(t) = \frac{\sigma_0}{E} + \frac{\sigma_0}{\eta}t \qquad (8\text{-}22)$$

② 蠕变回复。如图 8-9 所示，在 $t=t_1$ 时，去除应力，则弹簧元件产生的弹性应变 $\dfrac{\sigma_0}{E}$ 可立即回复至零，而阻尼器元件中产生的应变 $\dfrac{\sigma_0}{\eta}t_1$ 是一个永久应变，无法回复。

综上所述，该模型的本质是一个黏流体，不能用来描述蠕变行为。

③ 应力松弛。如图 8-10 所示，如果 Maxwell 模型在 $t=0$ 处受到恒定应变

$\varepsilon=\varepsilon_0$，则其应力松弛响应结果为：

$$\sigma(t) = \sigma_0\, e^{\frac{-Et}{\eta}} = E\varepsilon_0\, e^{\frac{-Et}{\eta}} \tag{8-23}$$

对式（8-23）进行求导，可得应力变化率：

$$\frac{d\sigma}{dt} = -\sigma_0\frac{E}{\eta} e^{\frac{-Et}{\eta}} \tag{8-24}$$

由式（8-24）可知，当 $t=0$ 时，初始应力变化率 $\dfrac{d\sigma}{dt}=-\sigma_0\dfrac{E}{\eta}$，如果应力以这个初始变化率不断减小，则松弛方程为：

$$\sigma = -\sigma_0\frac{-Et}{\eta} + \sigma_0 \tag{8-25}$$

根据式（8-25），当 $t=t_R=\dfrac{\eta}{E}$ 时，$\sigma=0$，t_R 被称为 Maxwell 模型的弛豫时间。当 $t<t_R$ 时，可变因素 $e^{\frac{-t}{t_R}}$ 会迅速趋近于零，所以大部分应力松弛应发生在 t_R 之前。

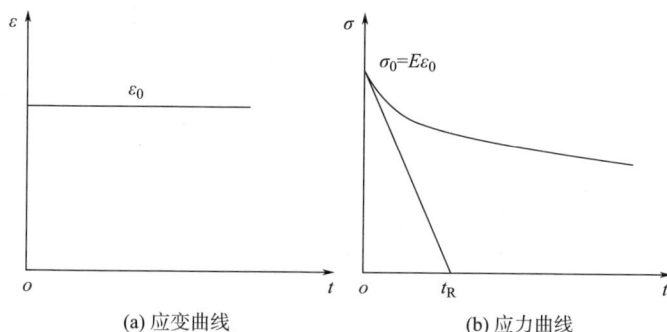

图 8-10　Maxwell 模型应力松弛响应

（2）Voigt 模型。图 8-11 所示是由线性弹簧和线性阻尼器元件并联组成的二元 Voigt 模型。线性弹簧和线性阻尼器元件的应力—应变关系可分别见式（8-26）和式（8-27）：

$$\sigma_1 = E\varepsilon \tag{8-26}$$

$$\sigma_2 = \eta\frac{d\varepsilon}{dt} \tag{8-27}$$

由于两个元件并联，故总应力：

$$\sigma = \sigma_1 + \sigma_2 \tag{8-28}$$

消除 σ_1 和 σ_2，可得到 Voigt 模型的本构方程：

$$\frac{d\varepsilon}{dt} + \frac{E\varepsilon}{\eta} = \frac{\sigma}{\eta} \tag{8-29}$$

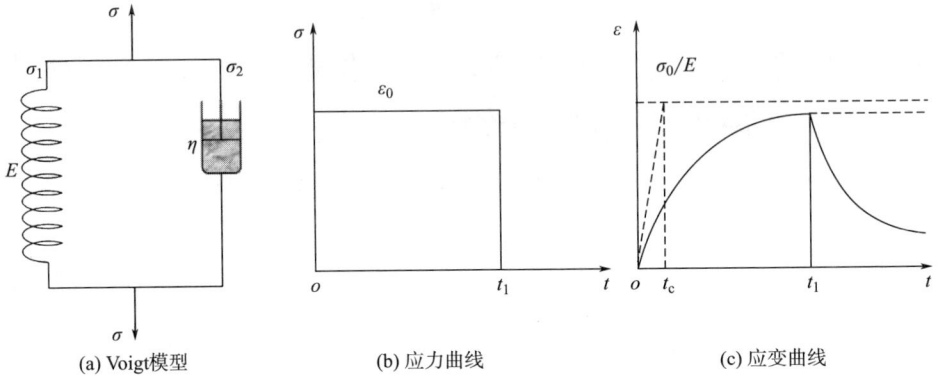

(a) Voigt模型　　　　　　(b) 应力曲线　　　　　　(c) 应变曲线

图 8-11　Voigt 模型蠕变响应

① 蠕变。如图 8-11 所示，如果 Voigt 模型在 $t=0$ 时受到恒定应力 $\sigma = \sigma_0$ 的作用，则其蠕变响应为：

$$\varepsilon(t) = \frac{\sigma_0}{E}(1 - e^{\frac{-Et}{\eta}}) \tag{8-30}$$

由式（8-30）可知，应变是在以一个逐渐减小的速率增加，当时间 $t \rightarrow \infty$ 时，应变值 $\varepsilon(\infty) \rightarrow \frac{\sigma_0}{E}$。该模型对突然施加应力的蠕变响应是：最初应力完全由阻尼器黏性单元承担；然后随着阻尼器元件的逐渐伸长，进而把越来越多的应力载荷传递给线性弹簧元件；最后整个应力由弹簧元件承担。上述行为被称为延迟弹性。

对式（8-30）进行求导，可得 Voigt 模型蠕变时的应变率 $\frac{d\varepsilon}{dt}$：

$$\frac{d\varepsilon}{dt} = \frac{\sigma_0}{\eta} e^{\frac{-Et}{\eta}} \tag{8-31}$$

由式（8-31）可知，当 $t=0^+$ 时，初始应变率为：

$$\left(\frac{d\varepsilon}{dt}\right)_{t=0^+} = \frac{\sigma_0}{\eta} \tag{8-32}$$

当 $t \to \infty$ 时，应变率接近于零：

$$\left(\frac{\mathrm{d}\varepsilon}{\mathrm{d}t}\right)_{t \to \infty} = 0 \tag{8-33}$$

当 $t=t_\mathrm{c}=\dfrac{\eta}{E}$ 时，初始应变率 $\dfrac{\sigma_0}{\eta}$ 会近似于 $\dfrac{\sigma_0}{E}$，t_c 被称为 Voigt 模型的滞后时间。实际上，由于当 $t < t_\mathrm{c}$ 时，$\mathrm{e}^{\frac{-Et}{\eta}}$ 会迅速趋近于某一渐近线，因此大部分蠕变发生在 t_c 之前。

② 蠕变回复。如果在 t_1 时刻去除应力，则应力去除后的应变可由叠加原理确定。即当 $t=0$ 时，施加恒定应力载荷 $\sigma = \sigma_0$ 时，Voigt 模型中的应变 ε' 为：

$$\varepsilon' = \frac{\sigma_0}{E}\left(1 - \mathrm{e}^{\frac{-Et}{\eta}}\right) \tag{8-34}$$

当 $t=t_1$ 时，去除应力后，相当于施加反向恒定应力载荷 $\sigma=-\sigma_0$，则应变 ε'' 为：

$$\varepsilon'' = -\frac{\sigma_0}{E}\left[1 - \mathrm{e}^{\frac{-E(t-t_1)}{\eta}}\right] \tag{8-35}$$

$t=0$ 时，施加恒定应力载荷 $\sigma=\sigma_0$，当 $t=t_1$ 时，去除恒定应力（$\sigma=-\sigma_0$），则由叠加原理可知，当 $t > t_1$ 时，回复应变 $\varepsilon(t)$ 为：

$$\varepsilon(t) = \varepsilon' + \varepsilon'' = \frac{\sigma_0}{E}\,\mathrm{e}^{\frac{-Et}{\eta}}\left(\mathrm{e}^{\frac{Et}{\eta}} - 1\right) \tag{8-36}$$

③应力松弛。Voigt 模型没有表现出依赖于时间的松弛响应，在恒定应变条件下，该模型将表现为虎克体。由于黏性元件的存在，应变的突变只能通过无限应力来实现。通过施加无限应力缓慢实现应变的变化后，黏性元件所拥有的应力降至零，但弹簧仍可以保持恒定的应力。

（3）三元素模型。三元素模型是由一个弹簧和一个 Voigt 模型串联在一起组成的标准线性固体模型，如图 8-12 所示。

三元件的应力平衡方程为：

$$\sigma = \sigma_1 = \sigma_2 \tag{8-37}$$

三元件的应变平衡方程为：

$$\varepsilon = \varepsilon_1 + \varepsilon_2 \text{ 或 } \varepsilon = \dot{\varepsilon}_1 + \dot{\varepsilon}_2 \tag{8-38}$$

针对 Voigt 模型的应力—应变平衡可得：

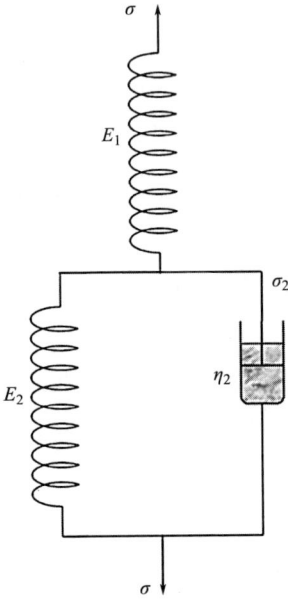

图 8-12　三元素模型

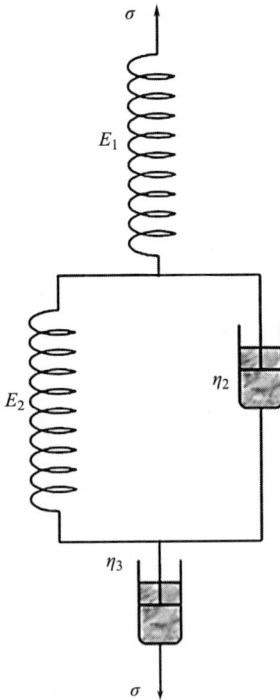

图 8-13　四元素模型

$$\sigma_2 = E_2\,\varepsilon_2 + \eta_2\,\dot{\varepsilon}_2 \ \text{或}\ \varepsilon_2 = \frac{1}{E_2}\,(\sigma_2 - \eta_2\,\dot{\varepsilon}_2) \qquad （8-39）$$

对以上方程关系进行整理，可得三元素模型的本构关系方程：

$$\sigma + \frac{\eta_2}{E_1 + E_2}\,\dot{\sigma} = \frac{E_1 E_2}{E_1 + E_2}\,\varepsilon + \frac{E_1 \eta_2}{E_1 + E_2}\,\dot{\varepsilon} \qquad （8-40）$$

（4）四元素模型。在恒定载荷下，聚合物的蠕变响应可由 Voigt 单元和 Maxwell 单元串联而成的四元素模型进行拟合，如图 8-13 所示。这个模型的假设条件是所研究的材料表现为线性黏弹性行为。

四元素模型的总应变是：

$$\varepsilon = \varepsilon_1 + \varepsilon_2 + \varepsilon_3 \qquad （8-41）$$

Maxwell 模型的弹性变形是：

$$\varepsilon_1 = \frac{\sigma}{E_1} \qquad （8-42）$$

仅 Voigt 模型的延迟弹性变形是：

$$\varepsilon_2 = \frac{\sigma}{E_2}\left(1 - e^{\frac{-t}{\tau_2}}\right) \qquad （8-43）$$

其中，$\tau_2 = \dfrac{\eta_2}{E_2}$。

$$\frac{\mathrm{d}\varepsilon_2}{\mathrm{d}t} + \frac{E_2}{\eta_2}\,\varepsilon_2 = \frac{\sigma}{\eta_2} \qquad （8-44）$$

Maxwell 阻尼器的黏滞变形是：

$$\varepsilon_3 = \frac{\sigma}{\eta_3}\,t \qquad （8-45）$$

消除 ε_1，ε_2，ε_3，可得四元素模型的本构方程：

$$\sigma + \left(\frac{\eta_3}{E_1} + \frac{\eta_3}{E_2} + \frac{\eta_2}{E_2}\right) + \frac{\mathrm{d}\sigma}{\mathrm{d}t} + \frac{\eta_2\eta_3}{E_1 E_2}\,\frac{\mathrm{d}^2\sigma}{\mathrm{d}t^2}$$

$$= \eta_3\frac{\mathrm{d}\varepsilon}{\mathrm{d}t} + \frac{\eta_2\eta_3}{E_2}\,\frac{\mathrm{d}^2\varepsilon}{\mathrm{d}t^2} \qquad （8-46）$$

因此，四元素模型的蠕变行为为：

$$\varepsilon\,(t) = \frac{\sigma}{E_1} + \frac{\sigma}{E_2}(1-\mathrm{e}^{-\frac{E_2 t}{\eta_2}}) + \frac{\sigma}{\eta_3}t \quad （8\text{-}47）$$

（5）广义 Maxwell 模型。广义 Maxwell 模型是由许多 Maxwell 模型串联或并联组成，如图 8-14 所示。

当多个 Maxwell 模型串联时，其本构方程为：

$$\frac{\mathrm{d}\varepsilon}{\mathrm{d}t} = \frac{\mathrm{d}\sigma}{\mathrm{d}t}\sum_{i=1}^{N}\frac{1}{E_i} + \sigma\sum_{i=1}^{N}\frac{1}{\eta_i} \quad （8\text{-}48）$$

该广义 Maxwell 模型的蠕变响应与前面提到的 Maxwell 模型蠕变响应没有太大区别。

当多个 Maxwell 模型并联时，得到的模型能够表示瞬时弹性、黏性流动、不同滞后时间的蠕变和不同松弛时间的松弛行为。该模型在恒定应变时的应力响应为：

$$\sigma\,(t) = \varepsilon_0 \sum_{i=1}^{N} E_i\,\mathrm{e}^{\frac{-t}{\tau_i}} \quad （8\text{-}49）$$

（6）广义 Voigt 模型。广义 Voigt 模型是由多个 Voigt 模型串联或并联组成，如图 8-15 所示。

当多个 Voigt 模型串联时，得到的本构方程为：

$$\sigma\,(t) = \varepsilon_0 \sum_{i=1}^{N} E_i\,\mathrm{e}^{\frac{-t}{\tau_i}} \quad （8\text{-}50）$$

当施加应力已知时，得到模型的蠕变响应为：

$$\varepsilon\,(t) = \sigma_0 \sum_{i=1}^{N} D_i\left[1-\mathrm{e}^{\frac{-t}{\tau_i}}\right] \quad （8\text{-}51）$$

当多个 Voigt 模型并联时，可得模型的本构方程为：

$$\sigma = \varepsilon\sum_{i=1}^{N} E_i + \frac{\mathrm{d}\varepsilon}{\mathrm{d}t}\sum_{i=1}^{N}\eta_i \quad （8\text{-}52）$$

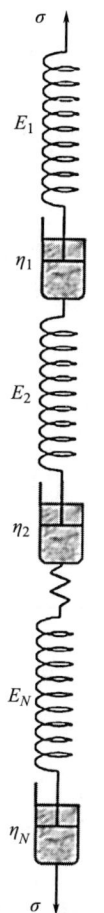

(a) 串联模型

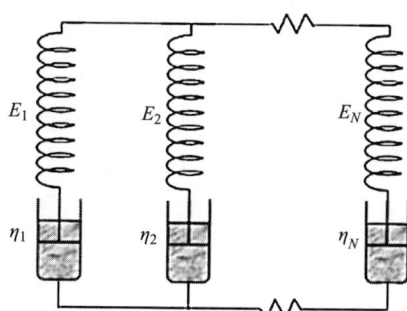

(b) 并联模型

图 8-14　广义 Maxwell 模型

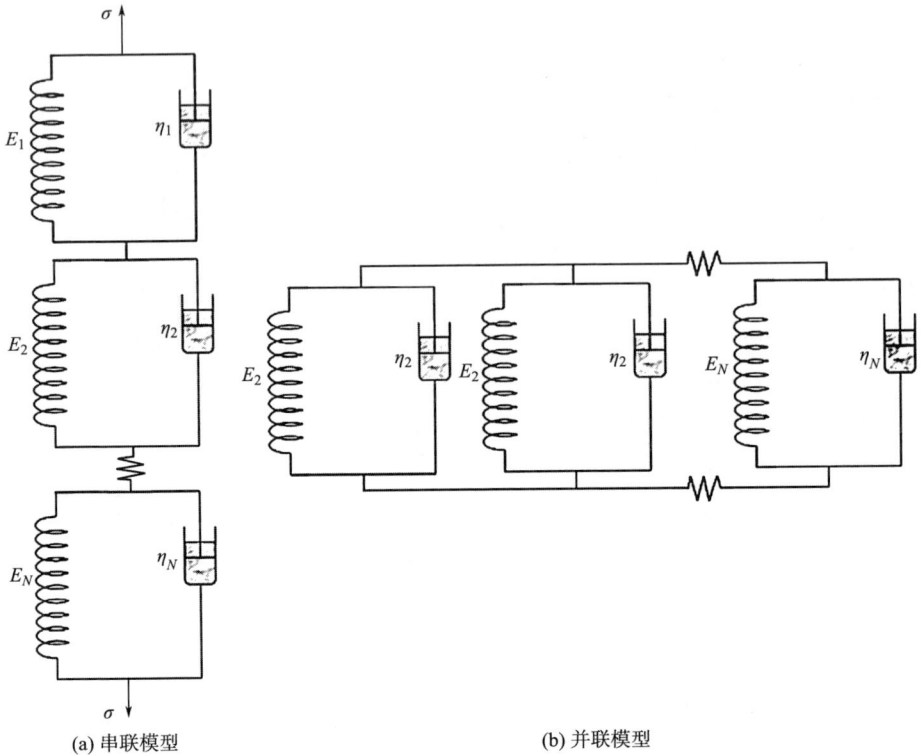

(a) 串联模型　　　　　　　　　　　(b) 并联模型

图 8-15　广义 Voigt 模型

同样，该广义 Voigt 模型的应力松弛响应与前面提到的 Voigt 模型应力松弛响应没有太大区别。

8.1.4.3　非线性黏弹性材料

对于给定材料的应力松弛与蠕变响应，其线性行为和非线性黏弹性行为取决于材料的应力—应变关系。应满足：首先，在载荷刚开始的一段时间，应变与应力关系成正比；其次，当前施加荷载所产生的应变应独立于任何先前施加的荷载。当这两个充分必要条件中有一个不符合时，玻尔兹曼叠加原理的一般形式就不足以描述黏弹性材料的蠕变和松弛，前面所描述的模型也不再有效和适用。因此，当材料不能满足上述两个条件时，即为非线性黏弹性材料。一般情况下，非线性黏弹性材料的应力—应变关系是基于积分形式进行表示。

（1）单积分表示。在非线性化的应力—应变测量原理上，通过一个一般形式的单积分方程得到非线性黏弹性响应的映射概念：

$$\varphi\left[\varepsilon\left(t\right)\right]=\int D\left(1-\tau\right)\frac{\mathrm{d}}{\mathrm{d}t}\,\psi\left[\sigma\left(t\right)\right]\mathrm{d}\tau \tag{8-53}$$

① Leaderman 模型。Leaderman 对玻尔兹曼线性理论进行了推广，将材料在恒定应力载荷下的应变响应假设为式（8-54），其中，$\psi\left[\sigma\left(t\right)\right]$ 是一个与应力相关的函数。

$$\varepsilon\left(t\right)=\int D\left(t-\tau\right)\frac{\mathrm{d}}{\mathrm{d}t}\,\psi\left[\sigma\left(t\right)\right]\mathrm{d}\tau \tag{8-54}$$

② Rabotnov 模型。Rabotnov 提出，在一定应力下，应变的函数表达式为：

$$\varphi\left[\varepsilon\left(t\right)\right]=\int D\left(1-\tau\right)\frac{\mathrm{d}\sigma\left(t\right)}{\mathrm{d}t}\mathrm{d}\tau \tag{8-55}$$

③ Brueller 模型。在对玻璃纤维和碳纤维增强聚氯乙烯和聚甲基丙烯酸甲酯热塑性复合材料的非线性黏弹性行为研究中，Brueller 开发并应用了以下模型来描述复合材料在一定载荷下随时间变化的蠕变行为：

$$\varepsilon\left(t\right)=g_{a}D_{0}\sigma+g_{b}\int_{0}^{t}\Delta D\left(t-\tau\right)\frac{\mathrm{d}\sigma}{\mathrm{d}t}\mathrm{d}\tau \tag{8-56}$$

非线性黏弹性行为是由两个非线性函数控制的，即 g_{a}、g_{b}，它们完全取决于施加的应力水平。g_{a} 函数表示瞬态响应的非线性，而函数 g_{b} 表示瞬态蠕变的非线性。

（2）多重积分表示。

① Green-Rivlin 和 Spencer 模型。该模型最初由 Green 等提出，用于描述聚合物复合材料体系随时间变化的力学行为。该模型不局限于特定的一种或一类材料，因此适用性广。根据该模型，材料蠕变响应可表示为：

$$\varepsilon\left(t\right)=\int_{0}^{t}D_{1}\left(t-\tau_{1}\right)\frac{\mathrm{d}\sigma\left(\tau_{1}\right)}{\mathrm{d}\tau_{1}}\mathrm{d}\tau_{1}$$
$$+\int_{0}^{t}\int_{0}^{t}D_{2}\left(t-\tau_{1},t-\tau_{2}\right)\frac{\mathrm{d}\sigma\left(\tau_{1}\right)}{\mathrm{d}\tau_{1}}\frac{\mathrm{d}\sigma\left(\tau_{2}\right)}{\mathrm{d}\tau_{2}}\mathrm{d}\tau_{1}\mathrm{d}\tau_{2} \tag{8-57}$$
$$+\int_{0}^{t}\int_{0}^{t}\int_{0}^{t}D_{3}\left(t-\tau_{1},t-\tau_{2},t-\tau_{3}\right)\frac{\mathrm{d}\sigma\left(\tau_{1}\right)}{\mathrm{d}\tau_{1}}\frac{\mathrm{d}\sigma\left(\tau_{2}\right)}{\mathrm{d}\tau_{2}}\frac{\mathrm{d}\sigma\left(\tau_{3}\right)}{\mathrm{d}\tau_{3}}\mathrm{d}\tau_{1}\mathrm{d}\tau_{2}\mathrm{d}\tau_{3}+\cdots$$

其中，$D_{1}(t)$，$D_{2}(t)$，$\cdots$，$D_{n}(t)$ 是时间的核函数。

② Pipkin 和 Rogers 非线性叠加理论。Pipkin 和 Rogers 提出了一种可替代 Green-Rivlin 和 Spencer 模型的方法，该模型又称为非线性叠加理论。根据该模型，聚合物的黏弹性响应可用以下一系列积分表示：

$$\varepsilon\,(t) = \int_0^t D_1\,[t-\tau_1\,,\,\sigma\,(\tau_1)]\,\frac{\mathrm{d}\sigma\,(\tau_1)}{\mathrm{d}\tau_1}\,\mathrm{d}\tau_1$$

$$+ \int_0^t\!\!\int_0^t D_2\,[t-\tau_1,\,\sigma\,(\tau_1),\,t-\tau_2,\,\sigma\,(\tau_2)\,]\,\frac{\mathrm{d}\sigma\,(\tau_1)}{\mathrm{d}\tau_1}\,\frac{\mathrm{d}\sigma\,(\tau_2)}{\mathrm{d}\tau_2}\,\mathrm{d}\tau_2 \qquad (8-58)$$

$$+ \int_0^t\!\!\int_0^t\!\!\int_0^t D_2\,[t-\tau_1,\,\sigma\,(\tau_1),\,t-\tau_2,\,\sigma\,(\tau_2)\,,\,t-\tau_3,\,\sigma\,(\tau_3)\,]\,,\,\frac{\mathrm{d}\sigma\,(\tau_1)}{\mathrm{d}\tau_1}\,\frac{\mathrm{d}\sigma\,(\tau_2)}{\mathrm{d}\tau_1}\,\mathrm{d}\tau_2 + \cdots$$

其中，$D_1(t)$，$D_2(t)$，$\cdots$，$D_n(t)$ 是时间的核函数。

（3）均匀化理论。纺织结构柔性复合材料是由增强材料和涂层材料组成的非均质材料。增强材料和涂层材料具有完全不同的蠕变和应力松弛性能，涂层材料一般是高分子聚合物材料，表现出明显的蠕变和应力松弛行为，而增强纤维的这种时变特性不明显，因此，复合材料的蠕变和应力松弛行为分析通常比较困难。

准确分析复合材料的蠕变行为，既需要描述复合材料宏观均质化的时间依赖行为，又需要考虑复合材料的微观异质性。非线性时变复合材料的均匀化理论是此类分析中最具优势的理论之一，该理论在数学均质化理论基础上，对非均质材料的宏观和微观时间依赖性行为之间提供了严格的数学关联。此外，该方法计算误差小，可有效避免因增量计算而积累的误差，适用于复合材料蠕变性能的分析。考虑到复合材料是由两种以上组分组成的，定义其最小代表性体积单元，如图8-16所示。

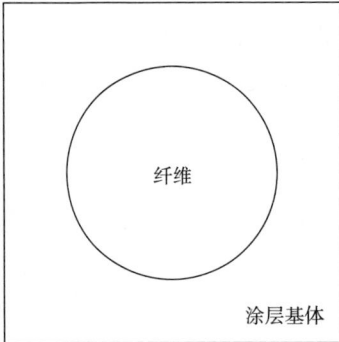

图 8-16　复合材料的最小代表性体积单元

基本方程：复合材料的最小代表性体积单元的微观应力和应变分布分别用 $\sigma_{ij}\,(y,\,t)$ 和 $\varepsilon_{ij}(y,\,t)$ 表示，则 σ_{ij} 平衡率的形式可表示为：

$$\dot{\sigma}_{ij,\,j} = 0 \qquad (8-59)$$

式中：$\dot{\sigma}_{ij}$ 和 $(\ )_{,\,j}$ 分别是时间 t 和 y_j 的微分。

复合材料中的各组分表现出线性弹性和非线性黏塑性的特征，用式（8-60）表示：

$$\dot{\sigma}_{ij} = c_{ijkl}\,(\dot{\varepsilon}_{kl} - \beta_{kl}) \qquad (8-60)$$

式中：c_{ijkl} 和 β_{kl} 分别是各组分弹性刚度和黏塑性函数，且满足式（8-61）和式（8-62）：

$$c_{ijkl} = c_{jikl} = c_{ijlk} = c_{klij} \tag{8-61}$$

$$\beta_{kl} = \beta_{lk} \tag{8-62}$$

最小代表性体积单元中的位移为：

$$\dot{u}_i(y,\ t) = \dot{F}_{ij}(t)\, y_j + \dot{u}_i^{\#}(y,\ t) \tag{8-63}$$

式中：$\dot{F}_{ij}(t)$ 和 $\dot{u}_i^{\#}$ 分别是复合材料宏观位移梯度和宏观位移引起的扰动位移。

最小代表性体积单元中的应变可由式（8-64）给出：

$$\dot{\varepsilon}_{ij} = \dot{E}_{ij} + \dot{\varepsilon}_{ij}^{\#} \tag{8-64}$$

其中，

$$\dot{E}_{ij} = \frac{1}{2}(\dot{F}_{ij} + \dot{F}_{ji}) \tag{8-65}$$

$$\dot{\varepsilon}_{ij}^{\#} = \frac{1}{2}(\dot{u}_{i,j}^{\#} + \dot{u}_{j,i}^{\#}) \tag{8-66}$$

最小代表性体积单元中的应力可由式（8-67）给出：

$$\dot{\sigma}_{ij}(y,\ t) = a_{ijkl}(y)\, \dot{E}_{kl}(t) - r_{ij}(y,\ t) \tag{8-67}$$

其中，

$$a_{ijpq} = c_{ijpq}(y)(\delta_{pk}\delta_{ql} + \chi_{pq}^{kl}) \tag{8-68}$$

$$r_{ij} = c_{ijkl}(\beta_{kl} - \varphi_{lk}) \tag{8-69}$$

8.2　耐疲劳性能

8.2.1　疲劳试验影响因素

耐疲劳性能是指纺织结构柔性复合材料通过反复加载，直到出现宏观可见的失效，导致材料无法继续承受载荷的性能。纺织结构柔性复合材料疲劳试验包括拉伸—拉伸疲劳、拉伸—压缩疲劳、压缩—压缩疲劳、弯曲疲劳、剪切疲劳、多轴疲劳等。

（1）控制方式。大多数疲劳试验均可设置为荷载控制或位移控制（循环荷载或位移分别保持恒定）。在荷载控制的疲劳试验过程中，随着试样位移增大、刚度减小，一旦试样不能承受施加的荷载时就会发生破坏，这种控制方式常用于疲劳试验。位移控制或应变控制主要用于监测复合材料中的裂纹扩展和刚度降低，试样有可能不会发生最终破坏，这是因为刚度的降低会导致荷载的降低，这种控制方式破坏判断依据，常以刚度减少或裂纹长度扩展等形式表示。

（2）试样握持。疲劳试验中试样可以选择采用机械式（使用螺栓）或液压式操作夹具进行固定。夹具对试验结果的影响很大程度上取决于试样形状和纤维含量。根据经验，夹具握持压力应足够高，以防止试样滑落，但也不要太高，因为过高的夹持压力会导致夹具处试样发生破碎失效。

（3）系统刚度和定位。试样准备好后，将上下夹具正确对准，以消除可能产生的不对称刚度影响。较差的对准操作会使试验得到的疲劳强度值略低，因为试样不对称会降低试样的抗弯能力，测得的最大载荷代表的是屈曲强度，而不是材料强度。

（4）加载速率。对于大多数材料的静态疲劳测试，通常需要避免高加载速率，这是因为高加载速度会导致疲劳强度和刚度值略高，同时试验要求较高的数据采集速率。因此，在疲劳测试时，加载速率应足够低，以防止对材料疲劳性能产生任何显著影响，但加载速率也不宜过低，以减少冗长的测试时间。

（5）试样的几何尺寸。试样的几何形状和尺寸对疲劳性能也有重要影响，应根据相关测试标准准确制备试样。

8.2.2　S—N 曲线

通常采用 S—N 曲线对试验得到的疲劳数据进行分析。参数 S 和 N 被用作通用术语。S 表示循环荷载、应力和应变，N 通常指失效的循环次数，也可以用来表示达到预先定义的刚度变化的循环次数，或重复固定载荷的循环次数。通常情况下，S—N 曲线是在 R 为常数时绘制的，如图 8-17 所示。R 定义为最小 S 与最大 S 的比值，其中压缩疲劳测试时需要添加一个负号。在 S—N 曲线的定义和外推中，疲劳寿命可以分为三个区域：低循环高载荷区域、高循环低载荷区域和介于两者之间的区域。相应的循环数取决于应用的载荷。一般来说，低循环状态最高可达 1000 个循环，高循环状态在 100 万个循环以上。

8.2.2.1　双参数 S—N 曲线

通过试验数据得出 S—N 曲线所需的最小参数是两个，一个是用其中一个轴描述截距的参数，另一个是斜率参数。其中，假设疲劳寿命 N 的对数与应用的

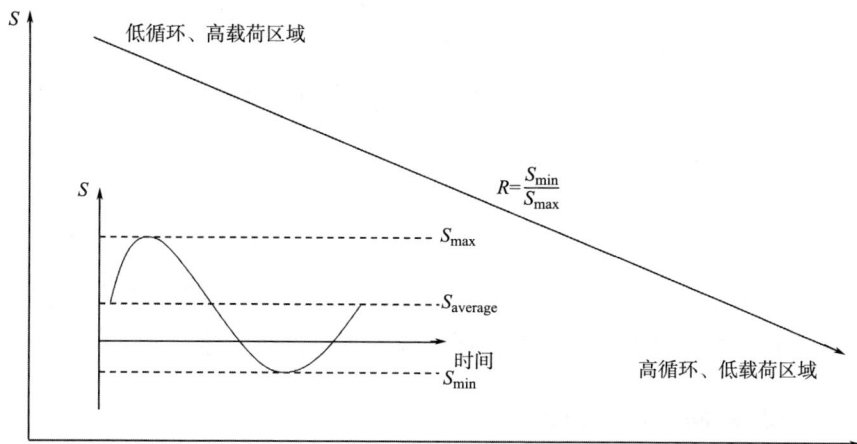

图 8-17　S—N 曲线

应力 / 应变 S 值或其对数呈线性相关，即 S—N 曲线最常用的两种公式：

$$\log N = a \log S + b \tag{8-70}$$

$$\log N = c + dS \tag{8-71}$$

式中：N 为疲劳寿命；S 为应用载荷；a、b、c、d 为拟合参数。

8.2.2.2　多参数 S—N 曲线

在 S—N 曲线上定义两个点，在这两个点之间，S—N 曲线的形式是一个对数—对数曲线。在这些点之外，S—N 曲线遵循式（8-72），即多参数 S—N 曲线。

$$S = \left[10^{-b} \frac{(N+B)C}{N+C} \right]^{\frac{1}{a}} \tag{8-72}$$

式中：B 和 C 为拟合参数；a 和 b 为由式（8-70）得到的拟合参数。

8.2.2.3　基于强度的 S—N 曲线

基于强度的 S—N 曲线中包括剩余强度数据：

$$S_e = [S_a (S_r/S_a)^{\frac{1}{D}} + (N-1) E]^D \tag{8-73}$$

式中：S_e 为 S 的等效静态值；S_a 为 S 的振幅；S_r 为 N 次循环后的剩余 S；D 为高循环区域的拟合参数；E 为低循环区域的拟合参数。

8.2.2.4　基于 Weibull 分布和磨损的 S—N 曲线

将双参数 Weibull 分布和以应变代替应力的基于磨损的 S—N 曲线相结合，可得式（8-74）：

233

$$S = \beta \frac{[-\ln R(N)]^{1/\alpha}}{[(N-A)E]^D} \tag{8-74}$$

式中：$A = \dfrac{1-E}{E}$；$R(N)$ 为可靠概率；α、β 分别为 Weibull 形状参数和比例参数；E 和 D 为从式（8-73）得到的参数。

8.2.3 疲劳寿命图

疲劳寿命图是解释复合材料中各组分对疲劳寿命作用的概念框架，是一个二维图，以加载参数为纵坐标，失效循环次数的对数为横坐标。

8.2.4 复合材料疲劳损伤机理

复合材料疲劳破坏的基本特征是基体产生裂纹。裂纹在复合材料疲劳破坏中的扩展受其各向异性的影响，平面内和穿透厚度方向上的裂纹会导致材料强度和刚度的退化，从而导致材料的最终失效。在一定的应力循环次数后，一定长度的裂纹数量趋于稳定，且裂缝之间的间距相近，此现象即为层压复合材料的典型疲劳损伤机理。由于柔性复合材料结构与层压复合材料结构相近，因此也可用此理论来解释纺织结构柔性复合材料的疲劳损伤机理，如图 8-18 所示。

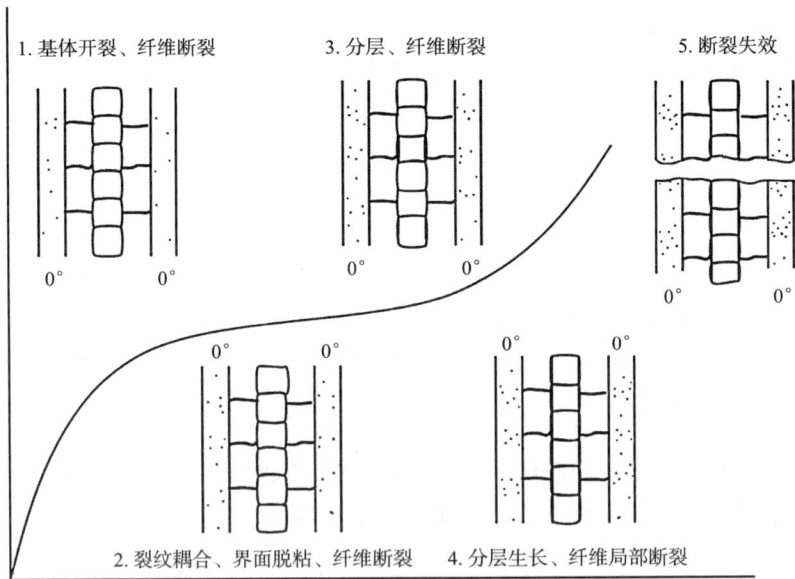

图 8-18　纺织结构柔性复合材料疲劳损伤机理

8.3 耐老化性能

老化包括较为温和的物理老化效应（如可逆的吸湿膨胀）和较为严重的化学老化（不可逆反应）。当纺织结构柔性复合材料暴露在高温、潮湿、化学溶剂、酸、臭氧、碳氢化合物、载荷等环境一段时间后，材料的刚度和强度可能会降低并产生裂纹，最终导致材料老化失效。纺织结构柔性复合材料的老化通常是从表面或边缘向内逐渐发生的，需要一定时间才能渗透到材料的中心。材料长期的老化数据或加速老化的方法可以用来预测这种退化对材料剩余性能和寿命的潜在影响。

要对复合材料的实时、长期老化行为进行高度可靠的预测，必须依靠昂贵且耗时的长期（实时）老化测试来全面评估材料的老化性能。加速老化测试方法可以通过缩小或筛选将用于材料老化测试的可接受时间、温度等参数范围，大大减少所涉及的费用和时间。此外，加速测试可以有效评估现有结构材料的剩余使用寿命，为产品改进提供指示。然而，建立有意义的加速老化测试方法是一项艰巨的任务，因为与材料老化有关的因素非常复杂，且随时间变化而变化，涉及多种老化过程和退化机制。事实上，只有在全面理解给定材料的老化效应后，才能确定老化过程是否真的可以加速以及如何加速。为了实现这一目标，复合材料的行为应该得到充分的描述，并进行理论上的模拟，开发出在各种负载、温度和环境（如辐射、氧气、水分和液体暴露）条件下预测材料性能的方法。

老化的主要机制可分为化学老化、物理老化和机械老化。这三种机制之间可能的相互作用与材料特性和老化环境有关。环境退化因子、临界退化机制和加速老化是老化研究中非常重要的术语。

环境退化因子指特定的使用环境条件，如温度、湿度、机械载荷等。临界退化机制是特定环境退化因子作用的机制，它包括当环境退化因子处于使用环境的边界时所发生的化学、物理和机械过程，环境退化因子会导致材料的重要物理性能产生显著损失。加速老化定义为加速特定临界退化机制或相对于基线老化条件的机制所需的一个或多个过程，从而使材料达到与实时材料相同的时效结束状态，但所用时间更短。很明显，只有在对老化如何影响给定物质系统的力学理解的基础上，老化机制才能起到适当的加速作用。这是一个相当复杂的问题，且不同的老化机制之间可能存在协同作用。

8.3.1　老化降解机制和建模分析

为设计复合材料加速老化方案，应包括的一般降解机制如下：

（1）聚合物的时间—力学行为和损伤累积（包括黏弹黏塑性蠕变）。

（2）机械降解机制，这是与高应力水平或疲劳相关的不可逆过程。机械降解机制包括基体开裂、分层、局部失稳、界面退化、纤维束断裂和非弹性变形（塑性应变），从而直接影响材料性质，如刚度和强度。在某些情况下，只有在化学或物理老化机制改变了聚合物的性能后，机械降解机制才起主导作用。

（3）物理老化，常发生在温度低于 T_g 的聚合物中，物质向热力学平衡发展，这种演变的特点是自由体积、焓和熵的变化，并使材料力学性能产生可测量的变化。

（4）湿热效应，这与水分子吸收到材料中有关。吸附的水分促进聚合物基体的塑化，使材料水解降解，影响材料的瞬时和长期的力学性能。

（5）化学降解机制，包括热氧化、热和水解老化。在典型的聚合物复合材料操作温度下，交联和氧化是其主要的化学老化机制。通常，这样的老化会导致交联密度的增加，从而通过致密化和 T_g 的增加，严重影响材料的力学性能，如材料弹性模量增加和韧性降低。

（6）协同效应是由上述几种物理化学现象的共同作用所决定的，它们产生的后果可能比单纯增加单一机制的作用所造成的后果更为严重。

复合材料的设计主要基于纤维、纤维/基体界面和聚合物基体的性质。在长期老化过程中，大多数材料性能（如复合刚度、强度和疲劳寿命）可能会发生变化，这主要与聚合物基体的力学性能变化有关。需要进一步了解热氧化、物理老化、黏弹性行为、湿热效应、基体开裂和微观结构变化，以及这些现象组合所产生的损伤累积的协同加速作用。事实上，在任何可靠的建模过程中，都应该考虑这些因素对失效机制的综合影响。

8.3.1.1　时效力学行为

无论是橡胶态还是玻璃态的聚合物，都具有黏弹性，即依赖于时间的力学行为。这种本构行为的特征时间（延迟或弛豫时间）在玻璃态时要长得多，并在 T_g 附近和高于 T_g 时降低。黏弹性的典型表现是蠕变或应力松弛。当考虑以基体主导的老化性能时，为了建立加速测试方法，可以采用时间—温度等效原理来加速测试材料的长期黏弹性行为。时间—温度等效原理的基础是在低温下长时间的行为等同于在高温下短时间的行为。材料的时变演化不仅关系到材料的刚度特性，而且关系到材料的强度特性。事实上，此类复合材料体系的耐久性分析必须基于具有时变系数的强度准则或非线性黏弹黏塑性损伤分析。一般认为，只有在材料经过机械预处理后，聚合物材料的蠕变和回复行为才能用黏弹性本构定律来描述。对于未经预处理的试样，蠕变后的回复行为不能单独用黏弹性来描述，需要建立黏弹黏塑性复合模型。

8.3.1.2　机械降解

机械降解是不可逆的过程，如基体开裂、分层、纤维束断裂、局部失稳、界面破坏和非弹性变形（塑性应变）。虽然这些损伤模式中的任何一种都可以被视为机械降解状态，但几种损伤模式的综合效应更危险。复合材料最关键的损伤机制是基体聚合物中横向铺层裂纹和面内微裂纹的形成，基体裂纹可能是由最初的加工工艺、机械静载荷和疲劳载荷、湿热暴露产生的残余应力、热循环以及机械和环境循环的综合作用造成的。复合材料在纵向（平行于纤维方向）和横向（垂直于纤维方向）的热膨胀不同而产生的残余应力是引起横向基体开裂的主要因素。复合材料的湿热循环（湿度循环和温度循环相结合）也会产生横向的基体裂纹。

8.3.1.3　物理老化

聚合物基复合材料的 T_g 老化会导致材料物理老化，任何耐久性分析都应该解决这一问题。事实上，T_g 以下的聚合物处于非平衡态，并倾向于向平衡态演化，表现为体积随时间的变化（体积缓慢地连续减小）、焓变和熵变的变化速率越来越小。这一老化过程导致材料刚度和脆性增加。

8.3.1.4　湿热效应

低分子量物质（如水）可以被复合材料聚合物基体吸收和扩散。复合材料对水的吸收能力在很大程度上取决于聚合物的化学结构和形态（如结晶度），还与吸湿性较差的纤维的排列和数量以及纤维 / 基体界面行为的性质有关。水分对复合材料的长期影响主要体现在以基质为主导的力学性能的变化上，如剪切模量、抗压强度和横向抗拉强度等。高温和高湿暴露都会使基体塑化，并加速基体弛豫过程向热力学平衡方向发展，湿热膨胀会引起复合材料内部残余应力的变化，进而形成微裂纹。同时，这些微裂纹反过来又提供了液态水和水蒸气的快速扩散路径，进而改变复合材料的吸湿性能。在湿热循环过程中，复合材料的短期湿热效应包括基体开裂、微孔产生、外层分层或表面起泡等。

8.3.1.5　热氧降解

复合材料中基体的另一个重要降解机制可能由热的不稳定性和氧化攻击的加

速作用导致，包括分子链的断裂、交联和热氧化反应。在惰性气体中，复合材料的热降解仅是一种热分解现象，而在空气中，其主要形式是氧化降解。热分解是聚合物基体中共价键断裂的结果，一般来说，高性能聚合物在惰性气体中的热稳定性非常好。氧化降解通常是以失重为特征的一种表面现象。化学变化和相关的重量变化基本上只发生在基体中，并从表面向内部逐渐演化，只有在高温和长时间的暴露下，才会发生整体老化失效，如图 8-19 所示。

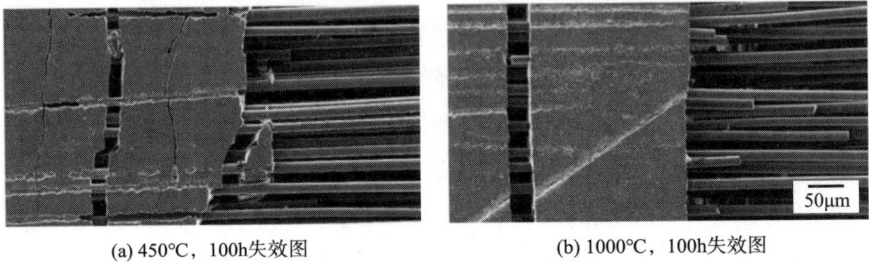

(a) 450℃，100h失效图 (b) 1000℃，100h失效图

图 8-19 复合材料老化图

对复合材料耐热氧化老化性能的研究不仅要关注其力学性能的退化特性，而且要关注其失效机理。通过确定复合材料的降解机制，可以设计一个适当的测试程序用于反映这些降解机制下的材料特性。

8.3.1.6 加速测试方法

根据复合材料的特性、环境条件（如温度、压力、载荷、相对湿度等）和损伤机理，建立复合材料的老化模型，并据此设计加速老化试验方法。加速老化试验的目的是确定材料的老化微观结构和寿命结束时的损伤状态。对于复合材料，加速老化的主要降解过程与机械疲劳、冲击损伤、湿度或其他暴露环境有关。加速方法包括增加暴露温度和负荷、预损伤样品、缩短循环暴露的保存时间或增加降解化学物或化合物的浓度等。当涉及多种降解机制协同作用时，加速方法会变得十分复杂，因为不同机制的加速和使用条件之间的关系通常是不同的。因此，直接和同时测试多个加速条件非常困难，让样本逐步服从加速条件，促进单个失效机制可能是最好的方法。加速老化测试必须尽可能复刻发生在长期的、真实的复合材料老化过程，评估测试后材料相关性能的变化，并确定每个老化机制的加速因素以及占主导地位的环境退化因素和退化机制。

进行加速老化表征的关键步骤如下：①识别材料类别。②建立临界老化降解机制（热氧化、基体裂解等）。③选择环境退化因素。④确定加速老化测试条件（如温度、浓度、加载、样本几何尺寸等）和使用过程中退化现象的理论模型。⑤评价衡量老化试验后复合材料相关性能的变化，如重量、物理性能、力学性能、裂纹密度等参数。

8.3.2 紫外线加速老化

8.3.2.1 紫外线老化原理

紫外线是指波长介于 200 ~ 400nm 的光线，紫外线又分为长波紫外线（UVA）、中波紫外线（UVB）和短波紫外线（UVC）三种，其波长范围分别为 310 ~ 400nm、280 ~ 310nm 和 200 ~ 280nm。紫外线因其波长的不同而具有不同的辐射能量，辐射能量的大小随着波长的增加而减少。表 8-1 所示为各种有机化合物的键能与紫外线波长之间的对应关系。

表 8-1 有机化合物的键能与紫外线波长之间的关系

化学键	键能 / (kJ·mol^{-1})	相对应的波长 /nm
O—H	1958.74	259
C—F	441.29	272
C—H	413.66	290
N—H	391.05	306
C—O	351.69	340
C—C	347.92	342
C—CL	328.66	364
C—N	290.98	410

紫外线老化是指由于受紫外线辐射影响而导致材料在合成、储存和加工及终端应用等各个阶段发生的变质现象，例如，制品表面泛黄、龟裂、丧失光泽或其他力学性能如拉、压、弯、剪等的大幅度下降。常将仅由紫外线辐射和在有氧气参与下的由紫外线辐射引起的纤维增强复合材料的老化称为光老化或光氧老化。紫外线辐射会使大分子键不均匀断裂而产生局部应力集中。

紫外线对于复合材料的影响主要分为化学老化和物理老化。紫外线对于基体的化学老化主要通过两种方式：一是直接光降解，即通过基体材料本身所有的发色团来吸收外来的辐射，从而引起电子的激发态来实现；二是通过复合材料体系中存在的一些能吸收光能的杂质来引起激发态，最后导致复合材料的老化降解。紫外线对于基体的物理老化主要是指玻璃态的高分子材料通过一些小区域链段的微小布朗运动使其分子的凝聚态结构由非平衡态向平衡态过渡，从而使材料的物理性能发生变化的现象。

研究紫外线老化采用的方法有自然老化和加速老化两种。自然老化是直接将试样暴露在室外，使其在阳光照射下发生紫外线老化；加速老化一般是在实验室中使用专门的老化试验箱，通过氙灯或紫外灯照射，使其发生紫外线老化。两者的对比见表 8-2。

表 8-2 自然老化与加速老化对比

老化类型	所需仪器	试验周期	紫外光强度	多因素影响
自然老化	不需要特殊仪器	很长，一般需要几年、十几年甚至更长时间	不可控制，不同地区不同	与其他因素耦合，难以单独分析紫外老化性能
加速老化	一般为老化试验箱	很短，一般为几个月	可精确控制	可单独研究紫外老化，也可研究各种因素耦合作用下的老化性能

自然老化的最大优点是可以直接得到试样在试验环境中的老化性能及演变规律，缺点是试验周期长、成本高，且结果不具有普遍性。加速老化试验则可实现紫外光强度的精确控制，从而能从原理上揭示试样的紫外线老化机理，结果具有普遍性，且试验周期短、效率高。根据互易定理可知，紫外线老化只与紫外光照射总量有关，这为紫外线加速老化试验提供了理论依据。

8.3.2.2 互易定理

假设紫外线老化过程只与紫外光照射总量 Q 相关，而独立于紫外光强度 I 与照射时间 t，即低强度紫外光照射较长时间与高强度紫外光照射较短时间后，材料的紫外线老化结果相同，并称之为互易定律见式（8-75），其中，constant 表示常数。

$$It = constant \qquad (8-75)$$

互易定律具有一定的适用范围，但仍存在一定的失效性。在此基础上，Schwarzschild 提出紫外光强度 I 与时间 t 的 p 次方的乘积为常数时，材料在相同的辐射总量 Q 的情况下的老化效果相同，见式（8-76）：

$$It^p = constant \qquad (8-76)$$

式中：p 为 Schwarzschild 系数，取决于材料和试验条件，当 $p=1$ 时，便是互易定理，可见 Schwarzschild 定理是互易定理的推广。

根据互易定理，选择合理的紫外光强度是加速老化试验的关键，应该在不改变老化动力学过程的基础上，尽量采用较高的光照强度，以缩短试验周期。

不同的荧光紫外灯（仪器）具有不同的光谱特性，可以根据试样要求选用合适的灯光进行测试。荧光紫外灯波长为 300 ~ 340nm，光谱可以近乎完美地模拟实际太阳光谱，因此对柔性复合材料来说，是比较理想的测试方法。同时又可以通过调整灯管的功率输出来调整辐照度，实现加速老化的目的。而荧光紫外灯没有红外光部分，需要通过箱体温度控制试验温度，因此没有光照产生的热量以及光照和热的协同作用，所以对那些对温度敏感的材料并不适用。但对于柔性复合材料来说，荧光紫外灯无疑是一种比较理想的测试方法。

8.4　寿命预测

纺织结构柔性复合材料的寿命通常以数十年计，在正常测试条件下，需要很长时间才能获得其真实寿命，但试验周期过长显然不能满足材料科学的发展，因此，寿命预测对纺织结构柔性复合材料的设计与应用具有重要作用。

时温等效原理（time-temperature equivalence principle）是指升高温度与延长时间对分子运动是等效的，对聚合物的黏弹行为也是等效的，这为缩短预测周期提供了理论上的支持。于是，在破坏机理一致的前提下，可以通过将试验温度提高的方法来缩短试验时间。即通过提高试验温度，使材料的工作环境变得更为恶劣，材料的失效时间自然就会缩短。在这种情况下的寿命预测试验称为加速寿命试验，但是如何才能通过高温下的材料寿命准确预测出正常环境条件下的材料寿命仍然是一个严峻的问题。目前，一些经典的寿命预测模型已被提出，需要注意的是，这些不同的寿命预测模型均有不同的应力条件。

根据老化过程中出发点的不同和描述参数的不同，可以把经典的寿命预测方法分为三大类：一是根据动力学原理建立的阿伦尼乌斯（Arrhenius）模型；二是基于残余强度的疲劳失效理论；三是基于应力松弛理论建立的应力松弛时间模型。

8.4.1 阿伦尼乌斯模型

阿伦尼乌斯模型是以温度为加速应力的寿命预测模型，其表达式见式（8-79）：

$$\theta = A e^{\frac{b}{T}} \tag{8-77}$$

式中：θ 为材料的平均寿命；A、b 均为待定参数；T 为绝对温度。

再对式（8-77）两边取对数，可以得到式（8-78）：

$$\ln \theta = a + \frac{b}{T} \tag{8-78}$$

式中：$a = \ln A$，a、b 均为待定参数。

可以通过利用最小二乘法的方法对数据进行拟合，从而得出待定参数 a 和 b。再利用外推法，将实际正常工作时的温度代入式（8-77），即可得到材料在实际环境温度中的寿命。使用上述模型时需要注意，为了保证试验结果的精准性，试验必须至少在 3 个不同温度下进行，且选择的试验温度应符合有关规定。

8.4.2 疲劳失效理论

基于残余强度模型建立的疲劳失效理论和前文讨论的疲劳性能模型之间存在着紧密联系，主要用来预测材料在使用过程中失效的情况。通用疲劳损伤模型的四个要求为：

（1）应该在一个应用应力水平上解释疲劳现象。

（2）应该能够解释整体应用应力范围内的疲劳现象，在一个高应用应力水平的循环过程中，材料的损伤程度应该比低应用应力水平时更严重。

（3）可以解释多应力水平的疲劳现象。

（4）建立无 S—N 曲线的疲劳损伤模型是可行的。

Sarkani 等提出了一种基于残余强度的疲劳失效理论，如式（8-79）所示：

$$\frac{\mathrm{d}\sigma_{\mathrm{r}}}{\mathrm{d}n} = -B \frac{An^{A-1}}{C\sigma_{\mathrm{r}}^{C-1}} \tag{8-79}$$

式中：σ_{r} 为剩余强度；n 为疲劳循环次数；A、B、C 为取决于应用疲劳应力水平的常数。

对式（8-79）进行积分，使残余强度等于零循环时的极限强度和破坏时的外加应力，可得式（8-80）：

$$\sigma_{\mathrm{r}}^{C} = \sigma_{\mathrm{ult}}^{C} - (\sigma_{\mathrm{ult}}^{C} - \sigma_{\mathrm{p}}^{C})\left(\frac{n}{N}\right)^{A} \tag{8-80}$$

式中：σ_{ult} 为极限强度；σ_p 为疲劳循环的峰值应力；N 为与 σ_{ult} 对应的失效疲劳循环数。

8.4.2.1　Broutman 和 Sahu 模型

最早的残余强度模型是由 Broutman 和 Sahu 基于玻璃纤维增强环氧树脂复合材料的拉伸疲劳行为提出的，其试验工作包括 35 个准静态试验和 134 个恒幅疲劳试验，疲劳 R 值为 0.05。试验结果见表 8-3。

表 8-3　Broutman—Sahu 等幅疲劳数据（E 玻璃纤维 / 环氧树脂，R=0.05）

σ_1/MPa	$Fa=\sigma/\sigma_{ult}$	N（中位数）	95% 置信界限	试样编码
386	0.862	493	420 ～ 570	35
338	0.754	2470	2170 ～ 2820	31
290	0.646	14700	12100 ～ 17590	37
241	0.538	172200	139200 ～ 213000	31

Broutman 和 Sahu 假设在给定疲劳应力幅值下，残余强度随循环次数呈线性变化，即式（8-81）和式（8-82）所示：

$$\sigma_r = \sigma_{ult} - \sum_i^n (\sigma_{ult} - \sigma_p^i) \frac{n_i}{N_i} \qquad (8-81)$$

$$\left(\frac{1-Fa_1}{1-Fa_2}\right)\frac{n_1}{N_1} + \frac{n_2}{N_2} = 1 \qquad (8-82)$$

式中：$Fa_1 = \sigma_1/\sigma_{ult}$，$Fa_2 = \sigma_2/\sigma_{ult}$，$N_1$ 和 N_2 分别为 σ_1 和 σ_2 对应的失效循环次数。

8.4.2.2　Reifsnider 和 Stinchcomb 模型

Reifsnider 和 Stinchcomb 提出了疲劳载荷下复合材料残余强度的临界元素模型。在该模型中，残余强度假设为式（8-83）：

$$F_r(n) = 1 - \int_0^n \left[1 - F_a(n)\right] A \left(\frac{n}{N}\right)^{A-1} d\frac{n}{N} \qquad (8-83)$$

式中：F_r 为临界元素的归一化剩余强度；F_a 为失效准则的对应值。

8.4.2.3　剩余刚度模型

用剩余刚度法建立复合材料疲劳损伤模型，即式（8-84）所示：

$$\frac{d\sigma_r}{dn} = -\frac{H(\sigma_p, f, R)}{C\sigma_r(n)^{C-1}} \qquad (8-84)$$

式中：f 为疲劳的频率。

疲劳寿命的预测分布由式（8-85）给出：

$$F_N(n) = 1 - e^{-\left(\frac{n + S_p^C/H(\sigma_p)}{\sigma_0^C/H(\sigma_p)}\right)^{\alpha/C}} \tag{8-85}$$

式中：σ_0 和 α 分别为初始强度分布的 Weibull 位置参数和形状参数。

式（8-86）是三参数 Weibull 分布，其中特征疲劳寿命为：

$$N_0 = \sigma_0^C/H(\sigma_p) \tag{8-86}$$

采用唯象剩余刚度模型建立损伤增长率模型，如式（8-87）所示：

$$\frac{dD}{dN} = \left[\begin{array}{c} \dfrac{A(\Delta\varepsilon)^c}{(1-D)^b} \\ 0 \end{array} \right] \tag{8-87}$$

式中：$D = 1 - \dfrac{E}{E_0}$；A、b、c 为从试验中确定的三个材料参数。

8.4.3　应力松弛时间模型

应力松弛时间模型是基于应力松弛理论建立的，主要用于预测材料使用过程中的腐蚀老化。松弛时间是指材料完成一个松弛过程所需要的时间，而一个完整的松弛过程是指聚合物从一种平衡状态通过分子的运动达到与外力相适应的一个新的平衡状态的过程。寿命预测的应力松弛时间模型是基于材料的松弛时间依赖于其各方面的环境因素，而当老化时间达到松弛时间 T 时，材料就会丧失其使用性能的理论建立的。Wiederhom 在研究玻璃纤维增强复合材料的破坏动力学过程中发现材料的破坏速率主要是由两方面的因素决定的：一是材料表面微裂纹的大小；二是材料与环境介质之间的相互参数。材料在应力和湿热两个环境因素协同作用时的复合材料腐蚀速率 v 的有效经验公式：

$$v = ax^f\, e^{-\frac{E}{RT}}\, e^{\frac{bk}{RT}} \tag{8-88}$$

式中：x 为环境相对湿度；f 为环境介质与材料之间相互作用的参数；E 为材料不受外力作用时自身的内聚能（J/cm³）；R 为气体常数；T 为热力学环境温度（K）；k 为应力因素；a、b 均为常数。

由此，式（8-88）的腐蚀速率公式可以转变为腐蚀寿命公式：

$$v = ax^{-f}\, e^{\frac{E}{RT}}\, e^{-\frac{bk}{RT}} \tag{8-89}$$

在此基础上，结合玻璃态聚合物在应力作用下应力与松弛时间之间的公式，分离出湿热和应力的影响，可得出纯湿度对复合材料腐蚀寿命影响的式（8-90）：

$$\tau = ax^{-f} \tag{8-90}$$

式中：a 为常数。

根据橡胶的溶胀理论和弹性理论，并综合应力松弛的时间公式，可以推导出纯溶胀对材料腐蚀寿命的影响公式：

$$\tau = \left(-\frac{1}{3}\ln V_2\right)\tau_0 \tag{8-91}$$

式中：τ 为材料溶胀后的应力松弛时间；τ_0 为材料溶胀前的应力松弛时间；V_2 为材料溶胀后聚合物的体积膨胀率。

Arrhenius 在考虑了时间问题和聚合物的自由体积膨胀理论后，推导出纯温度对材料腐蚀寿命的影响公式：

$$\Delta\ln\tau = \frac{\frac{B}{2.303 f_0}(T-T_0)}{f_0/a_f+(T-T_0)} \tag{8-92}$$

将上述三个公式综合，可以得出材料溶胀后体积变化的应力松弛时间模型：

$$\tau = \tau_0\, a x_0^{-f}\, e^{-\frac{b\sigma}{RT}\left(\ln V_2^{-\frac{1}{3}}\right)}\, e^{\frac{\frac{B}{2.303 f_0}(T-T_0)}{\left(\frac{f_0}{a_f}\right)+(T-T_0)}} \tag{8-93}$$

式中：B 为常数。

式（8-93）综合了橡胶弹性理论、应力松弛理论和自由体积膨胀理论等基础理论，并结合了 Fick 扩散定律、Arrhenius 规律、Wiederhom 经验公式和腐蚀动力学方程式。所以该模型能较系统全面地解释湿度、温度、应力和水这四个环境因素对聚合物及其复合材料的腐蚀作用。但是由于该模型只是对湿度、温度、应力和溶胀等环境因素对老化寿命影响的单一叠加，并没有考虑这些环境因素之间的协同作用，所以该模型仍具有一定的局限性。

8.5　本章小结

纺织结构柔性复合材料广泛应用于各个领域，为深入了解其服役性能，本章对纺织结构柔性复合材料的蠕变与应力松弛、耐疲劳性能、耐老化性能等进行了详细分析，并总结了材料寿命预测模型。

蠕变和应力松弛是描述纺织结构柔性复合材料应力—应变—时间关系的基本方法，它与涂层材料和纺织结构增强体的许多相关参数有关，如涂层材料的蠕变行为、纺织结构中纤维的弹性和断裂行为、纤维的几何形状和排列以及纤维与涂层材料间的界面作用等。复合材料表现出的黏弹性行为主要归因于聚合物涂层基体。对于线性黏弹性材料，采用玻尔兹曼叠加原理进行分析，并用线性弹簧和线性阻尼器元件组成的模型进行描述。对于非线性黏弹性材料，玻尔兹曼叠加原理不再适用，其应力—应变—时间关系是基于单积分和多重积分的形式给出。采用均匀化理论分析纺织结构柔性复合材料的蠕变和应力松弛性能，在考虑涂层材料和纺织结构增强体间的异质性的同时，也考虑了宏观均质化对时间的依赖行为。

纺织结构柔性复合材料的疲劳试验包括拉伸—拉伸疲劳、拉伸—压缩疲劳、压缩—压缩疲劳、弯曲疲劳、剪切疲劳、多轴疲劳等。对疲劳试验过程中载荷的控制方式、试样握持、系统刚度和定位、加载速度和试样的几何尺寸进行了详细描述。采用S—N曲线对试验得到的疲劳数据进行分析，并详细介绍了双参数S—N曲线、多参数S—N曲线、基于强度的S—N曲线、基于 Weibull 分布和磨损的S—N曲线。简要介绍了疲劳寿命图的概念，提出复合材料的疲劳损伤机理，发现复合材料疲劳破坏的首要特征是涂层基体结构产生裂纹。

纺织结构柔性复合材料暴露在高温、潮湿、化学溶剂、酸、臭氧、碳氢化合物、载荷等环境一段时间后，材料的刚度和强度可能会降低并产生裂纹，最终导致材料老化失效。介绍了加速老化测试方法的概念、老化机制、环境退化因子、临界退化机制等术语。描述了复合材料的时效力学行为、机械降解、物理老化、湿热效应、热氧降解等老化退化机制。根据复合材料特性、环境条件（如温度、压力、载荷、相对湿度等）和损伤机理，建立复合材料的老化模型，并据此设计加速试验方法，并详细介绍了紫外线加速老化寿命预测。

寿命预测模型是评价纺织结构柔性复合材料寿命的重要手段。对根据动力学原理建立的阿伦尼乌斯模型，基于残余强度建立的疲劳失效理论、Broutman 和 Sahu 模型、Reifsnider 和 Stinchcomb 模型以及唯象剩余刚度法建立的复合材料疲劳损伤模型，基于应力松弛理论建立的应力松弛时间模型进行了详细介绍。

参考文献

[1] GUEDES R M. Creep and fatigue in polymer matrix composites [M]. Cambridge, Eng: Woodhead Publishing, 2010.

[2] LEADERMAN, HERBERT. Elastic and creep properties of filamentous materials and other high polymers [M]. Washington D.C.: Textile Fourdation, 1944: 234.

[3] RABOTNOY Y N. Some problems of the theory of creep [J]. Vestnik Moskov Univ, 1948 (10):

81–91.

［4］BRUELLER O S. On the nonlinear characterization of the long term behavior of polymeric materials ［J］. Polymer Engineering & Science，1987，27（2）：144–148.

［5］GREEN A E，RIVLIN R S. The mechanics of non-linear materials with memory ［J］. Archive for Rational Mechanics and Analysis，1959，4（1）：387.

［6］PIPKIN A C，ROGERS T G. A non-linear integral representation for viscoelastic behaviour – ScienceDirect ［J］. Journal of the Mechanics and Physics of Solids，1968，16（1）：59–72.

［7］BABUSKA I. Homogenization approach in engineering ［J］. Computing Methods in Applied Sciences and Engineering，1975，134（134）：137–153.

［8］WU X，OHNO N. A homogenization theory for time-dependentnonlinear composites with periodic internal structures ［J］. International Journal of Solids and Structures，1999，36（33）：4991–5012.

［9］TALREJA R，VARNA J. Modeling damage，fatigue and failure of composite materials ［M］. Amsterdam：Elsevier，2015.

［10］周大纲，谢鸽成. 塑料老化与防老化技术 ［M］. 北京：中国轻工业出版社，1998.

［11］王人曾. 材料性能学 ［M］. 北京：北京工业大学出版社，2001.

［12］BUNSEN R W，ROSCOE H E. Photochemische untersuchungen ［J］. WILEY - VCH Verlag，1857，176（4）：481–516.

［13］PHILIPPART J L，SINTUREL C，ARNAUD R. Influence of the exposure parameters on the mechanism of photooxidation of polypropylene ［J］. Polymer Degradation & Stability，1999，64（2）：213–225.

［14］YANG X，XIN D. Prediction of outdoor weathering performance of polypropylene filaments by accelerated weathering tests ［J］. Geotextiles and Geomembranes，2006，24（2）：103–109.

［15］SCHWARZSCHILD K. On the law of reciprocity for bromide of silvergelatin ［J］. Astrophys J，1900（11）：89.

［16］HALM J. On a method of determining photographic star magnitudes without the use of screens or gratings ［J］. Monthly Notices of the Royal Astronomical Society，1922（8）：472–478.

［17］茆诗松，王玲玲. 加速寿命试验 ［M］. 北京：科学出版社，1997.

［18］WIEDERHORN S M，FULLERJR E R，MANDEL J. An error analysis of failure prediction techniques derived from fracture mechanics ［J］. Journal of the American Ceramic Society，1976，59（9–10）：403–411.

［19］刘观政，张东兴，吕海宝，等. 复合材料的腐蚀寿命预测模型 ［J］. 纤维复合材料，2007，24（1）：34–36.

第9章 发展趋势及应用前景

我国纺织行业面临着国际供应链深刻调整、畅通国内大循环构筑战略基点、新一轮科技革命带来发展机遇、绿色发展成为刚性要求和数字经济开创新增长点的发展形势。由此，国家提出了行业发展取得新成效、产业结构取得新进展、科技创新发展迈上新台阶、品牌时尚建设创造新价值、绿色发展水平达到新高度和增进民生福祉做出新贡献的发展目标；提出了强化科技创新战略支撑能力、建设高质量的纺织制造体系、畅通内需为基点的产业链循环、提升国际化发展层次与水平、推动行业时尚发展与品牌建设、推进社会责任建设与可持续发展、优化国内布局、提升发展协调性和构建纺织产品的安全发展体系的重点发展任务；提出了纤维新材料、智能制造、纺织时尚建设、纺织绿色制造和高端产业用纺织品的重点发展工程。纺织结构柔性复合材料作为产业用纺织品中的高端领域，在对接国家加强科技创新、向高质量发展转型的重大发展战略中，具有重要的发展地位与光明的发展前景。

9.1 纺织结构柔性复合材料的发展趋势

总的来说，纺织结构柔性复合材料的整体发展呈现进一步高强轻质、多功能化、智能化、结构与功能一体化、长寿命以及个性化定制等趋势，同时具有降低成本、精简工艺以及绿色环保可回收等特点，重点向高性能结构与功能一体化材料、智能服装、医用生物材料、人工智能和纳米技术等领域发展。纺织结构柔性复合材料的研究涉及纤维原料、织造工艺、树脂基体、涂层技术、性能机理、建模仿真等诸多技术领域，各领域相互联系、相互制约，共同影响着纺织结构柔性复合材料的整体发展趋势，应当推进纺织结构柔性复合材料生产工艺流程的智能化、绿色化，突破材料的性能和成分调控、生产加工及应用等工艺技术，优化材料品种结构，提高产品质量稳定性及应用服役寿命，降低生产成本，提高国际竞争力。

9.1.1　纤维原料

纺织结构柔性复合材料是结构和功能的集成体，高性能化和功能化是其两大主要发展方向。由于应用需求的差异，对纤维原料的要求也各不相同。高性能纺织结构柔性复合材料对轻量化以及力学性能要求极高，在保证力学性能的同时，兼具优异的耐环境性能。常用的高性能特种纤维包括 PBO 纤维、PBI 纤维、聚芳酯纤维、聚酰亚胺纤维、对位芳纶、超高分子量聚乙烯纤维等有机纤维，以及碳纤维、碳化硅纤维、玻璃纤维等无机纤维。凭借优异的性能，这些特种纤维在航空航天与国防、体育用品、建筑、电子与电信、汽车制造等领域发挥着重要作用。

由于纺织结构柔性复合材料自身固有的特性，并不是所有的高性能特种纤维都适合作为其原料进行使用。首先，纺织结构柔性复合材料在不施加张力时是没有刚度的，容易挠曲，因此，要使碳纤维、陶瓷纤维、玻璃纤维等无机纤维在纺织结构柔性复合材料领域得到更广泛的应用，就需要继续改良其韧性，提高其可编织性以及耐挠曲能力，这对于提升纺织结构柔性复合材料性能具有切实的意义。其次，有代表性的高性能有机纤维具有优异的力学性能，能够很好地满足高性能纺织结构柔性复合材料的需求，但是目前所能生产的纤维束强度还远远没有达到该纤维的理论强度，强度利用率较低，在航空航天和国防军事等高精尖领域，依然要求这些高性能纤维进一步细旦化、高强化、轻质化。除此之外，复合材料界面是复合材料结构中的重要组成元素，对纺织结构柔性复合材料的剥离性能以及应力传递性能影响重大，而由于这些高性能特种纤维的分子结构更加规整，使其在获得优异的拉伸性能的同时，降低了纤维的黏接性能，因此在特种纤维表面改性以及复合材料界面工程技术方面取得突破，也是纺织结构柔性复合材料发展的关键。最后，对高性能特种纤维需要开发绿色可回收技术，进一步降低生产成本，使材料及其生产过程智能化、绿色化以及低成本化是当今新材料领域发展的潮流，实现特种纤维原料的可回收、可降解以及生产成本的降低，能够极大地推动纺织结构柔性复合材料的发展。

功能性纺织结构柔性复合材料通常采用功能纤维制备的织物作为基材，辅助与其复合的功能性涂料发挥作用，在生物医用材料、智能织物、功能性服装、绿色环保材料、新型建筑材料和高性能膜材料等领域应用较多，因此这类材料对纤维的绿色健康性要求高，在此基础上对其实现功能化，代表性纤维有 Lyocell 纤维、PTT 纤维、细旦与超细旦聚丙烯纤维等。随着功能材料向微型化、多功能化、模块集成化、智能化等方向发展，进一步提升了材料性能，绿色、低碳的新材料技术及产业化将成为未来发展的主要方向。首先，纳米技术与先进制造技术的融合将产生体积更小、集成度更高、智能化更强、功能更优异的产品，开发质量稳定的纳米纤维及其产业化技术对先进功能材料的发展具有重要意义。其次，微纳米材料尺度上的优势使其在功能化发展方向上更具优势，但由于微纳米纤维编织困难，目前对微纳米纤维产品进行结构设计主要采用静电纺丝、非织造等技术，但该类技术所形成的结构存在随机性，难以实现完全的结构可控，因此突破微纳米纤维可编织技术对于发展先进材料意义重大。再次，由于纤维的不同结构将产生不同的性能，这使纤维的结构设计依然是重要发展方向，例如，对双组分、多组分纤维等材料的开发，对设计功能织物、智能纺织品等材料将发挥重要作用。最后，不论是高性能还是功能化纺织结构柔性复合材料，都需要注意材料的可回收性，当今可持续发展是世界主流，纤维材料也不例外，绿色环保的再生纤维、纤维回收技术、可降解技术将会受到越来越多的关注。

9.1.2　纺织结构增强件

纺织结构复合材料与传统纤维增强复合材料的不同之处在于纺织结构增强体的引入，传统纤维增强复合材料以单向纤维铺丝作为增强体，纺织结构复合材料也是以纤维作为增强材料，但纺织预制件结构使纤维束之间有规律地相互交织，大大改善了复合材料层间性能。纺织结构柔性复合材料预制件技术主要包括机织、针织、编织、非织造以及加捻等技术，这些预制件技术根据自身特性，各自在不同的应用领域发挥着重要的作用。随着纺织技术的发展，可以根据应用需求设计增强体的性能，从而实现对纺织结构复合材料力学性能（如柔量、各向同性、泊松效应等）的设计，如负泊松效应针织物等。

纺织结构柔性复合材料的力学性能总体上由增强织物决定，由于高性能纺织结构柔性复合材料对增强织物的要求主要集中于力学性能与界面性能，因此提高特种纤维的力学性能利用效率以及实现界面性能的稳定调控就显得极其重要，开发改良特种纤维的编织工艺及装备、设计花型结构提高纤维强度利用率、平衡可编织性与界面性能等研究是提高纺织结构预制件的性能及其使用效率的关键手段。首先，高性能纺织结构柔性复合材料作为结构用材料，可以明确机织、编织以及轴向增强的经编和纬编预制件是其重点发展方向，在此框架下发展高密、多轴向增强以及大隔距间隔织物等技术，从而提升纤维性能利用效率或实现膜结构构型的一体成型。然后，根据先进纺织工艺开发设计纺织装备及生产线，实现高性能纺织结构预制件的智能化、绿色化、低成本的批量化生产，以大隔距经编技术为例，需要开发超大宽隔距（300mm）三维立体间隔织物的智能化成套装备，突破智能控制超大隔距梳栉平移控制技术、智能摆幅控制技术、智能化实时动态控制张力补偿技术、智能电子横移技术、智能化物联网云端控制、梳栉顶头二维平移等技术，满足超大宽隔距及送经、编织、牵拉和卷取的恒张力和高精度控制。最后，研究纤维界面与编织工艺之间的关系、优化编织工艺与纺机配件、调控优化纤维界面、在保证纤维编织性能的同时，提升对其界面的调控能力、实现纺织结构柔性复合材料界面的最优化设计是未来研究的方向。

一方面，在织造工艺上，机织、双轴向及多轴向经编等技术制备增强材料对于结构用材料，在提高纤维强度利用率以及改善各向异性方面具有优势。然而，在另一方面，虽然功能性纺织结构柔性复合材料同样关注增强材料的力学性能，但不同的是，其不再追求极致的高强轻质，而是更关注模量、延伸率等影响基材柔韧性的力学指标，而这些性能影响着最终成品的柔软性、拉伸性以及舒适性等，纬编针织、非织造等技术具备开发柔性织物基材的优势，在开发先进功能纺织结构柔性复合材料方面具有极高的应用潜力。以非织造布为例，非织造布本身可以由多种基础材料制成，包括天然淀粉、合成或油基长丝、微纳米纤维等，它们通过加热或树脂黏合形成聚合物网，然后通过设计合理的材料结构和制造工艺，非织造布可以获得独特的性能特征，如吸收性、拒液性、阻燃性、拉伸性、柔软性、绝缘性、过滤能力等。而通过在非织造材料上添加功能涂层，可以在保留非织造材料的部分或全部初始性能特征的基础上，同时增加新功能，使所制备的非织造结构柔性复合材料具有不能由任何一种组分单独提供的综合性能。基础非织造布保证了复合材料的撕裂强度、拉伸强度、伸长率和尺寸稳定性，并可在其上施加涂层，涂层则控制着复合材料的化学性质和特征，例如耐磨性、抗液体及气体渗透性、导电性、传感器功能和抗菌特性等。非织造布由于其高强度、耐用性以及与织造纺织品相比相对较低的制造成本，成为许多应用中有吸引力的选择，这些特性使非织造布成为多种柔性复合材料的选择，可用于医疗、个人护理、运输、家庭用品以及建筑业等领域的产品制造。

9.1.3 功能性树脂或涂料

树脂与涂料是纺织结构柔性复合材料的另一重要部分，作为功能性材料，为织物增强体提供防护作用，并为复合材料成品提供美学、拒水、阻燃、传感以及能源转化和收集等功能。随着复合材料的发展以及应用领域的推广，其树脂的市场需求也在逐年上升，所用树脂类型也在鼓励从热固性树脂向热塑性树脂转变。热塑性树脂相比热固性树脂，能够回收利用，在环保以及经济效益上更有优势，而且由于柔性复合材料自身的柔性以及拉伸性能特点，热塑性树脂也更适合开发柔性复合材料。目前主流的柔性膜材树脂有 PVC、TPU、PTFE 等，这些基体自身已具有一定的耐环境性能，但对于一些处于特殊环境的应用领域，对于涂层的耐环境性能还有更高的要求，如 PVC 材料具有阻燃抑烟功能、聚酰亚胺材料具有零膨胀特性等。此外，树脂基体在界面工程上也起着重要作用，目前学术界对复合材料界面的研究主要集中在对纤维的表面改性，对树脂基体的粘接性能还未给予足够的重视，随着研究的推进，相关研究也必然会越来越多。最后，在涂层工艺中，由于降低成本和绿色环保的要求，开发水溶性涂层树脂也十分有必要。

另外，碳纳米管、石墨烯、银纳米线等纳米填料的高速发展为开发功能性树脂及涂料带来了新的机遇，这些纳米材料独特的功能与织物优异的力学性能相结合，为先进功能柔性复合材料的开发开辟了新方向。这些先进纳米材料可以作为涂料与织物复合，也可以分散在树脂中用于改良基体的性能，不仅为先进纳米材料拓宽了应用领域，也为纺织结构柔性复合材料带来了新的发展方向，纺织结构柔性复合材料不再局限于发展力学性能，功能涂层可以为纺织结构柔性复合材料提供生物相容性、应变响应能力、温湿度智能调控能力等新的功能特性，大大增强了纺织结构柔性复合材料在开发生物医用纺织品、先进功能纺织品以及智能纺织品等领域的竞争力。

9.1.4 涂层工艺

目前，虽然与产业用纺织品相关的纤维、织造等国产装备已经基本涵盖各种工艺，但总体上产业用纺织品的加工装备及工艺在自动化、信息化、智能化等方面与世界先进水平仍存在较大差异，具体表现为能力偏小、速度慢、效率低、能耗偏高、在线监测缺乏等，且尚未解决宽幅多层涂层工艺控制及批量生产稳定性难题，需要突破在幅宽方向施加稳定的张力与涂层运行速度相互配合一致等方面存在的问题，并自主设计高速浸渍的传动形式、张力控制、联动和平衡一体化系统。

首先，应当研究膜材料的后处理技术，选择合适的涂层材料及表面后处理方法及工艺装备设计，创新高速浸渍的传动形式、张力控制、联动和平衡系统，保证在幅宽方向施加稳定的张力，与涂层运行速度相互配合一致。其次，将纺织结构柔性材料拼接形成飞艇、充气结构等产品时，要尽量减少拼接，以防止强度和气密性下降，需要突破宽幅多层涂层工艺控制及稳定性技术，以确保制备的材料具有良好的层间黏结性能，有效控制涂层内部及表面缺陷，优化改进涂布设备和宽幅多道涂层、烘干、定型一体化控制及复合成型工艺，保证涂层工艺及过程控制的稳定性，达到批量生产的工艺水平。最后，需要加快开发热压、涂层成型、原位聚合成型等复合材料成型装备，发展柔性复合材料自动化连接装配、制成品处理装置。此外，多层共挤薄膜材料在力学性能、光学性能、阻隔性能、导电性能等方面具有独特的优势，并且提供了一个研究高分子材料结构与性能的模型，可以很好地研究两种高分子间的相容性、界面扩散、受限结晶等。因此，利用微纳多层共挤出技术，在开发高性能、特殊功能的聚合物基复合材料方面具有较大优势。

9.1.5　基础研究

纺织结构柔性材料的基础研究方面相对比较薄弱，如对位芳纶、聚酰亚胺纤维、Vectran 纤维等高性能纤维可编织理论及性能表征方面缺乏完整的体系，纺织结构柔性复合材料增强结构设计理论与应用机理也没有成熟的理论来支持产业的发展；在纺织结构柔性复合材料界面理论、多重复合及界面调控理论方面研究相对不足，不能应对复杂应用服役的要求和各类环境的要求；在纺织结构柔性复合材料表面功能性整理技术方面和宽幅多层涂层工艺控制及产业化稳定性技术方面也相对滞后；在应用环境条件下，柔性复合材料的服役行为与失效机理研究不足，对柔性材料的评价体系和标准还未建立完善。因此，对于纺织结构柔性复合材料的基础研究还需要进一步加强。

首先，需要研究多层复合结构及功能杂化涂层技术，提高纺织结构柔性材料的耐候性和环境适应性，进一步建立纺织结构柔性材料应用变形条件下宏观—细观多种尺度坐标的一系列扩散渗透方程，明确变形时流动渗透行为准则及功能化界面复合机理。其次，根据不同材料类别组织材料设计、性能测试、环境分析评价、改性和优化等研究工作，同时配合加工企业解决大批量纺织结构柔性材料工业化生产中所存在的设备、工艺、复合等技术问题，进一步开发纺织结构柔性材料结构整体性设计技术。最后，在应用服役研究方面，主要包括性能研究和理论仿真研究两个方面。在性能研究方面，目前针对涂层织物性能的检测，国内外已有一系列试验标准，并且为了研究更真实服役状态下的材料性能，一些新的试验方法也得到了一定的发展，例如，双轴向、多轴向拉伸试验、数字图像相关技术等方法。但由于纺织结构柔性复合材料应用领域众多，各应用领域对材料性能的要求不同，并且实际应用环境复杂，现有的试验标准仍难以满足检测需求。另外，对应用在极限环境的特种材料进行性能研究检测存在较大困难，这是因为极端环境存在模拟上的困难，而现有的试验设备难以达到这样的要求，如应用在空间或深海条件的纺织结构柔性复合材料等。因此，开发检测仪器实际上也影响着纺织结构柔性复合材料的发展步伐。除此之外，理论与仿真研究和性能研究也息息相关，理论仿真可以为性能研究建立预测方法，性能研究结果也能检验理论仿真方法的可行性。在纺织结构柔性复合材料领域，目前主流的研究方法是以宏观力学与细观力学为主，微观力学研究方法由于计算量较大，采用相对较少。具体理论仿真研究内容也相当广泛，涵盖建模、材料参数、网格划分等诸多领域，包括对纤维束性能、复合材料有效性能以及复合材料失效性能等的分析，如均匀化方法、Hashin 失效准则、应力传递理论等方法。虽然研究方法众多，但理论仿真研究的趋势始终如一，就是提高计算精度的同时，兼顾控制计算量。

9.2　纺织结构柔性复合材料的应用前景

随着技术的发展，纺织结构柔性复合材料的性能以及功能的可设计性越来越强，能够根据应用条件的要求，灵活设计纺织结构柔性复合材料的结构、性能以及功能。纺织结构柔性复合材料优异的性能使其拥有广阔的应用前景，包括航空航天、体育休闲、健康监测、生物医用、储能传感等诸多领域。

9.2.1　民用篷盖材料

篷盖材料（图 9-1）是产业用纺织品中的大类材料，涵盖建筑膜结构材料、广告灯箱布、篷盖布、帐篷、家具装饰中的毯背衬和沙发套等产品。随着商业广告的高速发展，广告灯箱布为纺织结构柔性复合材料贡献了巨大的市场，建筑膜结构材料的应用需求也推动篷盖材料技术走向高端。当前纺织结构柔性复合材料在提升力学性能的同时，也在加速向功能化、智能化、绿色化方向发展，开发具有自清洁、吸声降噪、透光、智能热管理、环境自适应、自响应以及兼具美学等功能的膜结构材料，对推动建筑业以及柔性复合材料产业的发展均具有极高的价值。

9.2.2　体育与交通用纺织品

纺织结构柔性复合材料近年来已经广泛应用于航空器、飞机疏散滑梯、直升

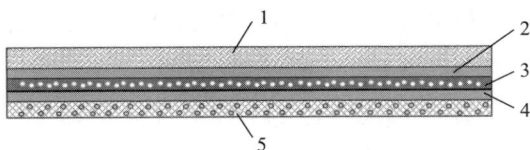

图 9-1 多层复合防水透气篷盖材料

1—防水透气层　2—第一黏接层　3—增强纤维层　4—第二黏接层　5—内部保护层

机安全气垫等方面，在体育休闲以及交通运输等领域更是拥有广阔的应用前景，包括汽车内饰、安全气囊织物、防水油布、X80 级深海隔水管材及焊材、大口径深海输送软管等。新型大隔距三维立体间隔织物及柔性复合材料，是由涤纶工业丝整体织造的"三明治夹芯"结构，两密实表层通过长丝连接而成（图 9-2）。经涂层充气，力会均匀分散在芯层拉丝上，使产品厚度均一、爆裂强度高、表面平整、安全耐用。由间隔丝连接上下表面的宽间隔立体织物，再次通过涂层和充气处理，可以广泛用于军用气垫船、飞机救生滑道、充气结构太空舱、消防救护垫、医用气垫床、充气冲浪板、防撞网、充气场馆等产业领域。随着超大宽隔距三维立体经编间隔织物的应用领域迅速拓宽，其已成为一种应用潜力巨大和研究价值极高的新型纺织品，在国内外需求巨大。

图 9-2 超大隔距间隔织物充气垫

9.2.3 生物医用纺织材料

生物医用纺织品应用广泛，包括可植入产品、不可植入产品、保健和卫生产品等，而且越来越多地被外科医生用作替代和辅助受损身体部位的替代品，如人造动脉、疝气补片和血管移植物等（图 9-3）。例如，血管支架是由生物医学纺织品制成的血管移植物，被用作植入心脏的人造静脉或动脉，以替代被阻塞或削弱的人体静脉或动脉。生物医用纺织品还用于各种整形外科手术中，例如，缝线、关节和韧带固定、重建设备以及脊椎固定绳等。由于发达地区人口老龄化程度的加剧、慢性病的流行、外科手术数量的增加、技术进步以及有利的医疗政策正在推动对植入式外科手术的需求，这反过来有望推动生物医用纺织品市场的发展。同时随着技术的发展，传统单一的纺织品难以满足应用的需求，复合型的生物医用材料是未来发展的重要趋势，例如经过纳米涂层处理的防粘连疝气补片等。

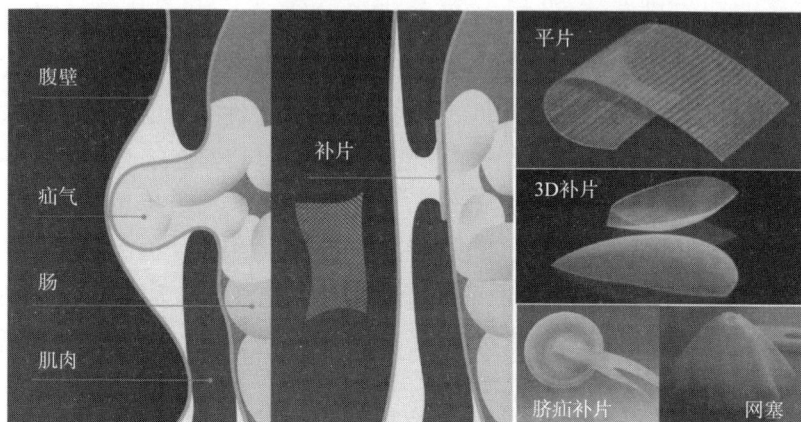

图 9-3　医用纺织品

9.2.4　航空航天柔性材料

航空航天用纺织结构柔性复合材料是以高性能纤维、功能纤维和前沿纤维为材料，运用特定的纺纱、机织、针织、非织、编织、缝纫、染整、复合及涂层等相关纺织技术加工而成的高性能航空航天纺织品，主要应用于大气层高空以及外太空空间环境，包括飞艇、高空气球、充气天线、空间飞网、空间站舱体、登录缓冲系统、航天员的生命保障系统材料等航空航天产品等。

高性能纤维材料纺织品作为航空航天领域的重要材料，不仅因高强力—重量比大大改善了飞行器的性能和运行效率，还在航空航天产业各个领域发挥着重要作用。在国际航空航天产业加速发展的背景下，能够进一步满足高强重比和轻量化、耐空间各种特殊环境、柔性和近体仿形成型制造、功能性和智能化等要求的纺织材料及纺织品所参与航空航天产业建设的广度和深度已经逐步增加（图9-4）。柔性充气结构应用于无人系统可作为承力或功能结构，其发展涉及材料科学、机电、控制、生物工程等多个学科，从材料选择、运动学和动力学建模、控制算法到制造生产还有许多问题需要深入研究。为平衡灵活性、承载能力、可靠性，需要建立精确的物理模型，涉及多学科同步分析，将集成传感器、制动器、机载计算机集成在柔性材料中，实现预期的运动，同时将柔性复合材料新生产工艺及技术运用到生产中，使生产规模化、商业化。

图 9-4　纺织结构柔性复合材料应用于航天舱

9.2.5　军用柔性纺织品

在军用物资中，纤维材料及纺织品所占的比例仅次于钢铁。中国已经是全球最大的纺织服装生产国，已经能够生产碳纤维、芳纶、聚酰亚胺、聚苯硫醚、高强高模聚乙烯等高性能纤维；涤纶、锦纶等常规纤维已全面实现差别化、功能化，加工成型和功能整理技术也不断进步，纺织行业为国防军工服务的能力进一步增强。纺织结构柔性复合材料应用到国防军工的产品主要有两大类。一类产品为军队的后勤供应提供保障，如用于陆地和海上输送和储存油料、淡水的大口径软体管罐等，这些纺织品可以通过社会化采购来满足军队的需求。另一大类产品主要应用于军队的作战、训练和军事装备的配套，此类产品的品种比较繁杂，对纺织材料的性能要求非常高，体现了纺织的科技发展水平和军队的现代化程度，这一类产品主要包括航空发动机喷管喉衬、航天员的生命保障系统、携行具、单兵防护系统、核生化防护服装、特种绳缆、高性能纤维复合材料、蜂窝材料、各种降落伞和减速伞、伪装和屏蔽材料、示假武器（图 9-5）等。除此之外，土工建筑用纺织品、医疗卫生用纺织品、隔离与绝缘用纺织品、过滤与分离用纺织品、工业毯呢等在国防诸多领域也有较广泛的应用。

图 9-5　纺织结构柔性复合材料应用于伪装材料

9.2.6　新兴智能柔性纺织材料

结合织物结构特性，并通过对织物涂覆具有预定特性的特种涂料，可以直接给柔性复合材料添加功能化表面，从而使所制备的柔性复合材料能够获得响应外部或环境因素的能力，例如，压力、化学、光、热等外界刺激，实现自清洁、防水透湿、自加热、储能、人体健康监测等功能，例如，典型的莲花效应就是通过涂层表面的纳米结构实现灰尘的自清洁。智能纺织品可以制成智能服装作为人体服装用，实现健康检测、智能响应等功能（图 9-6）。智能纺织品也可以应用于工程结构，通过减少维护成本和检查时间来提高材料的使用效率，帮助实现工程结构健康检测并防止彻底失效，从而延长组件和结构的寿命。在交通运输、建筑和医疗等领域，智能纺织结构柔性材料具有巨大的应用潜力，可以根据应用需求设计智能柔性复合材料独特的功能，包括抗微生物、抗腐蚀、防冰、防污、自清

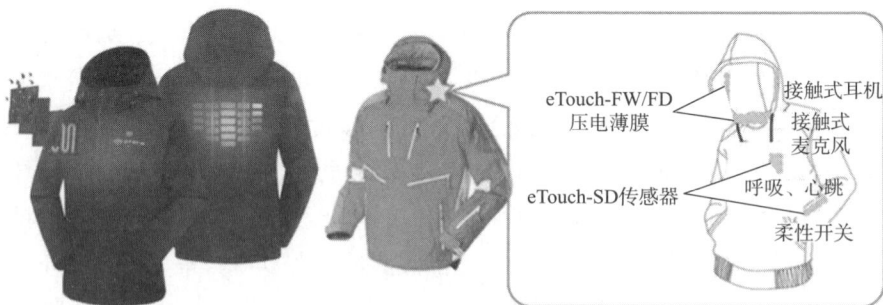

图 9-6　纺织结构柔性复合材料应用于智能传感纺织品

洁、自修复以及其他功能，例如，自变暗、电致变色、抗拖曳、智能皮肤、变色和迷彩等。随着功能性涂层技术的进一步发展，纺织结构柔性复合材料也不再局限于功能性整理，而是逐渐走向智能纺织品阶段，自感知、自适应以及自驱动等材料逐渐成为学术热点，也将是纺织结构柔性复合材料的重要发展方向。

9.3　本章小结

本章对纺织结构柔性复合材料的发展趋势和应用前景进行了总结，纺织结构柔性复合材料虽然历史悠久，但真正高速发展的时间却并不长，依然是具有巨大发展潜力的材料。纺织结构柔性复合材料横跨材料、纺织、工艺、力学、计算等多学科，在各领域都有着很大的研究空间，而纺织结构柔性复合材料优异的性能及其结构—性能可设计性等特点，也使其能够广泛应用于从日常生活到航空航天等诸多领域，拥有广阔的应用前景。

参考文献

［1］沈新元. 先进高分子材料［M］. 北京：中国纺织出版社，2006.

［2］SCHREIBER F. Three-dimensional hexagonal braiding［J］. Advances in braiding technology, 2016：79-88.

［3］ZHANG X A, YU S, XU B, et al. Dynamic gating of infrared radiation in a textile［J］. Science, 2019, 363（6427）：619-623.

［4］葛朝阳，胡红. Compression deformation analysis of an innovative 3D fabric structure with negative poisson's ratio［J］. 东华大学学报（自然科学版），2014, 40（5）：543-548.

［5］敬凌霄. 多轴向经编聚酯织物增强膜材力学性能研究［D］. 上海：东华大学，2017.

［6］皮红，郭少云. PVC 阻燃抑烟研究进展［J］. 聚氯乙烯，2001（4）：28-33.

［7］KINLOCH I A, SUHR J, LOU J, et al. Composites with carbon nanotubes and graphene：an outlook［J］. Science, 2018, 362（6414）：547-553.

［8］陈守辉. 机织建筑膜材料拉伸性能研究：从单轴、双轴到多轴［D］. 上海：东华大学，2008.

［9］王萍. 柔性机织复合材料撕裂和顶破损伤机制的有限元分析［D］. 上海：东华大学，2012.

［10］ZHOU L, CHEN M, LIU C, et al. A multi-scale stochastic fracture model for characterizing the tensile behavior of 2D woven composites［J］. Composite Structures, 2018, 204：536-

547.

[11] 刘玉欣，李长青，何东昱，等. 多层复合防水透气蓬盖材料的制备及性能 [J]. 棉纺织技术，2020，48（10）: 28-32.

[12] 李彦，王富军，关国平，等. 生物医用纺织品的发展现状及前沿趋势 [J]. 纺织导报，2020（9）: 28-37.

[13] 探秘"天问一号"成功降落火星背后的纺织力量 [J]. 网印工业，2021（6）: 2-4.

[14] 顾浩，高旭，方娟娟，等. 军用纺织品伪装功能整理应用技术概述 [J]. 纺织导报，2018（1）: 50-54.

[15] 吴雨曦，王朝晖. 柔性导电纤维在智能可穿戴装备中的研究进展 [J]. 纺织导报，2018（9）: 61-66.

附录

附表 1　柔性复合材料基本测试

性能	国内标准	国际标准	其他标准
面密度	GB/T 4669—2008	ISO 3801：1977 ISO 7211—6：2020	
密度	GB/T 1463—2005		
织物密度	GB/T 4668—1995		
厚度	FZ/T 01006—2008		ASTM D751—2006
耐磨性	FZ/T 01151—2019 FZ/T 01011—1991	ISO 5470—1：2016	ASTM D3389—2010 ASTM D4966—2016 ASTM D3884—2017 ASTM D3885—2019
尺寸稳定性	FZ/T 75005—2018 FZ/T 75004—2014	ISO 1421：2016	
拉伸	GB/T 1447—2005 GB/T 3354—2014 FZ/T 75004—2014	ISO 9073—3：1989 ISO 1421：2016	ASTM D3039/D3039M—2017
压缩	GB/T 33614—2017 GB/T 24442.1—2009 GB/T 24442.2—2009 GB/T 8168—2008 GB/T 1448—2005 GB/T 5258—2008		ASTM D3410/D3410M—2016
弯曲	GB/T 33621—2017 GB/T 7689.4—2013 GB/T 9341—2000 FZ/T 01052—1998	ISO 13015：2013 ISO 22751：2020 ISO 7854：1995	ASTM D4032—2016

性能	国内标准	国际标准	其他标准
剪切	GB/T 3355—2014 GB/T 30969—2014 GB/T 30970—2014 FZ/T 01113—2012 FZ/T 01052—1998	ISO 5981：2007	ASTM D5448/D5448M—2016 ASTM D7617/D7617M—2017 ASTM D4255/D4255M—2020 ASTM D3518/D3518M—2018
抗撕裂	GB/T 3917.1—2009 GB/T 3917.2—2009 GB/T 3917.4—2009 GB/T 3917.3—2009 FZ/T 75008—2018	ISO 4674—1：2016	ASTM D4851—2015 ASTM D1424—2021
冲击	GB/T 1451—2005		ASTM E23—2018 ASTM D256—2018
顶破	GB/T 7742.1—2005 GB/T 7742.2—2015 GB/T 24218.5—2016		
剥离强度	FZ/T 60039—2013 FZ/T 01010—2012 GB/T 34444—2017 FZ/T 01063—2008 FZ/T 60036—2013	ISO 4578：1997 ISO 2411：2017	AATCC 136—2013
松弛	GB/T 1685—2008		
蠕变	GB/T 17637—1998 FZ/T 60037—2013		ASTM D5262—2021 ASTM D2990—2017 ASTM D5262—2021
疲劳	GB/T 35465.2—2017 GB/T 35465.3—2017 GB/T 35465.4—2020 GB/T 35465.5—2020 GB/T 35465.6—2020		ASTM D3479/D3479M—2019
界面性能	GB/T 14337—2008	ISO 20263：2017	
热机械性能			ASTM E2918—2013 ASTM E2769—2016 ASTM E1824—2013
比热容	GB/T 19466.4—2016 NB/SH/T 0632—2014 GB/T 3140—2005		

性能	国内标准	国际标准	其他标准
导热系数	GB/T 10297—2015 GB/T 3139—2005		
热稳定性	GB/T 13464—2008 GB/T 17391—1998 GB/T 9349—2002 HG/T 3311—2009 GB/T 15595—2008		
热膨胀系数	GB/T 36800.2—2018		
耐低温性	GB/T 18426—2021 FZ/T 01007—2008 FZ/T 01143—2018	ISO 4675：2017	ASTM D751—2019
透光率	FZ/T 01009—2008 JC/T 782—2017		
光反射／吸收性	GB/T 25274—2010 JJF 1232—2009 GB/T 21186—2007 GB/T 26798—2011		ASTM F1252—2016
抗静电性	GB/T 12703.1—2021 GB/T 12703.2—2021 GB/T 12703.3—2009 GB/T 12703.5—2020 GB/T 24249—2009 GB/T 23316—2009 GB 12014—2019 CNS 18080—2—2018	ISO 18080—2：2018	
导电性	GB/T 15738—2008 FZ/T 50035—2016		
电磁屏蔽性	GB/T 30142—2013 GB/T 32511—2016 GB/T 25471—2010 GB/T 27582—2011 GB/T 27581—2011		
阻燃性	GB/T 8924—2005 GB/T 5455—2014 GB/T 16172—2007	ISO 5660—1：2015	
耐酸碱性	FZ/T 50026—2014		

性能	国内标准	国际标准	其他标准
耐氧化性		ISO 13438：2018	
耐老化性	FZ/T 75002—2014 FZ/T 01008—2008 GB/T 16259—2008 GB/T 24135—2009	ISO 1419：2019	ASTM D751—2019
自清洁性能	GB/T 31815—2015 FZ/T 60038—2013		
表面抗湿性	GB/T 4745—2012	ISO 1420：2016	AATCC 22—2017
抗渗水性	FZ/T 01004—2008 GB/T 33732—2017 GB/T 24218.16—2017 FZ/T 01038—1994	ISO 811：2018 ISO 1420：2016	ASTM D751—2019 AATCC 35—2018 AATCC 42—2013 ASTM D3393—2014
耐非水液体性	FZ/T 01065—2008		
透气性	GB/T 5453—1997	ISO 7229：2015	ASTM D737—2018
静水压测试	FZ/T 01004—2008	ISO 811：2018	ASTM D751—2019 AATCC 127—2017
水汽渗透性	GB/T 5453—1997	ISO 11092：2014	ASTM E96/E96M—2016 ASTM 1868—2012
抗粘连性	FZ/T 01063—2008	ISO 5978：1990	ASTM D751—2019

附表 2　特定产品的部分标准和测试方法

产品	国内标准	国际标准	其他标准
防水服饰用涂层织物	FZ/T 81023—2019	ISO 8096：2005 ISO 1420：2016	ASTM D751—2019 ASTM D2724—2019
建筑用涂层织物和层压织物	JGJ/T 452—2018	ISO/TS 16688：2017	ASTM D4851—2015
漆布	GB 7691—2003	ISO 8095：1990	ASTM D751—2019
内饰材料	FZ/T 62025—2015	ISO 7617—2：2003 ISO 7617—3：1988 ISO 7617—1：2001	ASTM D4852—2018 ASTM D3690—2019
百叶帘	JG/T 499—2016	ISO 8270：1985	
水上救生用具	GB/T 12757—2017	ISO 12402—5：2020	
救生衣	GB/T 4303—2008	ISO 12402—5：2020	ASTM D751—2019
充气材料	GB/T 13146—1991	ISO 18079—2：2018	
化学防护服	GB 24539—2009	ISO 22608：2021	ASTM F739—2020 ASTM F1001—2017 ASTM F1383—2020
高可见度服	GB/T 38046—2019	ISO 20471：2013	
发光织物	FZ/T 01137—2016		ASTM E2072—2014 ASTM E2073—2019
传送带	GB/T 32027—2015	ISO 2976：2005	
安全气囊	FZ/T 54023—2009	ISO 12097—2：1996 ISO 12097—3：2002	ASTM D5428—2019 ASTM D5446—2019 ASTM D737—2018 ASTM D5427—2019